보이지 않는

빛과 물질의 탐구가 마침내 도달한 세계

보이지 않는

빛과 물질의 탐구가 마침내 도달한 세계

그레고리 J. 그버 지음 | 김희봉 옮김

보이지 않는
빛과 물질의 탐구가 마침내 도달한 세계

발행일
2024년 4월 20일 초판 1쇄

지은이 | 그레고리 J. 그버
옮긴이 | 김희봉
펴낸이 | 정무영, 정상준
펴낸곳 | (주)을유문화사

창립일 | 1945년 12월 1일
주소 | 서울시 마포구 서교동 469-48
전화 | 02-733-8153
팩스 | 02-732-9154
홈페이지 | www.eulyoo.co.kr
ISBN 978-89-324-7507-3 03420

나의 친구 카일라 아레나스에게 깊은 감사를,
그리고 룸메이트 세라 애디의 도움에 고마움을 전한다.

일러두기

1. 본문의 원주(출처 표기 및 부가 설명)는 숫자로 표시하고 모두 미주로 하였고, 내용 이해를 돕기 위해 옮긴이와 편집자가 추가한 주석은 본문 하단에 달았다.

2. 책, 잡지, 신문 등은 『 』로, 논문, 단편 소설 등은 「 」로, 영화, TV 프로그램 등은 〈 〉로 표기하였다.

3. 인명 및 문헌의 제목은 처음 나올 때 원어를 달았으며, 저자가 미주에 해당 문헌을 표시한 경우는 본문에 표기하지 않았다.

4. 원서의 이탤릭체는 굵은 글씨로 표기했다.

차례

1

크게 빗나간 나의 예측

가깝게 다가와 있는 '보이지 않음의 과학' _ 11

2

'보이지 않음'의 의미

투명 망토의 물리학 _ 19

3

과학과 허구의 만남

신화와 고전 속 투명 투구와 반지는 실현될까? _ 27

4

보이지 않는 빛, 보이지 않는 괴물

적외선과 자외선 발견 _ 53

5

어둠에서 나오는 빛

빛은 입자일까, 파동일까 _ 71

6
가장자리로 가는 빛
파동 이론의 진화 _ 95

7
자석, 전류, 빛
전자기파의 발견으로 시작된 새로운 빛의 과학 _ 107

8
파동과 웰스
신비한 엑스선과『투명 인간』 _ 131

9
원자 안에는 무엇이 들어 있는가?
마침내 밝혀진 원자의 구조 _ 153

10
마지막 위대한 양자 회의론자
양자물리학이 바꾼 것들 _ 179

11
내부 들여다보기
CT와 MRI, 몸속을 보다 _ 201

12
사냥에 나선 늑대
보이지 않는 물체 연구 _ 223

13

자연에 없는 물질

특수 물질 개발 _ 239

14

투명 망토의 등장

변환광학의 진화 _ 253

15

점점 더 신기해지는 상황

투명 망토 구현의 여러 가능성 _ 269

16

숨기기 그 이상

투명화 기술이 만들어 낸 또 다른 가능성 _ 287

부록 1 ㅣ 나만의 투명 장치 만드는 법 _ 305
부록 2 ㅣ 보이지 않음에 관한 소설들 _ 311

감사의 말 _ 321

주 _ 325

참고 문헌 _ 335

장 첫머리 인용문 출처 _ 347

도판 출처 _ 349

찾아보기 _ 351

1

크게 빗나간 나의 예측

가깝게 다가와 있는 '보이지 않음의 과학'

개인이 집에 컴퓨터를 가질 이유는 없다.
— 디지털 이큅먼트 코퍼레이션* 설립자 켄 올슨Ken Olsen의 말(1977)

과학의 발전을 예측하기는 정말로 어렵다. 과학의 역사를 들여다보면, 유명 인사들의 예측 중에 엄청나게 빗나간 것들이 아주 많다. 예를 들어 유명한 물리학자 앨버트 A. 마이컬슨Albert A. Michelson은 '광파와 그 용도'라는 제목의 연속 강연에서 이렇게 말했다. "물리학의 중요한 기본 법칙과 사실들이 모두 발견되었고, 매우 확고하게 정립되어 있으므로 새로운 발견이 나와서 바뀔 가능성은 거의 없다."[1] 이 발언이 나온 때는 1899년이었다. 그러나 불과 몇 년 뒤에 특수 상대성 이론과 양자역학이 나오면서 물리학에 대한 마이컬슨의 생각은 완전히 뒤집어졌다. 알베르트 아인슈타인Albert Einstein의 특수 상대성 이론에 따르면 물체의 상대 속도가 빛의 속도에 가까울 때 물체의 운동이 매우 크게

---

* Digital Equipment Corporation(DEC). 1957년에 설립되어 미니컴퓨터를 제작하는 등 미국의 컴퓨터 산업에 중요한 족적을 남긴 회사다. 1998년에 컴팩Compaq에 인수되었다.

달라진다. 양자역학에 따르면 극미의 세계에서는 빛과 물질의 운동이 우리가 일상생활에서 보는 것과 아주 다른 방식으로 일어난다. 두 이론은 우리가 물리학과 우주를 이해하는 방식을 완전히 바꿔 놓았고, 여기서 나온 새로운 통찰은 오늘날까지도 완전히 이해되지 않고 있다.

그렇다고 마이컬슨을 무턱대고 비난하기는 어렵다. 그는 자기 시대에 알려진 과학을 바탕으로 소신을 밝혔을 뿐이다. 반면에 알려진 과학을 잘 이해하지 못한 탓에 잘못된 예측을 하기도 한다. 1920년 1월 13일 『뉴욕 타임스New York Times』의 사설에서 익명의 논설위원이 로켓 연구의 선구자인 로버트 고더드Robert Goddard 교수를 비난하면서 로켓을 지구 대기권 밖으로 보내는 것은 불가능하다고 비웃었다.

> 로켓이 대기권을 벗어난 뒤에는 로켓에 남아 있는 연료로 속도를 높이기는커녕 유지하지도 못할 것이다. 따라서 여기에 우려를 표명하는 것이 안전하다고 할 수 있다. 대기권 밖에서도 가속이 가능하다는 주장은 역학의 기본 법칙을 부정하는 것이며, 아인슈타인과 그가 선택한 열 명쯤의 능력자들만이 그런 주장을 할 자격이 있다.
> 고더드 교수는 클라크칼리지의 학장이며 스미스소니언 연구소의 지지를 받고 있지만, 작용과 반작용의 관계를 알지 못한다. 진공에서는 반작용이 일어날 수 없으며, 이는 터무니없는 일이다. 그는 고등학교에서 일상적으로

가르치는 지식조차 모르는 것 같다.[2]

이 모욕적인 사설을 쓴 사람은 로켓이 배기가스를 내뿜어 대기를 밀어내면서 추진력을 얻는다고 잘못 생각했다. 그러나 우주 공간에서 로켓은 뉴턴의 운동 제3법칙에 따라 추진력을 얻는다. 이 법칙에 따르면 모든 작용에는 크기가 같고 방향이 반대인 반작용이 있다. 로켓의 반대 방향으로 내뿜는 배기가스에 의해 로켓이 앞으로 나아가는 것이다. 1969년 7월 17일, 아폴로호 우주 비행사들이 달로 향하며 역사적인 첫 착륙을 앞두고 있을 때, 『뉴욕 타임스』는 다음과 같은 정정 기사를 발표했다. "더 많은 조사와 실험을 통해 17세기 아이작 뉴턴Isaac Newton의 발견이 확인되었다. 로켓은 대기뿐만 아니라 진공에서도 작동할 수 있다는 것이 확실히 입증되었다. 『뉴욕 타임스』는 이 실수를 후회한다." 따라서 과학에 대한 예측은 이중으로 위험하다. 예측은 현재 알려지지 않은 과학 때문에 잘못될 수 있고, 알려진 과학을 제대로 이해하지 못했기 때문에 잘못될 수도 있다.

나도 과학의 미래에 대해 질문받은 적이 있지만, 이런 전례를 고려하지 못했다.

2006년 5월 25일, 두 연구팀이 독립적으로 『사이언스 Science』지에 투명 망토를 만드는 방법에 대한 이론적인 설명을 발표했다. 첫 번째 논문인 「광학적 등각 사상Optical Conformal Mapping」은 당시에 스코틀랜드 세인트앤드루스대학교에서 연구하던 울프 레온하르트Ulf Leonhardt가 쓴 것이고, 두 번째인 「전자기장의 제어Controlling Electromagnetic Fields」는 런던 임페리얼칼리지의 존 펜드리John Pendry가 노스캐롤라이나대학교의 데이비드 슈리그David Schurig, 데이비드 스미스David Smith와 함께 쓴 논문이었다. 무덤덤하게 전문 용어로 지은 제목만 봐서는 무슨 내용인지 추측하기 어렵지만, 두 논문은 매우 흥분되는 암시를 담고 있었다. 두 연구 팀은 빛이 중심부에 있는 물체를 우회해서 마치 아무것도 없는 것처럼 보이도록 하는 장치 설계를 제안했는데, 이를 구현하는 방식도 비슷했다. 이 장치는 이론적으로 물체에 "망토를 씌워서" 보이지 않게 할 수 있다.[3]

어쩌면 다른 누구보다 내가 이 결과에 가장 크게 열광한 사람이었을 것이다. 나는 2001년에 끝낸 박사 학위 논문에서 '보이지 않음'에 대한 물리학의 초기 시도를 다루었기 때문이다. 나는 2003년에 우크라이나 키이우에서 열린 학회에 갔다가 우연히 울프 레온하르트를 만났고, 나의 연구에 대해 이야기를 나눈 적이 있다. 그러나 2006년에 발표된 논문은 혁신적이었고, 과학에서 투명함이 이론적으로 가능할 뿐만 아니라 실제로 사용될 수도 있겠다고 생각하게 했다.

당연히 전 세계가 이 두 논문에 주목했고, 도처의 언론인들과 과학자들은 이 논문의 의미를 파악하기 위해 분주히 움직였다. 나는 이전에 이 분야를 연구했기 때문에(나중에 더 자세히 설명하겠다), 여러 언론사가 투명 망토와 그 잠재력에 대해 나에게 문의해 왔다. 나는 언론들과 인터뷰를 하던 중에 다음과 같은 위험한 질문을 받았다. "실제로 작동하는 투명 망토는 언제쯤 나올까요?"

　이런 질문을 받으면, 과학을 하는 사람은 본능적으로 신중해진다. 2006년의 시점에서 투명 망토에 필요한 기술은 존재하지 않았고, 실제로 구현하기도 굉장히 까다로울 것 같았다. 나는 최선의 추측으로 "5년"이라고 답했다. 실험하기는 꽤 어렵지만 불가능하지는 않으리라는 내 생각을 반영한 숫자였다. 내가 틀려서 실험이 결코 성공하지 못한다면, 5년 뒤에는 아무도 나의 예측을 기억하지 못할 것이었다.

　그러나 불과 6개월 뒤인 11월에 최초의 실험이 성공했다는 보고가 나왔다. 내 추측보다 4년 6개월이나 앞선 결과였다![4] 최초의 실험은 가시광선이 아니라 마이크로파를 이용했기 때문에 엄밀한 의미로는 투명함을 구현했다고 할 수 없다. 그러나 이 실험은 투명 망토가 처음에 느꼈던 것만큼 불가능하지는 않음을 확실히 입증했다. 내가 보기에 이 일은 투명함을 추구하는 과학이 얼마나 빨리 발전하는지 잘 보여 주는 사건이었다. 놀라움으로 가득한 이 분야의 발전을 예측하기란 결코 쉽지 않다.

　2006년 획기적인 논문이 발표된 이후 과학 학술지와 언론에서는 진정한 투명화가 현실화될 날이 얼마 남지 않았다는 분위기를 부추기는 숨 가쁜 소식들로 가득했다. 이제 결정적인 발견이 하나만 더 나오면 바로 실현될 듯한 분위기였다. 내 마음에 쏙 드는 주요 기사 제목을 몇 가지만 살펴보자.

- 「투명 망토가 눈앞으로 다가오다」(2006년 5월 25일)
- 「연구진, '신기루 효과'를 이용한 기능적 투명 망토 개발」(2011년 10월 5일)
- 「진정한 투명 망토에 한 걸음 더 다가가다」 (2012년 1월 26일)
- 「과학자들이 해리 포터의 투명 망토(비슷한 것)를 발명하다」(2013년 3월 30일)
- 「캐나다 회사, '양자 스텔스'라고 부르는 투명 방패 개발」(2019년 10월 21일)

보이지 않음의 물리학에 관한 특히 마음에 드는 기사 제목은 다음과 같다. 「'투명 망토', 탱크가 소처럼 보이게 하다」(2011년 6월 9일)

이처럼 선정적인 제목을 보면 지금 누군가 내 뒤에 서서 어깨 너머로 이 책을 나와 함께 읽고 있을 것만 같은 비합리적인 의심이 들 수도 있다(걱정하지 않아도 된다. 그렇지 않다). 보이지 않음에 대한 연구는 지금 어디까지 와 있고, 어떤 원리로 작동할까? 아니면 그게 가능하기는 할까? 이 책은 이러한 질문과 함께 여러 가지 주요 질문을 다룬다.

그리고 더 많은 이야기가 있다. 과학자들과 SF(과학 소설) 작가들은 '보이지 않음'에 대해 연구하고 그 원리를 이해하기 위해 150년도 넘게 노력해 왔다. 우리는 빛과 물질의 본질을 이해하기 위해 과학자들이 갔던 길을 그대로 따라가 볼 것이다. 이 과정에서 우리는 소설가들이 놀라운 발견을 아주 많이 예견했다는 사실을 알게 될 것이다. 그리고 마침내, 보이지 않음의 과학이 가장 선구적인 SF 작가들이 상상했던 것보다 훨씬 더 낯설고 예상치 못한 모습으로 다가와 있음을 발견할 것이다.

2
'보이지 않음'의 의미
투명 망토의 물리학

앨리스가 위를 올려다보니, 고양이가 다시 나무 위에 걸터앉아 있었다.
"돼지랬니? 무화과랬니?" 고양이가 물었다.
"돼지라니까. 그리고 그렇게 갑자기 나타났다 사라졌다 하지 않았으
면 좋겠어. 어지러우니까." 앨리스가 말했다.
"좋아." 고양이가 말했다. 그리고 이번에는 고양이가 아주 천천히,
꼬리 끝부터 시작해서 입가의 웃음까지 조금씩 사라져 갔다. 그 웃음
은 고양이가 모두 사라진 뒤에도 한참 동안 남아 있었다.
"세상에! 웃음 없는 고양이는 많이 봤지만 고양이가 없는 웃음은 처음
이야! 고양이가 없는 웃음이라니! 이렇게 신기한 건 정말 처음이야!"

— 루이스 캐럴 Lewis Carroll,
『이상한 나라의 앨리스 Alice's Adventures in Wonderland』(1865)

투명 망토의 물리학을 설명하는 최초의 과학 논문은 2006년에
발표되었다. 이 논문은 물리학의 혁명이라고 널리, 올바르게 인
정받았다. 이런 상황에서 내가 이 책을 쓰기 위해 자료 조사를
하다가 1944년 『사이언스 뉴스레터 Science News-Letter』에 실린
「투명 망토」라는 제목의 기사를 발견하고 얼마나 놀랐을지 독자
들은 짐작할 수 있을 것이다.[1]

제목은 대단히 도발적이지만, 이 논문은 훨씬 더 평범한 주제

를 다루었다. 제2차 세계대전 중에 연합군이 교묘한 위장술을 사용했다는 것이다. 이 기사에 실린 '거미 구멍'의 사진에는 다음과 같은 설명이 붙어 있었다. "전쟁에 나간 군인이 사진(위)과 같이 평화로운 들판에서 적의 흔적을 포착하지 못하면, 그는 거의 죽은 목숨이다."(그림 1) 이것을 거미 구멍이라고 부르는 이유는 문짝거미과에 속하는 다양한 거미들이 이런 굴을 파기 때문이다. 거미는 굴을 판 다음에 거미줄로 위장 덮개와 경첩을 만들어 숨어 있다가 먹이를 잡는다. 이는 군인들이 구멍 속에 매복해 있다가 적을 공격하는 것과 매우 흡사한 방식이다.

도발적인 제목에 비해 진부한 내용이었지만, 나는 이 기사가 보이지 않음에 대한 과학적 논의에서 한 가지 문제점을 밝혀 준다는 것을 깨달았다. '보이지 않는다'는 말은 명확한 의미를 지니는 것 같지만, 자세히 들여다보면 여러 가지를 의미할 수 있다. 어떤 사물을 볼 수 없게 하기 위해 반드시 정교한 물리학을 동원할 필요는 없다. 거미 구멍 속에 들어가 숨은 사람은 보이지 않는다. 창문이 없고 조명을 켜지 않은 방에 들어가 있는 사람은 보이지 않는다. 단순히 건물이나 나무 뒤에 숨어도 눈에 띄지 않을 수 있다. 박테리아, 원자, 분자처럼 아주 작은 물체는 맨눈에 보이지 않는다. 문어나 카멜레온은 몸의 색깔과 무늬를 배경과 일치시켜 눈에 띄지 않는 능력이 있다. 하나 더 있다. 눈을 가리면, 아무것도 보이지 않는다.

분명히 이 말을 적용하는 방식에 제한을 둘 필요가 있다. 또한 다음과 같은 예도 참고할 만하다. 유명한 투명 망토 논문이 발표

그림 1

'거미 구멍'(1944)

되기 전인 2003년에 도쿄대학교의 다치 스스무舘暲 교수가 만든 또 다른 '투명 외투'가 전 세계의 언론에 떠들썩하게 보도되었다 (그림 2). 이 투명 외투의 효과는 조금 으스스하다. 이 외투를 입은 사람은 부분적으로 투명하게 보이고 자유롭게 움직일 수 있으며, 몸의 위치와 상관없이 착시 효과를 유지할 수 있다.[2]

이 외투가 투명함을 구현하는 방식은 비교적 간단하다. 외투의 옷감은 입사하는 빛을 왔던 방향으로 거의 모두 반사하는 재질이다. 외투를 입은 사람 뒤의 풍경을 카메라로 촬영하고, 이 영상을 앞쪽에 있는 프로젝터로 보낸다. 외투를 영사막으로 삼아 배경 장면을 비추면 사람이 투명하게 보이는 듯한 착각을 불러일으킨다. 이를 '역반사 투사 기술'이라고 부른다.

이러한 형태의 투명 외투는 스파이 활동이나 전쟁에 사용될 수 있는 기술과는 거리가 멀다. 프로젝터가 비추는 방향에서 볼 때만 투명해 보이고, 다른 방향에서는 완전히 다르게 보이기 때문이다. 그러나 다치 스스무는 이 연구를 할 때 나쁜 의도로 응용될 일은 전혀 염두에 두지 않았다. "이 기술이 사막 같은 전투 현장에서 군사적 용도로 사용될 수 있지 않느냐고 질문하자, 57세의 교수는 깜짝 놀라며 거의 몸서리를 쳤다. 일본의 뿌리 깊은 반전주의 윤리를 반영하듯, 이 나라의 대학에서는 일반적으로 군사 연구를 기피한다."[3]

다치의 이 외투는, 원격 환경에 접속하고 멀리 있는 물체를 제어하거나, 가상 현실을 활용해 실제 환경을 확장하는 기술인 텔레이그지스턴스teleexistence에 대한 연구에서 나왔다. 그가 염두

그림 2
다치 스스무의 '광학 위장' 시스템

에 둔 최상의 응용은 이 기술로 외과 수술을 돕는 것이었다. 역반사 투사 기술을 자기 공명 영상(MRI)과 함께 사용하면 환자의 피부에 내장의 모습을 그대로 비춰서 의사가 절개할 위치를 정확하게 찾을 수 있을 것이다.

다치가 개발해서 시험하고 있는 또 다른 흥미로운 가능성은 자동차 운전사나 비행기 조종사의 시야를 확장하는 것이다. 이 기술을 이용하면 운전석이나 조종석에서 볼 때 자동차나 비행기 동체는 보이지 않고 외부의 풍경만 보이게 할 수 있다. 이렇게 하면 모든 방향으로 시야를 확보할 수 있어 주위의 장애물이 얼마나 가까이 있는지 정확하게 알 수 있다. 최근에는 알라이나 개슬러Alaina Gassler라는 14세 소녀가 비슷한 아이디어를 도입하여, 자동차의 측면 창틀을 투명하게 만드는 프로젝션 시스템을 설계하고 프로토타입을 제작했다. 자동차에서 앞 유리의 측면 창틀은 운전자의 시야를 방해하는 사각지대를 만드는데, 이 창틀을 투명하게 만드는 것이다. 개슬러는 브로드콤 마스터스Broadcom masters 과학 및 엔지니어링 중학생 경진대회에서 이 연구 결과를 발표하여 상금 2만 5천 달러의 최고상을 받았다.[4]

이런 방식으로 보이지 않게 하는 것을 '능동적 보이지 않음'이라고 부를 수 있다. 이 기술로는 감춰야 할 물체에 비치는 빛을 장치로 측정한 다음 새로운 빛을 생성하여 착시 효과를 일으킨다. 이는 이 책에서 다룰 대부분의 내용, 즉 '수동적 보이지 않음'과는 대조적이다. 수동적 보이지 않음은 장치가 비치는 빛을 조작하여 경로만 바꾼다는 것이다. 다치나 개슬러의 기술 같은 능동적 보이지 않음의 방식은 좀 더 가벼운 목적으로도 응용되었다. 2012년 메르세데스 벤츠는 유해한 배기가스를 줄인 수소 자동차를 홍보하기 위해 '투명 자동차'를 만들었다.[5] 이 자동차의 오른쪽에는 배경을 촬영하는 카메라가, 왼쪽에는 기록된 이미지를 보여 주는 LED 디스플레이가 장착되어 있다. 앞의 예에서와 마찬가지로 이 자동차는 일정한 방향(이 경우에는 자동차의 왼쪽 정면)에서만 투명해 보이며, 대부분의 상황에서는 전혀 투명해 보이지 않는다. 이 아이디어는 제임스 본드 시리즈 〈007 어나더 데이Die Another Day〉(2002)에 등장한 투명 자동차 애스턴 마틴 V12 '배니시Vanish'에서 영감을 얻은 것으로 보인다.

이제 다시 '보이지 않음'의 의미를 생각해 보자. 다치의 외투나 메르세데스 벤츠의 자동차는 엄밀한 의미에서 보이지 않는다고 말할 수 없다. 둘 다 물체의 뒤쪽이 그대로 보일 뿐이고, 그나마 일정한 방향에서 볼 때만 효과가 있다. 그러나 이것도 과학과 기술을 사용하여 물체를 보이지 않게 만들려는 노력이기 때문에, 이런 방식까지 정의에서 제외하는 것은 바람직하지 않아 보인다. 나중에 알게 되겠지만, 물체를 완벽하게 보이지 않게 만드는 것이 이론상으로나마 가능한지도 불분명하다. 이 책에서 보듯이 물체를 보이지 않게 하는 여러 가지 방식은 상당한 제한을 갖고 있다. 예를 들어 다치의 외투처럼 특정 각도에서 보거나 조명을 비출 때, 또는 특정한 색의 빛을 쬘 때만 보이지 않을 수 있다.

따라서 이 책에서 다루는 '보이지 않음'의 정의를 다음과 같이 내려 보겠다. 특별한 방식으로 빛을 조작하여 자연적인 상태보다 물체를 보기 어렵게 만들 때, 물체가 보이지 않는다고 간주한다. 이렇게 정의하면 소파 뒤에 숨거나 조명을 끄는 것과 같은 진부한 방식은 제외되지만, 위에서 설명한 사례와 앞으로 나올 흥미로운 사례는 제외되지 않는다.

다치의 투명 외투에서 얻을 수 있는 또 하나의 중요한 교훈이 있다. 우리가 흔히 보는 SF에서는 투명 인간이 주로 나쁜 짓을 저지른다. 하지만 투명화 기술은 자동차 사고를 줄이거나 수술을 돕는 등 의외로 유익한 용도로도 많이 활용된다. 앞으로 이러한 예상치 못한 활용 사례를 더 많이 보게 될 것이다.

3
과학과 허구의 만남
신화와 고전 속 투명 투구와 반지는 실현될까?

재스민, 인동덩굴, 장미로 두껍게 덮인 아치에 들어가 알리샤와 그렇게 자주 황홀한 시간을 보냈던 자리에 앉았을 때까지만 해도 그는 무슨 일이 일어날지 꿈에도 알지 못했다. "그들이 무슨 얘기를 하고 있는지 엿듣고 싶어." 그가 외쳤다. "내가 투명 인간이라면 좋겠어!"
이보다 더 터무니없는 소원은 없겠지만, 그 순간 이 생각이 그의 마음을 사로잡았고, 그는 다시 똑같은 말을 내뱉었다. 그리고 잠시 상상력을 발휘해 그 생각을 떠올렸다. 그는 마음속에 펼쳐지는 황홀한 장면을 음미하면서 다시 한번 외쳤다. "얼마나 멋질까! 정말 투명 인간이 되고 싶어!"
숫자 3은 좋은 의미로든 나쁜 의미로든 언제나 그에게 엄청난 결과를 가져오곤 했다. 세 번째 감탄사가 그의 입을 떠나기도 전에 바로 몇 미터 밖에서 짧은 기침 소리가 들렸다. 그는 곧바로 몸을 일으켜 얽혀 있는 덩굴 틈으로 밖을 내다보았고, 아치를 향해 천천히 걸어오는 낯선 사람을 보았다.

— 제임스 돌턴 James Dalton,
『보이지 않는 신사 The Invisible Gentleman』(1833)

고전 영화 〈타이탄족의 멸망 Clash of the Titans〉(1981)* 에서 젊은 청년 페르세우스는 질투심 많은 테티스 여신의 미움을 받아 조

---

* MGM이 제작한 영화이며, 2010년의 리메이크 작품이 국내에서 〈타이탄〉이라는 제목으로 개봉되었다.

파시의 원형 극장에서 깨어나게 된다. 페르세우스의 아버지는 모든 신의 통치자인 제우스였고, 그는 테티스가 아들을 괴롭히는 것이 싫었다. 제우스는 위험천만한 세상에 나온 아들을 보호하기 위해 세 가지 선물을 원형 극장으로 보냈다. 제우스의 선물은 튼튼한 거울 방패, 대리석을 깨뜨릴 만큼 강한 칼, 쓴 사람이 투명해져서 다른 사람들에게 보이지 않게 되는 투구였다. 페르세우스는 이 세 가지 선물을 효과적으로 이용하면서 모험을 헤쳐 나간다.

〈타이탄족의 멸망〉에 나오는 이야기는 2천 년 전으로 거슬러 올라가는 고대 그리스의 민담에서 나왔다. 페르세우스 전설은 수백 년에 걸쳐 조금씩 변천했고, 가장 많이 알려진 판본 중 하나는 기원전 1세기 또는 2세기의 작품인 『비블리오테카Bibliotheca』에 기록되어 있다(이 책의 제목은 '도서관'이라는 뜻이며, 학자들은 아테네의 아폴로도로스가 썼다고 생각했지만 나중에 그렇지 않다는 증거가 나왔다. 그래서 요즘은 이 책의 저자를 거짓-아폴로도로스라고 부른다). 이 책에서 페르세우스는 쓴 사람이 보이지 않게 되는 하데스의 투구를 쓰고 메두사와 자매들에게 몰래 다가가서 메두사의 머리를 들고 탈출한다.

이 투구를 쓴 페르세우스는 자기가 보고 싶은 것을 보면서도 다른 사람에게는 보이지 않았다. 또한 헤르메스로부터 강철로 된 낫을 얻은 페르세우스는 바다로 날아가 고르고들이 잠들어 있는 곳을 찾아냈다. 그들은 스텐노,

에우리알레, 메두사였다. 그중에서 메두사만이 유일하게 죽는 존재였고, 이 때문에 페르세우스가 메두사의 머리를 목표로 오게 된 것이었다. 그러나 고르고는 머리가 용의 비늘로 덮여 있고, 멧돼지처럼 큰 엄니가 나 있으며, 청동으로 된 손이 있고, 황금 날개로 날아다녔다. 고르고를 보는 사람은 돌로 변했다. 페르세우스는 잠자는 고르고들 곁에 섰고, 아테나 여신의 도움으로 청동 방패에 비친 고르고의 모습을 정면으로 보지 않으면서 목을 잘랐다. (…) 페르세우스는 메두사의 머리를 자루(키비시스)에 넣고 되돌아왔다. 고르고들이 잠에서 깨어나 페르세우스를 쫓아왔지만, 투구 때문에 그를 볼 수 없었다. 투구가 그를 숨겨 주었던 것이다.[1]

따라서 사람들은 적어도 수천 년 전부터 보이지 않게 되는 능력의 장점(그리고 단점)을 상상해 왔다.

기원전 375년경에 쓰인 플라톤의 장대한 철학 작품 『국가』에는 보이지 않음에 대한 어두운 해석이 나온다. 글라우콘이 소크라테스에게 들려주는 기게스의 반지 이야기는 판타지 소설을 좋아하는 사람들에게는 어쩐지 익숙하게 느껴질 것이다.

전해지는 이야기에 따르면 기게스는 리디아 왕을 섬기는 양치기였다. 그가 들판에 있을 때 폭풍이 불면서 지진이 일어났고, 땅이 갈라졌다. 깜짝 놀란 그는 갈라진 틈 속으로 내려갔다. 그는 거기서 여러 가지 놀라운 것들을 보았는데, 문이 달려 있고 속이 빈 청동 말이 있었다. 그가 몸을 숙이고 들여다보니 시신 한 구만 놓여 있었다. 그 시신은 보통 사람보다 컸고, 아무것도 걸치지 않은 채 손가락에 금반지만 끼워져 있었다. 그는 손가락에서 반지를 빼서 들고 다시 땅으로 올라왔다. 그 뒤 어느 날, 양치기들이 모여 관례에 따라 왕에게 매월 양 떼에 관한 보고서를 올릴 일을 의논하고 있었다. 그는 반지를 끼고 이 모임에 참석했다. 그는 다른 양치기들과 함께 앉아 있다가 우연히 손가락에 낀 반지를 돌려 보석이 박힌 부분을 손 안쪽으로 오게 했다. 그러자 갑자기 그가 보이지 않게 되었고, 다른 사람들은 그가 그 자리에 없는 것처럼 얘기하기 시작했다. 그는 깜짝 놀랐고, 보석이 박힌 부분을 원래대로 돌리자 다시 다른 사람들에게 보이게 되었다. 그는 나중에 반지를 여러 번 시험해 보았는데, 언제나 같은 일이 일어났다. 보석이 박힌 부분을 손 안쪽으로 돌리면 보이지 않게 되었고, 바깥쪽으로 돌리면 다시 나타났다. 이를 확인한 그는 즉시 자기가 궁정에 파견되는 사자 중 한 명으로 뽑히도록 주선했다. 그는 궁정에 들어가자마자 왕비를 유혹했고, 왕비의 도움을 받아 음모를 꾸며 왕을 죽이고 왕국을 차지했다. 이제 이런 마법의 반지가 두 개 있고, 정의로운 사람이 하나를 끼고 불의한 사람이 다른 하나를 낀다고 하자. 꿋꿋이 정의의 편에 설 만큼 강철 같은

본성을 가진 사람은 아무도 없다고 사람들은 말한다.[2]

플라톤은 글라우콘과 기게스의 이야기를 통해 미덕은 처벌의 두려움 때문에 존재하며, 따라서 정의 자체가 단지 사회적 구성물일 뿐이지 않냐고 묻는다. 플라톤은 소크라테스를 통해 이 의문에 답하면서, 최고의 권력을 잡으려는 유혹에 넘어간 사람은 원초적 욕망의 노예가 되어 스스로를 망칠 것이라고 주장한다. 이 유혹을 이겨 낸 사람은 자신을 통제할 수 있고, 따라서 행복하고 자유롭다.

보이지 않는 능력을 얻고 나쁜 짓을 벌이다가 망하는 이야기는 고대의 설화 이래로 여러 번 반복되어 왔다. 이 이야기를 하는 플라톤과 거짓-아폴로도로스, 그리고 그 뒤의 여러 사람들은 모습을 감추는 능력이 신이 내린 선물이거나 마술의 결과이며, 현실이 아닌 은유나 예시로 드는 상상의 장치라고 생각했다. 1754년 엘리자 헤이우드Eliza Haywood가 익명으로 쓴 『보이지 않는 스파이The Invisible Spy』에서 화자는 신비로운 마술사로부터 보이지 않게 되는 허리띠를 얻고, 1833년 제임스 돌턴이 쓴 『보이지 않는 신사』에서는 주인공이 마음속의 소원으로 보이지 않게 되는 능력을 상상한다.

자연에 대한 지식이 점점 더 많아지면서, 사람들은 자연법칙의 범위 내에서 보이지 않게 되는 일이 가능한지 상상하게 되었다. 하지만 이 질문을 처음 던진 사람은 과학자가 아니라 SF 작가였다. 아일랜드 태생의 미국 작가 피츠 제임스 오브라이언Fitz

James O'Brien은 1859년에「무엇이었을까? 하나의 수수께끼what Was It? A Mystery」를 발표했는데, 이 소설은 보이지 않음에 대해 최초로 과학적 설명을 시도했다는 점에서 이전의 이야기들과 확실히 구별된다.

피츠 제임스 오브라이언은 거칠고 격동적이며 예측할 수 없는 인생을 살았고, 그가 쓴 다양한 글에서 때때로 드러나는 기이함은 파란만장했던 그의 삶을 짐작게 한다. 그는 1828년 아일랜드에서 변호사의 아들로 태어났고, 원래 이름은 마이클 오브라이언이었다. 그는 일찍부터 열정적으로 시를 썼고, 이는 훗날 그에게 큰 도움이 되었다. 더블린대학교에 다녔고 이후 런던으로 이주한 그는 사치스럽게 살면서 아버지가 남긴 유산을 불과 2년 만에 탕진했다. 궁핍해진 그는 돈을 벌기 위해 1852년경 미국으로 건너가게 되었고, 이름도 피츠 제임스로 바꾸었다. 다행히도 그는 뉴욕의 문학계에 입성할 수 있는 소개장을 받을 정도로 영국에서 영향력이 있었고, 곧『이브닝 포스트Evening Post』,『뉴욕 타임스』,『베니티 페어Vanity Fair』,『애틀랜틱 먼슬리Atlantic Monthly』와 같은 다양한 간행물에 글을 발표하게 되었다(그림 3).

하지만 글을 써서 벌어들이는 보잘것없는 수입으로는 사치스러운 생활을 감당할 수 없었다. 기록에 따르면 그는 많은 시간을 빚에 시달렸고, 방을 내줄 사람이 있는 곳이면 어디든 가서 살았으며, 대체로 좋은 일보다는 힘든 일이 더 많았다. 또한 카리스마는 뛰어나지만 성깔이 대단해서 그를 만난 사람은 평생 친구가 되기도 했지만, 반대로 그에게 화를 내기도 했다. 오브라이언

그림 3

윌리엄 윈터William Winter•가 그린 피츠 제임스 오브라이언.
윈터가 편집한 『오브라이언의 시와 소설 *Poems and Stories of O'Brien*』(1881)의 삽화

• 미국 매사추세츠 태생의 연극 비평가 및 작가(1836~1917). 그는 당시 뉴욕시의 술집
파프스Pfaff's를 중심으로 활동했다. 마크 트웨인Mark Twain, 월트 휘트먼Walt Whitman
등이 이 술집에 자주 드나들었으며, 오브라이언도 이 술집에 대한 송가를 썼다.

이 죽은 지 몇 년 후 친구 토머스 데이비스Thomas Davis가 그의 이중적인 성격에 대한 훌륭한 일화를 들려주었다.

『핀셔스트Pynnshurst』의 저자 도널드 매클라우드Donald McLeod는 한때 오브라이언과 함께 살았고, 두 사람은 같은 침대에서 잠을 잤다. 어느 날 밤, 두 사람이 침대에 누운 지 얼마 지나지 않아서 각자의 조국인 스코틀랜드와 아일랜드에 대한 논쟁이 벌어졌다. 아일랜드 사람인 오브라이언은 스코틀랜드인 친구가 도저히 용인할 수 없는 말을 했고, 매클라우드가 받아쳤다. "나는 받아들일 수 없습니다." 오브라이언이 말했다. "마음대로 하세요." 매클라우드가 외쳤다. "결투를 신청합니다. 선생님!" 마찬가지로 분노한 오브라이언이 상대를 무섭게 노려보았고, 담요를 끌어 덮으면서 이렇게 말했다. "좋아요, 너무 좋습니다. 선생님, 내일 아침에 뵙죠!" 이 마지막 대답은 오브라이언의 진심을 그대로 담은 말이었지만, 싸움을 웃음으로 바꾸는 효과를 가져왔다. 결국 두 사람은 서로 마주 보면서 폭소를 터뜨렸고, 싸움은 이렇게 끝났다.[3]

1861년 남북전쟁이 발발하자 오브라이언은 뉴욕주 방위군 제7연대에 입대했고, 최전선에 파견되어 연방을 위해 싸우기를 희망했다. 그러나 이 연대는 워싱턴을 방어하는 임무에만 배치되었고, 한 달간의 복무를 마치고 소집이 해제되었다. 오브라이언은 이에 굴하지 않고 장군의 참모로 임관하기 위해 노력했고, 1862년 초 버지니아의 최전선에서 프레더릭 랜더Frederick W. Lander 장군과 함께 근무할 기회를 얻었다. 2월 14일, 그는 오늘날 웨스트버지니아 지역에 있는 블루머리 갭에서 남군을 공격하던 랜더 장군의 부대에 합류했다. 그는 적의 포화를 뚫고 말을 달려 돌격하는 소수의 부대에 배치되었다. 며칠 후 오브라이언은 기병 중대를 이끌고 적의 소 떼를 탈취하기 위해 이동하던 중 네 배나 많은 수의 적군을 만났다. 오브라이언은 주눅 들지 않고 선두에 서서 돌격했다. "그들이 말을 타고 계속 전진하자 적군의 장교가 그들을 향해 한 손을 들고 '멈춰라! 누구냐?'라고 외쳤다. 오브라이언은 '연방군이다!'라고 외치면서 장교에게 총을 쏘았다. 이것이 총공격을 알리는 신호였다. 남군은 소규모 부대를 쉽게 제압할 정도였지만, 오브라이언의 공격이 너무 대담해서 어딘가에 지원 병력이 있을지 모른다는 두려움으로 주춤댔다."[4] 연방군은 적을 몰아내는 데 성공했지만, 오브라이언은 운이 나빴다. 그는 적의 지휘관을 사살하고 자신도 어깨에 총상을 입었다. 큰 부상이었지만 처음에는 회복할 수 있을 것 같았다. 그러나 오브라이언의 상태는 점차 악화되었고, 1862년 4월 6일에 죽었다. 당시의 나이는 겨우 35세였다.

오브라이언이 남긴 기이하고 상상력이 풍부한 이야기들은 일찍 꺾여 버린 뛰어난 재능의 싹을 짐작하게 한다. 그의 유령 이야기 「잃어버린 방」(1858)은 집의 서재에 침입한 악령을 만난 사람이 그 방을 차지하기 위해 악령과 섣불리 내기를 하다가 방을 완전히 잃어버리는 내용이다. 이 이야기에는 방황과 상실로 얼룩진 오브라이언의 인생이 반영되어 있는 듯하다.「손에서 입으로」(1858)는 힘겹게 살아가는 작가가 겨울의 폭풍을 피해 여관 방에 묵었는데, 방이 살아서 그를 지켜보는 것 같았다는 이야기를 담고 있다. 현실과 초현실을 넘나드는 풍자 속에는 힘들게 생계를 이어 가는 작가의 역경을 냉소적으로 바라보는 자전적인 요소도 담겨 있다.「원더스미스」(1859)에서는 사악한 마법사 무리가 장난감에 생명을 불어넣어 살인을 저지르려는 음모를 꾸미지만, 마법에 걸린 인형이 마법사들에게 반항한다.[5]

그러나 오브라이언이 쓴 소설 중에서 가장 영향력이 큰 것은 과학적 아이디어, 특히 광학과 관련된 이야기다. 그의 가장 유명한 작품인「다이아몬드 렌즈」(1858)는 그때까지 고안된 것 중에서 가장 강력한 현미경을 만든 남자가 물방울 속에서 본 매우 작은 여인과 사랑에 빠지는 이야기다.[6] 또한「무엇이었을까? 하나의 수수께끼」는『하퍼스 매거진 Harper's Magazine』에 실린 이야기로, 그때까지 설명이 불가능했던 보이지 않음에 대해 과학적으로 설명을 시도했다는 점에서 SF의 새로운 지평을 연 작품이다.[7]

이 이야기에서 화자 해리와 친구 해먼드는 최근 몇 년 동안 유령이 출몰한다는 하숙집에 묵는다. 어느 날 밤, 침대에 누워 있던 해리는 어둠 속에서 키는 작지만 엄청난 힘을 가진 생명체에게 공격당한다. 해리는 인간과 비슷한 이 존재와 몸싸움을 벌여 제압하고 바닥에서 꼼짝하지 못하게 한다. 자유로운 손으로 불을 켠 그는 자신을 공격한 상대가 살아 숨 쉬고 있지만 정말로 보이지 않는다는 것을 알게 된다! 해먼드가 도착해서 두 사람은 이 존재를 단단히 묶어 침대 위에 올려 둔다. 두 사람은 사로잡은 포로를 어떻게 해야 할지 몰라 당황하고, 이 존재는 주는 음식을 먹으려 하지 않는다. 그는 점차 약해져 죽고, 두 사람은 그의 시체를 집 뒤뜰에 묻는다.

공포 소설로서 특별히 무섭다고 할 수 없는 이야기지만, 획기적인 SF로는 훨씬 더 매력적이다. 그들이 이 생명체를 단단히 묶은 후 해먼드는 보이지 않는 존재가 어떻게 가능한지 추측하면서 친구 해리를 진정시키려고 노력한다.

조금만 생각해 보자고, 해리. 만지면 형체가 있다는 걸 알수 있지만 보이지 않는 단단한 몸이 여기에 있어. 이건 너무 이상해서 놀랍고도 두려운 일이야. 하지만 이와 비슷한 현상은 없을까? 순수한 유리 덩어리를 생각해 보자. 유리를 만지면 단단함이 느껴지면서도 투명하지. 화학적으로 완벽한 물질이라면 완전히 투명해서 전혀 보이지 않겠지만, 화학적으로 조금 불완전한 면이 있어서 어느 정도는 눈에 보이겠지. 단 하나의 광선도 반사하지 않는 유리, 말하자면 원자가 완벽하게 순수하고 균질해서 햇빛이 공기를 통과할 때와 마찬가지로 굴절되지만 반사되지 않는 유리를 만드는 것은 **이론적으로 불가능하지 않을** 거야. 공기도 눈에 보이지 않지만 느낄 수는 있지.

오브라이언은 보이지 않는 이유를 설명하면서 광학에서 실험적으로 관찰된 가장 오래된 두 가지 현상을 언급한다. 그것은 반사의 법칙과 굴절의 법칙이다. 이 두 가지 법칙은 거짓-아폴로도로스가 페르세우스의 업적에 대한 서사시를 노래하던 시대에도 논의되었다. 반사의 법칙은 평평하고 매끈한 표면(잘 연마된 금속이나 유리)에서 빛이 반사되는 각도는 입사하는 각도와 같다는 것이다. 분명히 훨씬 더 오래전부터 알려져 있었을 이 법칙은 『반사광학Catoptrics』에 나오는데, 이 책은 기원전 300년경 유명한 기하학자 유클리드가 저술한 것으로 여겨졌다. 그러나 이 책에는 유클리드가 활동하던 시대와 로마 시대의 내용이 섞여 있어서, 수 세기 뒤에 한 사람의 저자 또는 여러 저자가 덧붙였거나 모든 내용을 썼을 것으로 추정된다. 그래서 현재는 이 책의 저자를 거짓-유클리드라고 부른다.

굴절의 법칙은 빛이 투명한 매질•에서 다른 투명한 매질로 지나갈 때 빛의 방향이 어떻게 바뀌는지를 정량적으로 설명한다. 플라톤은 『국가』에서 다음과 같이 지적했다. "물 밖에서 볼 때 곧은 물체가 물속에서는 구부러져 보인다."[8] 오늘날 우리는 물컵에 꽂은 빨대에서 흔히 이 현상을 볼 수 있다(그림 4). 물에 반쯤 잠긴 빨대는 수면에서 꺾인 것처럼 보이는데, 이는 수면 아래에서 빨대에 반사된 빛이 물 밖으로 나오면서 방향이 바뀌기 때문이다. 많은 학자가 굴절의 법칙을 정량화하기 위해 수백 년

• 파동을 전달하는 물질이다. 예를 들어 소리의 매질은 공기이며, 파도의 매질은 물이다.

동안 노력했고, 오늘날에는 1621년 올바른 공식을 도출한 네덜란드 천문학자 빌레브로르트 스넬리우스willebrord Snellius가 이 법칙을 발견했다고 일반적으로 인정한다. 그러나 이 법칙은 여러 번에 걸쳐 발견되고 재발견되었으며, 약 600년 전인 984년에 이슬람 학자 이븐 살Ibn Sahl이 이 법칙을 최초로 발표했다고 알려져 있다. 그럼에도 불구하고 이 법칙을 스넬의 법칙이라고 부른다.[9]

여기서는 자세한 수학을 다루지 않겠지만, 빛이 옅은 매질(빛의 속력이 빠르다)에서 조밀한 매질(빛의 속력이 느리다)로 갈 때 진행 방향이 표면에 수직인 선을 향해 꺾인다.[10] 반대로 조밀한 매질에서 옅은 매질로 갈 때는 빛이 꺾이는 방향도 반대가 되어 수직인 선에서 멀어지게 된다. 빛의 속력이 진공에서의 값보다 줄어드는 정도를 굴절률이라고 하며, 물의 굴절률은 1.33, 유리는 1.5, 다이아몬드는 2.417이다. 굴절률이 높을수록 빛이 더 많이 꺾인다. 다이아몬드는 자연에 존재하는 물질 중 굴절률이 가장 높으며, 오브라이언은 다이아몬드 렌즈로 가장 강력한 현미경을 만든다고 상상했다(물론 강력한 현미경을 설계하는 데는 렌즈 재질의 선택보다 훨씬 더 복잡한 고려가 필요하다). 공기의 굴절률은 약 1.0003으로, 공기 중에서 빛의 속력은 빛이 진공에서 지나갈 때의 속력보다 아주 조금 낮다. 이것이 투명 장치를 만드는 데 매우 큰 난관임을 나중에 알게 될 것이다.

반사와 굴절이 함께 일어난다는 것에 주목해야 한다. 빛이 투

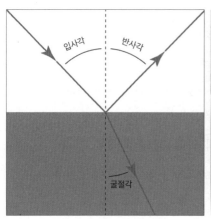

(a) 반사와 굴절의 각도　　　　　(b) 굴절에 의해 '구부러진 빨대'

그림 4

명하고 매끈한 표면에서 반사될 때, 빛의 일부분은 반사되고 나머지는 굴절된다.

보이지 않음에 대한 오브라이언의 개념은 두 가지 핵심 가정을 바탕으로 한다. 첫 번째 가정은 빛이 물체를 통과할 때 굴절 외에 다른 영향을 받지 않는다는 것이다. 오브라이언은 이 소설을 쓰면서 유리창을 바라보았을 것이다. 창문을 통과하는 빛은 창문 너머의 장면을 거의 왜곡하지 않는다. 하지만 보이지 않는 괴물이나 렌즈처럼 투명하지만 굴곡이 있는 물체에서는 상황이 완전히 달라진다! 빛이 이런 물체에서 빠져나올 때는 들어갈 때와 다른 각도로 기울어진 표면을 지나가야 하고, 따라서 빛은 들어올 때와 다른 각도로 물체를 떠나게 된다. 이러한 방향의 변화로 인해 렌즈가 빛을 초점으로 모을 수 있게 되며, 투명한 괴물 뒤에 있는 물체의 모양이 다르게 보이기 때문에 중간에 무언가 있다는 걸 알 수 있다. 피츠 제임스 오브라이언은 이 점에서 틀렸다. 투명한 것과 전혀 보이지 않는 것은 다르다.

수십 년 뒤에 다른 작가가 굴절에 의해 보이지 않게 될 때의 문제를 다루었다. 『야성의 부름 The Call of the Wild』(1903), 「불을 지피다 To Build a Fire」(1908) 등의 야생 이야기로 유명한 잭 런던 Jack London은 1906년 「그림자와 섬광 The Shadow and the Flash」을 발표하면서 SF에 도전했다. 이 소설에서는 라이벌인 두 과학자가 서로 다른 방식으로 보이지 않음을 달성한다. 그러나 둘은 모두 각각의 한계를 지니고 있다(그림 5).[11] 로이드 인우드는 완벽하게 검은 페인트로 자기 몸을 칠하여 빛이 전혀 반사되지 않도록 했지만, 몸이 드리우는 그림자는 어떻게 할 수 없었다. 반면에 폴 티클로른은 몸을 완벽히 투명하게 만드는 화학적 과정을 고안해 냈다. 그러나 그가 움직일 때마다 몸을 통과하는 빛이 굴절에 의해 밝은 섬광을 만들어 냈다. "티클로른은 '환일幻日, 무지개, 후광, 햇무리는 모두 한 가족'이라고 말했다. '이것들은 광물과 얼음의 결정, 안개, 비, 물보라 등 끝없이 많은 것들에 의해 빛이 굴절되어 만들어지는데, 투명함을 위해 지불해야 하는 대가라고 생각한다. 나는 로이드의 그림자에서 벗어났지만, 무지개처럼 비치는 섬광을 피하지 못했다.'" 소설의 마지막에 두 라이벌은 테니스 코트에서 운명의 대결을 펼치고, 빛과 어둠이 맞부딪치는 기묘한 광경을 연출한다.

우연히도, 모든 빛을 흡수하는 페인트에 대한 잭 런던의 아이디어는 나중에 실현되었다. 2014년 영국의 엔지니어링 회사인 서리 나노시스템스Surrey Nano-Systems는 밴타블랙Vantablack이라는 이름의 신소재를 선보였다. 당시 이 물질은 입사하는 빛의 99.965퍼센트를 흡수하여 세계에서 가장 검은 물질이라는 기록을 세웠다.[12] 이 물질은 지름 10억분의 1미터(1나노미터) 정도의 속이 빈 탄소 튜브가 수직으로 빽빽하게 정렬된 '숲'으로 만들어졌다. 밴타vanta라는 이름은 '수직으로 정렬된 나노 튜브 배열 vertically aligned nanotube arrays'의 머리글자만 따서 만든 말이다. 빛이 나노 튜브의 숲속으로 들어오면 튜브 사이에서 여러 번 부딪히면서 완전히 흡수된다.

화가 애니시 커푸어Anish Kapoor가 밴타블랙 스프레이를 예술

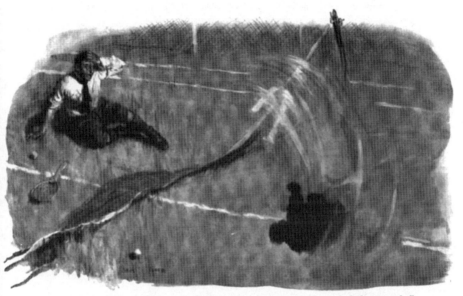

"I could do nothing, so I sat up, fascinated and powerless, and watched the struggle."

"나는 아무것도 할 수 없었다. 무력해진 나는 그저 가만히 앉아서 매혹된 채로 싸움을 지켜볼 수밖에 없었다."

그림 5
잭 런던의 소설 「그림자와 섬광」 원본의 삽화.
사이러스 쿠네오Cyrus Cuneo의 그림

작품에 사용할 수 있는 독점적인 권리를 확보하자 곧바로 논란이 일어났고, 다른 화가들은 분노했다. 예술계로서는 다행스럽게도 밴타블랙을 대체할 수 있는 물질이 금방 개발되었고, 밴타블랙보다 더 검은 물질도 나왔다. 2019년 매사추세츠공과대학교(MIT) 엔지니어들은 들어오는 빛의 99.995퍼센트를 흡수하는 탄소 나노 튜브 기반 소재를 개발하여 검은색에 대한 신기록을 갈아 치웠다. 화가 디무트 슈트레베Diemut Strebe는 곧바로 이 물질을 사용한 〈허영의 구원Redemption of Vanity〉이라는 제목의 작품을 뉴욕 증권 거래소에 전시했다. 그는 200만 달러짜리 다이아몬드를 가장 검은 페인트로 칠하여 뚫을 수 없는 검은 공허, 즉 광채를 이기는 그림자를 구현했다.[13]

빛을 완전히 흡수하는 특수한 검정 페인트로 물체를 보이지 않게 하는 것이 과연 가능한지 의심할 수도 있다. 그러나 2018년에 관람객이 애니시 커푸어의 설치 작품 〈연옥으로의 하강Descent into Limbo〉에서 바닥의 검은 부분이 실제로는 2.5미터 깊이의 구멍이라는 사실을 알아채지 못하고 그 밑으로 추락하는 일이 일어났다.[14] 게다가 이 작품에는 밴타블랙이 아닌 보통의 매우 검은 색 페인트가 사용되었다.

보이지 않음에 대한 오브라이언의 두 번째 핵심 가정은 빛이 "굴절되기만 하고 반사되지 않는" 완벽한 유리를 만들 수 있다는 것이다. 이 점에 대해서도 현대 광학은 오브라이언이 틀렸다는 것을 보여 준다. 유리와 같은 보통의 물질은 아무리 순수해도 언제나 아주 조금의 빛을 반사한다(보통이 아닌 물질에 대해

서는 나중에 살펴볼 것이다). 매우 깨끗한 유리창이라면 특정 각
도와 적절한 조명 조건에서는 거의 보이지 않지만, 다른 각도에
서는 유리를 충분히 감지할 수 있을 만큼 빛을 반사한다. 따라
서 매우 깨끗하고 투명한 유리조차 보이지 않는 것과는 거리가
멀다.

오브라이언의 실수는 용서받을 수 있다. 그는 빛의 성질, 그리
고 빛과 물질의 상호 작용에 대해 그리 많이 알려지지 않은 시대
의 정보를 바탕으로 소설을 썼기 때문이다. 그러나 보통의 유리
가 "화학적으로 완벽하지 않기 때문에" 눈에 보인다는 그의 말
은 그가 소설에 적용한 보이지 않음의 이론을 궁리할 때 매우 구
체적인 물리학을 염두에 두었음을 시사한다. 그는 어디에서 이
런 아이디어를 얻었을까?

안타깝게도 오브라이언이 직접 쓴 편지에서 그의 생각을 추
적해 볼 수는 없다. 오브라이언은 임종할 때 자신의 문학적 유산
을 유언 집행인 두 사람에게 맡겼고, 그가 죽은 뒤에 두 사람 중
한 명인 프랭크 우드Frank Wood에게 자신이 쓴 모든 글을 보내 읽
어 보게 했다. 그러나 프랭크 우드도 얼마 뒤에 갑자기 죽었고,
그가 소유한 문서는 모두 분실되었다.[15]

어쨌든 오브라이언이 살던 시대에는 빛과 물질의 상호 작
용에 대한 물리적 이해가 거의 없었기 때문에, 그의 주장은 현
대 물리학의 아버지 아이작 뉴턴(1642~1727)까지 거슬러 올라
갈 수 있다. 영국의 수학자이자 물리학자였던 뉴턴은 가장 유명
한 저서인 『자연철학의 수학적 원리 Philosophiae Naturalis Principia

Mathematica』(1687)에서 보편적인 중력 법칙을 처음으로 도입하고 행성이나 달과 같은 천체뿐만 아니라 지구 표면 가까이에서 떨어지는 물체의 운동을 수학적으로 설명할 수 있음을 보여 주었다. 이로써 그는 현대 물리학의 아버지라는 칭호를 얻었다. 엄청나게 넓은 범위의 현상을 몇 가지 물리 법칙으로 통합한다는 이 아이디어는 현대에 이르기까지 모든 물리학을 이끄는 원리가 되었다. 오늘날 입자물리학자들은 자연의 네 가지 근본적인 힘(중력, 전자기력, 약한 핵력, 강한 핵력)이 한 가지 힘의 다른 모습임을 밝히려고 노력하고 있으며, 이를 통일장 이론이라고 한다. 이러한 노력은 뉴턴의 획기적인 연구를 그대로 반영한 것이다.

뉴턴은 뛰어난 수학자이자 이론물리학자였을 뿐만 아니라, 세밀한 광학 실험도 수행했다. 뉴턴 이전의 광학 연구는 주로 빛의 기하학적 성질에 집중했고, 곡면 렌즈와 거울에서 반사와 굴절이 일어날 때 물체의 상이 어떻게 맺히는지에 대해 연구했다. 뉴턴의 광학 연구는 빛의 물리학을 이해하는 데 집중하여 본질적으로 "빛이란 무엇인가?"라는 질문에 답하려 했다는 점에서 선구적이었다. 뉴턴의 가장 유명한 업적은 흰색 빛이 가시광선의 모든 색이 모여 이루어진다는 것을 알아낸 것이다. 그는 유리 프리즘을 사용하여 흰색 빛을 무지개색으로 분리하여 이를 입증했다. 핑크 플로이드Pink Floyd의 유명한 음반《다크 사이드 오브 더 문Dark Side of the Moon》의 표지를 본 사람이라면 프리즘에 의해 갈라지는 빛의 그림을 보았을 것이다.[16] 가시광선 스펙트럼에는 빨강, 주황, 노랑, 초록, 파랑, 보라가 포함되어 있으며, 스펙트럼의 빨간색 끝에서 빛의 굴절률이 가장 낮고 보라색 끝에서 굴절률이 가장 높다.[17] 따라서 흰색 빛이 프리즘을 통과할 때 여러 가지 색이 각각 다른 방향으로 굴절된다.

뉴턴은 1672년에 런던 왕립학회에서 첫 번째 실험을 보고했지만, 곧바로 많은 반발에 부딪혔다. 당시의 광학 연구자들 사이에서는 빛이 흘러가는 강물처럼 입자의 흐름이라는 주장과 호수의 수면에서 번져 가는 물결과 같은 파동이라는 주장이 팽팽하게 대립하고 있었다. 입자 이론의 가장 강력한 근거는 빛이 물질에서 멀리 떨어져 있을 때 직선으로 이동한다는 관찰이었다. 그러나 입자 이론으로는 빛의 굴절을 설명할 수 없었다. 반면에 빛이 파동이라고 하면, 한 매질에서 다른 매질로 진행할 때 굴절이 일어나는 이유는 파동이 매질에 따라 속도가 다르기 때문이라고 설명할 수 있다. 뉴턴은 자신의 연구 결과가 빛이 입자의 흐름임을 보여 준다고 주장했다.

왕립학회의 여러 유명한 회원들은 빛이 파동이라고 굳게 믿었고, 뉴턴의 연구를 공격했다. 뉴턴을 가장 맹렬하게 비판한 사람 중 한 명은 로버트 훅Robert Hooke(1635~1703)이었다. 그는 현미경학, 천문학, 고생물학, 역학, 측시학(시간 측정에 대한 연구) 등 다양한 분야에 기여한 뛰어난 연구자였다. 1665년에 출판된 훅의 『마이크로그라피아Micrographia』에는 최초의 미생물 그림이 들어가 있으며, 그는 이 책으로 과학자로서의 명성을 확고히 했다.

훅은 뉴턴을 과학적으로 격렬하게 공격했을 뿐만 아니라, 광학과 중력에 관해 자기가 먼저 생각해 낸 아이디어를 뉴턴이 훔쳤다고 비난했다. 이렇게 해서 두 사람의 적대 관계는 수십 년 동안 계속되었다. 이 불화와 함께 여러 사건이 겹쳐 일어나면서 뉴턴은 1678년 신경쇠약에 걸렸고, 몇 년 동안 거의 은둔 생활을 하게 된다. 그러나 중력에 대한 연구가 인정받으면서 뉴턴은 유명 인사가 되었고, 그 후로 그의 경력은 화려하게 펼쳐졌다. 훅과 뉴턴의 불화는 훅이 죽은 뒤에도 끝나지 않았다. 훅이 죽은 뒤에 뉴턴이 왕립학회 회장이 되었고, 왕립학회에 걸려 있던 훅의 유일한 초상화가 철거되거나 파괴된 것은 뉴턴의 책임이라는 의심도 있다.

광학 연구로 훅에게 크게 당한 뒤 뉴턴은 이 주제에 대해 발표하기를 꺼렸지만, 훅이 죽은 다음 해인 1704년에 마침내 『광학 Opticks』을 출판했다. 『광학』에 나오는 여러 가지 실험은 투명함이 본질적으로 무엇인지 이해하려는 시도를 보여 준다. 왜 어떤 물체는 투명하고 어떤 물체는 투명하지 않은가?

이 책에서 다루는 주제와 가장 관련이 깊은 연구에서 뉴턴은 가장 작은 물질의 투명성을 탐구했다. 물질의 가장 작은 조각이라고 하면 오늘날 우리는 원자를 생각하지만, 뉴턴은 물질의 "가장 작은 부분"이라고 언급하면서 더 자세한 설명은 하지 않았다. 그는 유리와 같은 투명한 물질을 가루로 만들면 불투명해지는 것을 관찰했다. 반대로 종이와 같은 불투명한 물질을 기름에 담그면 투명해지는 것도 관찰했다(종이로 포장된 피자를 먹어 본적이 있다면 종이 포장지가 기름기를 머금고 투명해진 것을 보았을 것이다).

뉴턴은 물질의 가장 작은 부분은 일반적으로 투명하지만, 물질 안에서 빛이 여러 번 반사하고 굴절하면서 빛의 통과가 방해를 받는다고 결론지었다. 가루로 만든 유리는 빛이 입자 사이를 통과하면서 일어나는 반사와 굴절 때문에 불투명하고, 유리판은 융합된 물질에서 입자 사이의 경계가 없기 때문에 투명하다.

뉴턴의 표현을 직접 살펴보자.

> 그러나 더 나아가, 밀도가 같거나 거의 같은 물질로 물체 안의 틈을 채우면 투명해지기 때문에, 물체가 불투명한 주된 이유가 부분들의 불연속성이라는 것을 알 수 있다. 따라서 종이를 물이나 기름에 담그거나, 반투명 오팔을 물에 담그거나, 리넨 섬유에 기름 또는 왁스를 바르거나, 여러 가지 물질을 그런 종류의 액체로 적시면, 액체가 물체 속의 작은 기공들을 채워서, 그렇지 않을 때보다 더 투명해진다. 반대로 매우 투명한 물질도 그 속에 있는 기공을 비우거나 부분들을 서로 분리하면, 충분히 불투명해진다. 그러한 예로 소금, 젖은 종이, 반투명 오팔을 건조하거나, 짐승의 뿔을 문지르거나, 유리를 가루로 만들거나, 다른 방법으로 흠집을 내면 투명하던 것이 불투명해진다.[18]

따라서 뉴턴은 물체를 구성하는 입자들 사이의 틈을 메우면 불투명한 물체를 투명하게 만들 수 있다고 주장했다. 예를 들어 종이를 기름에 적시면 빛이 최소 부분에서 다른 최소 부분으로 지나갈 때 일어나는 굴절이 줄어든다는 것이다.

투명함에 대한 피츠 제임스 오브라이언의 설명으로 돌아가서, 그가 뉴턴의 선구적인 연구에서 아이디어를 얻었거나 적어도 이에 대한 다른 누군가의 설명에서 아이디어를 얻었을 가능성이 높다는 것을 알 수 있다. 오브라이언은 "어떤 화학적 거칢 때문에 완전히 투명해지지 않는다."라고 제안했는데, 이는 불투명한 이유가 전적으로 물질의 가장 작은 수준의 불완전성 때문이라는 뉴턴의 가설과 일치한다.

어떤 의미에서 투명함에 대한 과학적 설명은 뉴턴까지 거슬러 올라갈 수 있다. 뉴턴 자신이 보이지 않는 괴물을 언급하지는 않았지만, 그는 투명함의 본질을 이해하려고 노력했다. 이러한 시도는 SF 작가들의 상상력을 자극했고, 이 영향으로 과학자들도 투명함에 대해 생각하게 되었다.

그러나 불투명함에 대한 뉴턴의 설명은 대부분 바르지 않다. 앞으로 살펴보겠지만, 빛과 물질의 상호 작용은 일반적으로 훨씬 더 복잡하고 원자의 본질에 대한 이해가 필요한데, 뉴턴의 시대에는 그러한 이해가 없었다. 그러나 종이에 대한 뉴턴의 설명은 옳았다. 종이는 투명한 섬유가 많이 얽혀 있고 그 사이에 공기의 틈이 많이 있다. 종이를 통과하는 빛은 섬유의 숲에 가로막힌다. 이는 밴타블랙 물질에서 빛이 탄소 나노 튜브의 숲에 갇혀 빠져나오지 못하는 것과 같다. 종이를 기름에 적시면 섬유 사이의 틈에 기름이 채워져서 굴절과 반사가 줄어들고, 따라서 투명해진다.

투명함에 대한 피츠 제임스 오브라이언의 설명은 당시의 광학, 즉 빛의 과학이 어떤 모습이었는지 잘 보여 준다. 당시에는 빛의 거동에 대해 알려진 것이 거의 없었고, 원자의 성질에 대해서는 거의 아무것도 몰랐다. 이러한 상황은 그 뒤 몇십 년 사이에 확 바뀌었고, 이전까지는 상상할 수 없었던 투명성에 대한 새로운 관점이 나오게 되었다.

4
보이지 않는 빛, 보이지 않는 괴물
적외선과 자외선 발견

덤불은 이제 조용해졌고 소리도 멈췄지만, 모건은 계속해서 그곳에
주의를 기울이고 있었다.
"뭐야? 도대체 뭐란 말이야?" 내가 물었다.
"그 요물!" 그는 시선을 돌리지 않은 채 대답했다. 그의 목소리는 부
자연스럽게 쉬었고, 눈에 띄게 몸을 떨었다.
내가 계속 말하려는 순간, 그가 응시하던 곳 주변의 야생 귀리가 이
상하게 흔들렸다. 그 광경은 도저히 말로 설명하기 어려웠다. 귀리가
바람에 눕는 것 같기도 했고, 위에서 짓누르는 것 같기도 했다. 쓰러
진 귀리는 다시 일어나지 못했고, 이 움직임은 느리지만 확실히 우리
를 향해 다가오고 있었다.

— 앰브로즈 비어스Ambrose Bierce,

「요물The Damned Thing」(1893)

피츠 제임스 오브라이언이 감지할 수 없는 것의 가능성에 대해
고민하기 약 50년 전에 이미 과학자들은 보이지 않는 세계를 발
견했다. 하지만 그 형태는 예상할 수도 없었고 상상하지도 못했
던 것이다. 19세기 초, 과학자들은 눈에 보이지 않지만 분명히
물질 세계에 영향을 주는 두 종류의 빛을 발견했다. 사람의 직접
적인 감각으로는 탐지할 수 없는 물리적 우주가 존재한다는 생
각은 SF 작가들에게 보이지 않음에 대한 새로운 아이디어를 추

구하도록 자극했을 뿐만 아니라, 보이지 않음의 과학에 진정으로 놀라운 방식으로 영향을 미쳤다. 이러한 발견은 "빛이란 무엇인가?"라는 질문에 답하기 위한 퍼즐의 핵심 조각이 된다.

이 길로 들어서는 첫 번째 발견은 1800년 독일 태생의 영국 천문학자이자 음악가인 윌리엄 허셜william Herschel(1738~1822)에 의해 우연히 이루어졌다. 독일 하노버 선제후국에서 태어난 허셜은 하노버 군대의 오보에 연주자였던 아버지 이자크의 뒤를 잇는 듯했다. 군대에 입대한 허셜은 1755년 (형 야코프과 함께) 영국에 주둔하면서 영국 생활을 처음 접하게 된다. 당시 하노버의 왕이었던 조지 2세는 영국의 왕이기도 했다. 하노버와 프랑스 사이에 전쟁이 일어나자 형제는 고국을 지키기 위해 하노버로 돌아왔고, 1757년 7월 하스텐베크 전투에서 하노버 군대가 패배했다.

아버지는 아들을 잃을 수도 있는 상황이 되자 큰 충격을 받았고, 그해 말 두 아들을 안전한 영국으로 보냈다. 윌리엄 허셜은 작곡가이자 연주자로서 음악적 재능을 발휘하며 오랜 세월을 살았다. 그는 바이올린, 하프시코드, 오르간 연주를 배웠고, 오케스트라와 협연하거나 교회에서 오르간을 연주하기도 했다.

허셜은 음악가로 활동할 때도 문제를 해결하는 요령이 뛰어났고, 이런 재주는 나중에 과학 연구에도 큰 도움이 되었다. 밀러Miller라는 오르간 연주자는 다음과 같은 일화를 전한다.

이 무렵 핼리팩스 교구 교회에 새 오르간이 지어졌는데,

허셜은 오르간 연주자로 지원한 일곱 명의 후보 중 한 명이었다. 그들은 연주할 순서를 제비뽑기로 결정했다. 허셜이 세 번째였고, 두 번째는 맨체스터의 웨인라이트 Wainwright 박사였다. 이 연주자는 손가락이 너무 빨랐고, 나이 많은 오르간 제작자 스네츨러Snetzler가 교회 주변을 뛰어다니며 강한 독일어 억양으로 이렇게 내뱉었다. "끔찍해! 끔찍해! 그는 고양이처럼 건반을 뛰어넘는군. 내 파이프가 노래할 틈이 없어!" 웨인라이트가 연주하는 동안 중앙 통로에 서서 대기하던 밀러는 허셜에게 물어보았다. "이 사람만큼 잘할 수 있을까요?" 허셜은 이렇게 대답했다. "모르겠습니다. 손가락으로는 안 될 것 같아요." 웨인라이트의 연주가 끝나자 차례가 된 허셜이 오르간 연주대로 올라갔다. 밀러는 그의 연주에 대해 이렇게 설명했다. "느리고 장중한 화음으로 거의 들어 본 적이 없는 충만한 오르간 소리를 냈기 때문에, 나는 그 효과를 어떻게 설명해야 할지 알 수 없었다. (…)"

오르간 제작자 스네츨러는 이렇게 소리쳤다. "아! 아! 이 사람은 대단해, 정말 대단해, 나는 이 사람이 좋아. 내 파이프가 노래할 여유를 주기 때문이야." 연주가 끝난 뒤 밀러는 허셜에게 연주를 시작할 때 어떤 방법으로 그렇게 흔치 않은 효과를 냈는지 물었다. 허셜은 "손가락으로는 안 된다고 했잖아요!"라고 대답하며 양복 조끼 주머니에서 납 조각 두 개를 꺼내 보여 주었다. "이 중 하나는 오르간의 가장 낮은 건반에, 다른 하나는 한 옥타브 위에 올려 두었어요. 이렇게 화음을 조절해서 두 손이 아니라 네 손의 효과를 냈지요."[1]

전문 음악가에서 과학자로의 변신이 특이하게 보일 수 있지만, 음악 훈련은 허셜에게 이 변화를 위한 준비가 되었을 뿐만 아니라 과학자로 성공하는 데도 큰 도움이 되었다. 허셜은 어릴 때부터 다양한 수학적 주제에 대한 교육을 받았는데, 이는 아버지가 허셜에게 음악 연주뿐만 아니라 이론까지 가르쳤기 때문이다. 허셜은 1770년경에 음악적 기량을 향상하기 위해 다시 과학에 눈을 돌렸다. 허셜은 로버트 스미스Robert Smith의 『화성학: 또는 음악적 소리의 철학』을 읽고 나서 같은 저자가 쓴 『광학의 완전한 체계』를 읽게 되었다. 이 책에는 빛과 상image의 형성과 망원경의 설계뿐만 아니라 해와 달, 그리고 당시에 알려진 여러 천체를 관측하는 실용적인 기술이 포괄적으로 설명되어 있었다. 허셜은 이 책을 읽으면서 스미스가 설명한 모든 경이로운 것들을 직접 보고 싶어졌고, 천문학자의 길로 접어들었다.[2]

비슷한 시기에 허셜은 나중의 연구에 큰 도움이 되는 또 다른 선택을 했다. 당시 그의 여동생 캐럴라인 허셜Caroline Herschel (1750~1848)은 하노버에 남아 있었는데, 그녀는 그 시대의 평범한 여인의 일생을 보낼 것 같았다. 어머니는 캐럴라인이 너무 많이 배워서 오빠들처럼 집을 떠날까 봐 가장 기초적이고 실용적인 기술만 가르쳤다. 하지만 1772년 허셜은 캐럴라인을 영국으로 불러서 자신이 공연하는 합창단의 가수가 되게 했다. 별에 대한 관심이 집념으로 발전하던 바로 그해에 여동생을 데려온 것이다. 캐럴라인은 가수로 성공했을 뿐만 아니라 망원경 작업을 하는 오빠를 돕게 되었다. 그녀는 오빠가 관측하는 동안 기록을 하고 식사를 챙겨 주었다. 오빠 옆에서 잔심부름을 하던 캐럴라인은 몇 년 만에 실험 기술자로 발전했다. 그녀는 오빠가 점점 더 크고 정교한 망원경을 제작하는 작업을 도왔을 뿐만 아니라 자신도 천문학자가 되었다. 그녀는 여덟 개의 혜성을 발견한 공로를 인정받아 왕립천문학회 명예 회원이 되었고, 영국에서 정부의 공식 직책을 맡은 최초의 여성이라는 명예를 얻었다.

허셜은 1773년부터 하늘을 관측했지만, 본격적으로 천문학을 연구하기 시작한 것은 하늘에서 서로 매우 가까이 보이는 별을 체계적으로 탐구하기 시작한 1779년부터였다. 당시에는 이러한 이중성의 위치 변화를 연구하면 지구와의 거리뿐만 아니라 우주에서 그 별의 움직임을 추론할 수 있다고 생각했다. 1781년 3월, 이중성을 관측하던 허셜은 이전에는 알려지지 않은 천체를 발견했다. 허셜은 천왕성을 최초로 발견하여 일류 천문학자로서의 명성을 확고히 했을 뿐만 아니라 왕립학회 회원이라는 권위 있는 지위에 올랐다.

1800년 2월, 허셜은 망원경으로 태양을 직접 관측하기 시작했다. 이러한 관측을 위해서는 태양 빛을 매우 약하게 해야 안전하게 볼 수 있는데, 허셜은 들어오는 빛의 세기를 떨어뜨리기 위해 여러 가지 유리를 사용해 보았다. 훗날 허셜은 이렇게 썼다. "놀랍게도 어떤 유리는 빛이 거의 보이지 않는데도 열이 느껴졌고, 어떤 유리는 빛이 많이 들어오는데도 열은 거의 느껴지지 않았다."³ 허셜은 특히 빨간색 필터는 빛을 많이 차단하지만 열은 많이 통과시키는 것 같다고 기록했다. 햇빛이 열을 동반한다는 사실은 누구나 알고 있었지만, 허셜은 빛의 색에 따라 열의 양이 달라질 수 있고 특정 색이 다른 색보다 더 밝다는 사실을 알아냈다.

그는 모든 색의 빛에 대해 가열 효과와 조명 효과를 알아보는 실험을 진행했다. 그는 창가에 프리즘을 설치하여 탁자 위에 무지개무늬가 생기게 했다. 조명 효과를 시험하기 위해 현미경을 무지개가 비치는 위치에서 조금씩 옮겨 가면서 현미경을 통과하는 빛이 여러 가지 색으로 바뀔 때 물체가 얼마나 밝게 보이는지 눈으로 판단했다. 또 가열 효과를 시험하기 위해 각각의 색이 비치는 곳에 온도계 여러 개를 나란히 놓았다(그림 6).

허셜은 예상대로 스펙트럼의 가운데에 있는 노란색 빛을 비추면 물체가 가장 밝게 보이고, 스펙트럼의 양쪽 끝에 있는 빨간색과 보라색 빛을 비추면 어두워진다는 것을 알아냈다. 또한 가열 효과에서는 보라색 빛은 거의 열이 감지되지 않으며, 스펙트럼의 빨간색 쪽으로 갈수록 연속적으로 열이 점점 더 높아져서 빨간색에서 열이 가장 높아진다는 것을 알아냈다.

이 결과를 두고 허셜은 빛에 대한 우리의 이해에 혁명을 일으킬 놀라운 추론을 해냈다. "복사열radiant heat이 가시광선과 동일한 굴절 및 분산 법칙의 적용을 받는 것으로 보인다"는 것을 알아낸 허셜은 다음과 같이 언급했다. "복사열은 특정 운동량 범

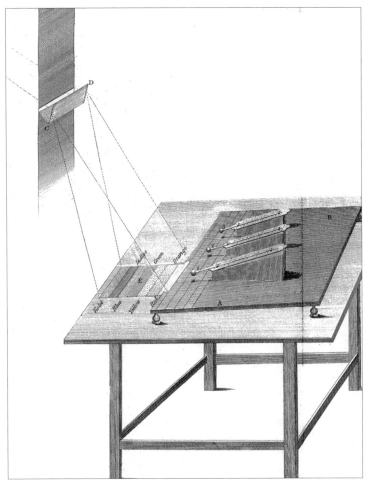

그림 6

윌리엄 허셜이 가시광선과 보이지 않는 광선의
가열 효과를 측정하기 위해 사용한 장치

위의 빛 입자로 구성되며, 그 범위는 빛의 양쪽 굴절 한계에서 바깥으로 조금 더 멀리 확장된 영역이라고 추측할 수 있지 않을까?"[4] 이 진술에는 두 가지 큰 직관적 도약이 있다. 첫째, 햇빛에 동반하는 열은 오랫동안 조명과 별개의 현상이라고 여겨져 왔는데, 허셜은 복사열이 빛 자체의 한 형태이거나 빛의 부산물일 수 있다고 말한다. 둘째, 허셜은 열이 가시광선 스펙트럼의 끝으로 가면서 증가하기 때문에 스펙트럼 바로 바깥쪽에 사람의 눈으로 빛이 보이지 않는 영역에서도 열이 계속 증가할 수 있다고 지적한다.

그는 두 번째 가설을 1800년에 나온 후속 논문인 「태양에서 보이지 않는 광선의 굴절에 관한 실험 Experiments on the Refrangibility of the Invisible Rays of the Sun」에서 시험했다. 이번에는 햇빛의 가시광선 영역이 아니라 빨간색의 바로 바깥에 온도계를 두었고, 온도가 이전보다 훨씬 더 많이 올라가는 것을 관찰했다.

이렇게 해서 허셜은 적외선을 발견했다. 적외선은 사람의 눈에 보이지 않지만 물질을 훨씬 더 잘 가열하는 빛이다. 그는 이것을 '열선calorific ray'이라고 불렀고, 처음에는 가시광선과 보이지 않는 빛 모두에서 조명과 열의 원천이 동일한 현상의 두 가지 측면이라고 올바르게 가정했다. "물체를 밝게 비추는 것을 **빛**이라고 하고 물체를 가열하는 것을 **복사열**이라고 한다면 빛이 복사열과 본질적으로 다른지 의문이 들 수 있다. 이에 대한 대답으로, 철학의 규칙에 따라 어떤 결과를 한 가지 원인으로 설명할 수 있을 때 두 가지 다른 원인을 인정하는 것은 옳지 않다고 말하고 싶다."[5] 전문적인 물리학자가 아니었던 허셜은 나중의 연구에서 열과 빛이 다르다고 결론을 내리면서 한발 물러선 것으로 보인다. 그러나 결국에는 그가 처음에 제안했던 가정이 올바르다고 밝혀졌다. 스펙트럼 속에서 어떤 빛은 더 밝고 열은 적게 내며, 어떤 빛은 그 반대인 이유는 나중에 빛과 물질의 상호 작용에 대해 더 잘 이해하게 되면서 밝혀진다.

허셜은 스펙트럼의 보라색 끝 너머에도 보이지 않는 빛이 있을 것이라고 추측했고, 그곳에서 강한 가열 효과를 내는 빛을 찾는 실험을 했지만 성공하지 못했다. 그러나 그의 연구는 독일의 과학자이자 철학자 요한 빌헬름 리터Johann Wilhelm Ritter (1776~1810)에게 영감을 주었다. 리터는 결국 그 영역에도 눈에 보이지 않는 빛이 있다는 증거를 찾아냈고, 이것이 나중에 자외선으로 알려지게 된다.

독학으로 과학을 공부한 리터는 18세기 후반에 시작된 독일 자연철학Naturphilosophie 운동의 지지자였다. 과학의 거대한 문제를 설명하기 위해 실험보다 직관을 강조한 이 운동은 경험을 중시하는 이전 세기의 과학에 대한 반작용이었다. 독일 자연철학 운동의 '직관'은 기본 법칙부터 살아 있는 유기체와 인간 정신의 작용에 이르기까지 모든 자연을 하나의 통일된 전체로 보았다. 추측이 실험보다 우월하다는 견해는 19세기 중반에 (당연히) 인기가 식었지만, 아이러니하게도 이러한 생각에서 자극을 받아 시작된 많은 실험적 노력이 성공하게 된다. 현대에 와서 물리학에서 관찰되는 모든 현상을 하나의 근본적인 힘으로 설명하는 통일 이론을 만들려는 시도도 이 운동에서 나왔다고 할 수 있다.

이 운동은 또한 자연의 극성 개념을 강조했다. 전기에 양전하와 음전하가 있고 자기에 양극과 음극이 있듯이, 약간의 상상력을 발휘하면 모든 것에서 극성을 볼 수 있다는 것이다. 생명에 필수적인 물 분자는 산소와 수소라는 매우 다른 두 원소가 결합하여 만들어진다. 우리가 숨 쉬는 공기도 생명에 필요한 산소와 질소라는 매우 다른 성질을 가진 기체의 조합이다.

이 점을 염두에 두면 리터가 스펙트럼의 보라색 끝 너머에서 보이지 않는 빛을 찾게 된 이유를 짐작할 수 있다. 빨간색 끝 너머에 열을 주는 빛인 열선이 있다면 보라색 너머에도 그 비슷한 것이 존재하지 않을까? 특히 리터는 스펙트럼의 보라색 끝에는 빨간색 끝의 열선을 상쇄하는 냉각 광선이 있을지도 모른다고 상상했다. 그의 추론과 독일 자연철학 운동의 추측은 틀렸다고 판명되기는 했지만, 그럼에도 불구하고 획기적인 발견을 이끌어 냈다.

예상했던 냉각 광선을 찾아내지 못한 리터는 빛이 일으키는 다른 현상이 보랏빛 너머의 영역에서 일어나는지 찾아보았다. 당시에는 특정한 화학 반응이 빛의 영향을 받거나 빛에 의해 일어난다는 것은 잘 알려진 사실이었기 때문에, 그는 여러 가지 색의 빛이 물질에 화학적으로 어떤 영향을 주는지 연구했다. 특히 염화은이 햇빛에 노출되면 흰색에서 검은색으로 변한다고 알려져 있었다. 리터가 스펙트럼에서 아무런 빛도 보이지 않는 보라색 끝 너머에 염화은을 놓아두자, 가시광선에 노출되었을 때보다 더 빠르게 색이 변했다. 스펙트럼의 적외선 영역에서 가열 효과가 가장 큰 것처럼, 스펙트럼의 자외선 영역에서 화학 반응이 가장 빠르게 일어났다. 이렇게 해서 리터는 눈에 보이지 않는 또다른 빛이 있다는 것을 증명했고, 이를 '광화학선actinic ray'이라고 불렀다.

오늘날 적외선과 자외선의 개념은 일상적인 지식이다. 적외선은 모든 따뜻한 물체에서 방출되며 열화상 카메라로 측정할 수 있다. 현재 지구 온난화 위기는 대기 중 온실가스가 적외선을 가두기 때문에 일어난다. 태양의 가시광선은 대기를 자유롭게 통과하여 지구에 흡수되어 열로 바뀐다. 가열된 지구는 적외선을 방출하지만, 이산화탄소와 다른 기체들이 장벽 역할을 하기 때문에 다시 우주로 빠져나가지 못한다. 자외선은 일광 화상을 일으키며, 우리는 해변에 갈 때마다 자외선 차단제를 발라 피부를 보호한다.

보이지 않는 빛이 물리학의 큰 그림에 어떻게 들어맞는지 더 잘 이해하기 위해서는 더 많은 세월이 필요했다. 그러나 이전에는 상상할 수 없었던 숨겨진 현상의 세계가 있다는 생각은 금방 퍼져 나갔다. 눈에 보이지 않는 빛이 존재한다면 보이지 않는 물질도 존재하지 않을까?

SF와 공포 소설 작가들이 가장 먼저 새로운 물리학을 이용해 남들에게 보이지 않을 수 있는 능력을 구현하거나 설명할 수 있는 방법에 대해 생각했다. 보이지 않는 빛을 제일 먼저 이러한 방식으로 사용한 사람은 군인, 기자, 소설가 겸 풍자 작가 앰브로즈 비어스(1842~1914)였다. 미국의 오하이오주에서 태어나 인디애나주에서 가난하게 자라난 비어스는 문학을 사랑하는 부모님 덕분에 독서와 글쓰기를 좋아하게 되었다. 그는 열다섯 살에 집을 떠나 노예제 폐지를 옹호하는 신문사에서 수습 인쇄공이 되었다. 남북전쟁이 일어나자 비어스는 북군 인디애나 제9기병대에 입대했고, 양측에서 1만 명 이상의 사상자가 발생한 1862년 4월의 샤일로 전투를 비롯한 여러 전투에 참전했다. 그는 나중에 이 경험으로 수많은 전쟁 이야기와 회고록을 썼다.

1864년 6월 케너소산 전투에서 뇌 손상을 당한 비어스는 군대에서 전역했다. 1866년에 서부 전체의 군사 기지를 점검하는 조사단에 합류하면서 잠시 군대에 복귀했지만 조사단이 샌프란시스코에 도착했을 때 군대를 떠났고, 그때부터 평생을 기자로 살았다.

비어스의 기자 경력에서 가장 유명한 시기는 1896년이며, 이때의 일은 그의 성격을 잘 보여 준다. 당시 유니언 퍼시픽과 센트럴 퍼시픽 철도 회사는 철도 건설을 위해 총 1억 3천만 달러(오늘날의 가치로 약 40억 달러)에 달하는 막대한 돈을 저금리로 대출했다. 센트럴 퍼시픽의 경영자 콜리스 포터 헌팅턴Collis Potter Huntington은 로비 활동을 위해 워싱턴으로 갔다. 그는 의회를 설득하여 그때까지 갚지 않은 7500만 달러의 부채를 탕감받으려고 했는데, 사실상 대출금을 갚지 않는 대신에 선물을 안겨 주는 거래였다. 『샌프란시스코 이그재미너*San Francisco Examiner*』 지의 소유주였던 윌리엄 랜돌프 허스트William Randolph Hearst는 이 수상한 거래에 반대했고, 이에 대한 관심을 끌고 헌팅턴을 저지하기 위해 비어스를 워싱턴으로 보냈다. 『이그재미너』는 강한 확신이 느껴지는 문구로 비어스의 임무를 발표했다. "비어스 씨는 캘리포니아에서 철도 독점에 맞서는 가장 강력한 상대이며, 우리가 의회에서 이기든 지든 헌팅턴 씨와 그의 진영에 합류하는 의원들에게 강력한 경종을 울릴 것으로 믿는다."**6** 이 말은 정확히 맞아떨어졌다. 비어스의 보도는 몰래 슬쩍 넘어가려고 했던 헌팅턴의 계획을 만천하에 드러냈고, 비어스는 헌팅턴뿐만 아니라 의회의 공모자들을 몰아붙이는 파괴적인 재치와 격렬함을 과시하는 기사를 계속 발표했다. 철도 부채를 탕감하려는 시도는 물거품이 되었고, 비어스는 영웅으로 추앙받게 되었다.

비어스는 헌팅턴으로부터 이 사건을 조용히 무마하기 위해 돈을 주겠다는 제안을 받았다고 한다. 비어스는 헌팅턴에게 공개적으로 답변했다. "돌아가서 헌팅턴 씨에게 전해 주시오. 나를 매수하기 위해 필요한 돈은 7500만 달러[그때까지 빚진 금액]라고요. 그가 이 돈을 내겠다고 하면 나는 우연히 외출 중일 것이고, 나 대신에 내 친구인 미국 재무 장관에게 그 돈을 내면 됩니다."**7**

비어스는 평생 249편의 단편 소설을 썼으며, 1880년대와 1890년대에 발표한 작품이 대개 가장 잘 알려졌다. 대표적인 작품으로는 체포된 스파이가 처형 직전의 위기에 몰리는 전쟁 이야기인 「아울크리크 다리에서 일어난 일An Occurrence at Owl Creek

Bridge」과 상실과 절망에 대한 초자연적인 이야기인 「카르코사의 주민An Inhabitant of Carcosa」 등이 있다.

비어스는 1893년에 발표된 「요물」에서 보이지 않음에 대해 탐구한다. 총 4부로 구성된 이 소설은 사냥꾼 휴 모건의 잔인하고 수수께끼 같은 죽음에 대한 조사로 시작된다. 모건이 살해당할 때 목격자가 있었지만, 누가 공격하는지는 보이지 않았다. 이 미스터리에 대해 가능한 설명은 4부에 나오는 모건의 일기에 등장한다. 모건은 자신이 '요물'이라고만 부르는 초자연적 존재와의 만남에 대해 다음과 같이 설명한다.

> 뱃사람들은 몇 마일 떨어진 곳에서 고래 떼가 햇볕을 쬐거나 놀이를 하다가 갑자기 한꺼번에 뛰어올랐다 수면에 떨어지지만 지구가 둥글기 때문에 배에서 보이지 않는다는 것을 알고 있다. 이때 큰 소리가 나지만 너무 저음이기 때문에 돛대에서 이 광경을 본 선원과 갑판에 있는 동료들의 귀에는 들리지 않는다. 하지만 오르간의 저음으로 성당의 석축이 흔들리듯 배 안에서도 그 진동을 느낄 수 있다.
>
> 색도 소리와 마찬가지다. 화학자는 태양 스펙트럼의 양쪽 끝에서 '액틴' 광선이라고 알려진 것의 존재를 감지할 수 있다. 이 광선은 빛의 구성에 포함되지만 우리가 식별할 수 없는 색을 나타낸다. 인간의 눈은 불완전한 도구다. 눈이 처리할 수 있는 범위는 실제 '색의 음계'에서 몇 옥

타브에 불과하다. 우리가 볼 수 없는 색이 있다.

오, 신이시여! 이 요물은 그런 색을 띠고 있다![8]

비어스는 어떤 생물이 가시광선 스펙트럼 밖에 있는 색을 가진 물질로 이루어지도록 진화했다고 상상한다. 빨간색이나 파란색 또는 녹색을 띤 물체를 상상할 수 있듯이, 요물은 적외선이나 자외선의 색을 띤 것이 분명하다.

비어스가 살던 시대의 과학은 빛과 물질의 상호 작용에 대해 충분히 알지 못했기 때문에 이 아이디어를 완전히 배제할 수 없었지만, 불과 몇 년 만에 상황이 바뀌게 된다.

앰브로즈 비어스는 자신의 삶에서 매우 다른 방식으로 사라지는 행위를 해냈다. 1913년, 당시 71세였던 비어스는 멕시코 혁명을 취재하기 위해 멕시코로 떠났다. 그는 시우다드후아레스에서 혁명군을 이끄는 판초 비야Pancho Villa 장군의 부대를 만나 종군 기자로 합류했다. 그는 군인들과 함께 치와와시로 갔고, 친구에게 마지막 편지를 보냈다. 그 후…… 그의 소식을 들은 사람은 아무도 없다. 그가 어떻게 되었는지 지금까지 아무것도 밝혀지지 않았다.

보이지 않는 괴물에 대한 비어스의 이야기는 같은 시대의 프랑스 작가 기 드 모파상Guy de Maupassant(1850~1893)의 초기 작품에서 영향을 받은 것으로 보인다. 모파상은 단편 소설의 대가였고, 1886년에 처음 발표되어 이듬해에 장편으로 확장된「오를라 Le Horla」는 그가 남긴 가장 유명한 작품 중 하나다.[9]

이 소설은 파리에서 익명의 화자가 쓴 일기를 보여 주는데, 그는 안락하고 행복하게 살고 있지만 자신이 '오를라'라고 부르는 보이지 않는 존재에게 심령적 영향을 받고 있다고 의심하기 시작한다(그림 7). 그는 보이지 않는 존재가 자기를 괴롭힌다는 사실을 밝혀 보려는 와중에 한 수도사와의 대화를 떠올린다. "우리는 존재하는 것의 십만 분의 일이라도 볼 수 있을까? 보라! 자연에서 가장 강한 힘인 바람은 사람을 쓰러뜨리고, 건물을 날려 버리고, 나무를 뿌리째 뽑고, 바닷물을 산처럼 높게 끌어올리고, 절벽을 무너뜨리고, 큰 배를 방파제에 밀어 버린다. 바람은 모든 것을 죽이고, 윙윙 소리를 내고, 한숨을 쉬고, 포효한다. 바람을 본 적이 있는가? 볼 수 있는가? 하지만 바람은 존재하며 이 모든 일을 한다!"[10] 모파상은 빛에서 보이지 않는 색을 언급하지 않지만, 자연에서 볼 수 없는 것들이 있다고 말하면서 이런 것을 암시한다. 그리고 오를라는 초자연적인 존재가 아니다. 오를라는 화자가 잠들었을 때 그가 먹는 음식을 먹고 마신다. 비어스는 모파상의 소설에서 영감을 받아 좀 더 과학적인 설명을 곁들여 자신만의 소설을 썼을 수도 있다.

「오를라」는 묵시록적인 분위기가 뚜렷하게 드러나는 소설이다. 화자는 이 생물을 진화의 다음 단계로, 인류를 대체할 우월한 존재로 간주한다. 이야기의 후반부에 화자는 리우데자네이루에서 주민들이 공포에 떨면서 보이지 않는 침입자를 피해 집을 떠나는 광기 어린 상황이 벌어지고 있다는 사실을 알게 된다. 그런 다음 그는 일기 초반의 일을 떠올린다. 자신이 고향을 지나

그림 7

희생자를 괴롭히는 오를라.
모파상, 『작품집』(1911)의 삽화

가는 브라질 배에 손을 흔들어 무심코 괴물을 불러들였음을 깨달은 것이다. 결국 그는 괴물이 자신의 마음을 완전히 압도하기 전에 괴물을 가두어 없애기 위해 과감한 행동을 취한다.

기 드 모파상은 말년에 편집증과 죽음에 대한 공포증 등 심리적인 문제를 겪었다. 「오를라」는 모파상 자신의 고뇌를 반영한 작품이라는 견해도 있다. 그는 1892년에 정신 병원에 수용되었고 이듬해에 죽었다. 전 세계가 모파상의 죽음을 애도했고, 문학계는 동료를 잃은 슬픔에 잠겼다. 그의 친구인 소설가 에밀 졸라 Émile Zola는 장례식 추도사에서 그의 복잡한 삶을 잘 요약했다. "그는 작가로서의 영광을 떠나서 가장 큰 행운과 가장 큰 불운을 함께 겪은 사람 중 한 명으로, 우리에게 인류의 희망과 절망을 동시에 느끼게 했던 사람으로 기억될 것이다. 사랑받았고 제멋대로였던 형제를 눈물 속에 떠나보낸다."[11]

5

어둠에서 나오는 빛

빛은 입자일까, 파동일까

> 완전히 보이지 않는 그의 우주선은 초속 몇 마일의 속도로 화성으로
> 향했다! 그가 지나가는 곳마다 기뢰가 떠 있었지만, 이제 그런 건 중요
> 하지 않았다. 모든 것을 분해해 버리는 광선이 거대한 기계의 벽에서
> 쏟아져 나와 기뢰를 폭발시켜 제거해 버렸고, 그의 우주선을 비추던 태
> 양 광선의 파동까지 모두 제거하여 아무도 우주선을 볼 수 없었다.
>
> ― A. E. 밴보그트A. E. van Vogt, 『슬랜*Slan*』(1940)

19세기에 접어들면서 빛의 본질에 대한 인류의 이해는 눈에 보
이지 않는 광선의 발견을 뛰어넘는 극적인 변화를 겪게 된다.
1704년 뉴턴의 『광학』이 출간된 뒤로 거의 100년 동안 뉴턴의
견해가 광학 연구를 지배했다. 뉴턴의 연구는 당대에 격렬했던
논쟁을 잠재우는 듯 보였다. 빛은 작은 입자의 흐름인가, 아니면
물이나 소리와 같은 파동인가? 뉴턴은 당대에 상상할 수 있는
모든 방법을 동원한 실험으로 빛의 성질을 엄밀하게 시험했고,
그 결과 빛은 입자의 흐름이라는 결론을 내렸다.

　하지만 뉴턴의 이론으로는 아직 설명할 수 없는 몇 가지 이상
한 현상들이 있었다. 예를 들어 1665년 이탈리아의 예수회 신부
프란체스코 그리말디Francesco Grimaldi는 좁은 광선이 불투명한

막에 뚫려 있는 작은 틈새를 지나가면서 넓게 퍼지는 것을 언급했다. 그는 이 현상을 회절diffraction이라고 불렀다. 이는 '조각으로 부서지다'라는 뜻을 가진 라틴어 diffringere에서 따온 용어다. 학자들은 회절이 뉴턴 이론에서 심각한 문제가 아니며, 결국 뉴턴 체계를 사용하여 풀 수 있는 사소한 문제로 여겼다.

그러나 1800년 영국의 과학자 토머스 영Thomas Young은 빛이 실제로 파동과 같은 성질을 가지고 있다고 주장하는 여러 논문 중 첫 번째 논문을 발표했고, 그의 연구로 시작된 파동광학의 새로운 시대는 오늘날까지 이어지고 있다.

1773년 영국 서머싯의 밀버튼 마을에서 태어난 토머스 영은 어렸을 때부터 비범한 능력을 드러냈다. 그는 두 살 때 글을 유창하게 읽었고, 네 살 때는 성경을 처음부터 끝까지 두 번이나 읽었다. 그는 놀라울 정도로 여러 언어에 능숙했고, 10대에는 성경의 일부를 열세 개 언어로 번역했다. 열네 살에는 친한 집안의 가정 교사 역할까지 맡았다.[1]

영의 열정은 언어에만 국한되지 않았다. 그는 자연철학에 관한 책을 포함해 다양한 책을 읽었고, 광학 연구와 실습에 "특히 흥미를 느꼈다."[2] 10대에 영은 다니던 학교의 직원에게 도움을 받아 가며 망원경을 설계하고 만드는 방법을 배웠다.

그는 학문적으로 매우 다양한 주제에 관심을 가졌지만, 처음에는 의사가 되기 위해 노력했다. 영이 10대였을 때 큰 병에 걸렸는데, 런던의 유명한 의사였던 친척 리처드 브로클스비Richard Brocklesby의 치료를 받고 목숨을 구했다. 그는 고마운 마음을 넘어

스스로 의사가 되기로 결심했다. 영은 나중에 브로클스비의 유산을 물려받아 경제적인 안정을 얻었다. 1793년 그는 1123년에 설립된 런던의 유서 깊은 성바돌로매 병원의 학생이 되었다.[3]

영은 의학을 공부하면서도 광학 문제에 끌렸다. 그는 해부학을 공부하다가 당시까지 풀리지 않은 시각에 대한 수수께끼를 알게 되었다. 동물의 눈은 어떻게 해서 물체가 멀리에 있거나 아주 가까운 거리에 있거나 상관없이 선명한 이미지로 알아볼 수 있을까? 소의 눈을 해부한 영은 눈의 수정체가 근육의 작용으로 모양이 변형되고, 그에 따라 수정체의 초점이 달라진다는 결론에 도달했다. 영은 이 주제에 대한 논문을 써서 1793년 5월 30일 런던의 권위 있는 왕립학회에 발표했다. 이 논문은 초기에 큰 호평을 받았고 영은 이듬해에 21세의 나이로 왕립학회 회원이 되었다.

하지만 영의 논문 「시각에 관한 관찰」은 곧 논란과 비난에 직면했다.[4] 같은 분야를 연구하는 학자들이 자신들은 수정체의 변형을 관찰하지 못했다는 이유로 영의 연구 결과가 틀렸다고 주장했다. 설상가상으로 존 헌터 John Hunter 라는 유명한 외과 의사는 영이 자기 아이디어를 훔쳤다고 주장했다. 헌터가 눈에 대해 했던 이야기를 영이 엿들었다는 것이었다. 아이디어를 훔쳤다는 누명은 금방 벗을 수 있었지만, 충격을 받은 영은 사람의 눈에 대한 연구를 한동안 멀리했다. 눈의 초점 조절에 대한 영의 설명은 나중에 옳다고 밝혀지지만, 영이 자신의 견해를 철회한 것이 또 그의 발목을 잡게 된다.

영은 폭넓은 의학 교육을 받기 위해 에든버러로 가서 학업을 계속했고, 다시 에든버러를 떠나 괴팅겐에서 학위를 받았다. 그러나 영은 괴팅겐에 오래 머물지 않았다. 영과 브로클스비는 런던의 의사 수련 규정을 잘 이해하지 못했다. 당시의 규정에 따르면 런던의 의과대학에서 2년 동안 수련을 받아야 왕립의과대학의 펠로가 될 수 있었다. 이 사실을 알게 된 영은 서둘러 괴팅겐에서 학위를 마쳤고, 결국 9개월 만에 괴팅겐을 떠나야 했다.

괴팅겐에서 학위를 받기 위한 필수 조건으로, 영은 의학을 주제로 강의를 해야 했다. 그는 사람의 목소리에 대해 강의하기로 했다. 이를 위해 그는 음파를 연구했고, 소리와 빛의 성질이 매우 비슷하다는 점에 깊은 인상을 받았다. 학자들은 오래전부터 빛에는 파동의 성질이 없다는 결론을 고수하고 있었다. 그러나 영은 우연이라고 하기에는 빛과 소리가 너무 비슷하다고 생각했고, 빛이 실제로 파동일 가능성을 탐구하게 되었다.

괴팅겐대학교를 졸업한 영은 의학 교육의 마지막 단계로 케임브리지대학교 이매뉴얼칼리지에 입학하여 2년 후인 1799년 가을에 졸업했다. 그 후 그는 계획대로 런던에서 개인 의원을 개업했다. 그러나 그 시대에는 개인 의원을 개업해도 환자가 빨리 늘지 않았고, 영은 별로 할 일이 없었다. 영은 남아도는 시간을 이용해 수년간 자신을 괴롭혔던 과학적 질문을 파고들었다.

그는 음파의 성질을 비롯한 다양한 과학적 주제에 대한 글을 여러 편 써서 『브리티시 매거진 British Magazine』에 '미세구조학자 Leptologist'라는 필명으로 기고하기 시작했다. 과학적 견해를 밝했다가 공개적으로 곤욕을 치른 적이 있는 영은 자기의 평판을 위태롭게 하지 않고 다시 논쟁에 뛰어들기 위해 본명을 감춘 것으로 보인다. 그는 1800년 1월 왕립학회에 「소리와 빛에 관한 실험과 탐구의 개요」라는 편지를 발표하면서 공식적으로 과학적 논의에 다시 뛰어들었다.[5] 이 편지에서는 주로 소리의 파동을 분석했지만, 영은 소리와 빛의 유사성에 대해서도 언급하면서 앞으로 어떤 연구를 할지 암시했다. 그해 말에 영은 『왕립학회 철학회보*Philosophical Transactions of the Royal Society*』에 「눈의 메커니즘에 관하여」를 발표하여 눈의 수정체에 대한 자신의 가설이 옳다는 근거를 새롭게 제시했다.[6]

영은 과학 활동을 계속하기 위해 1801년 왕립연구소의 자연철학 교수직을 수락했다. 이 기관은 과학 교육과 연구를 육성하기 위해 불과 2년 전에 설립되었다. 새로운 직책을 맡은 그는 소리와 빛의 놀라운 유사성을 집중적으로 연구했다. 이 시절에 영이 알아낸 것을 이해하려면 파동이 실제로 무엇인지에 대해 잠시 살펴봐야 한다! 전문적인 용어로 하면, 파동은 '그 무엇'이 진동하면서 한 장소에서 다른 장소로 에너지를 운반하지만, '그 무엇' 자체는 이동하지 않는 것을 말한다. 파동을 시각적으로 파악할 수 있는 간단한 예로는 물의 파동이 있다. 물의 파동은 눈에 보일 정도로 느리게 움직이지만, 음파나 광파와 같은 일반적인 파동의 특성을 모두 가지고 있다.

연못에 돌을 던지면 돌이 떨어진 지점에서부터 수면이 높아졌다 낮아졌다 하면서 물결, 즉 물의 파동이 퍼져 나간다. 물결은 상당히 멀리까지 가서야 조금씩 약해지며, 물 위에 떠 있는 나뭇잎(또는 오리)을 흔들 수 있다. 멀리 있는 물체에 영향을 준다는 것은 파동이 에너지를 운반한다는 증거다. 전체적으로 보면, 돌이 떨어진 곳에서 물은 다른 곳으로 흘러가지 않는다. 물의 높이(물의 파동에서는 이것이 진동하는 '그 무엇'이다)는 제자리에서 오르락내리락할 뿐, 돌이 떨어진 지점에서부터 물이 다른 곳으로 이동하지는 않는다. 이는 하천에서 물이 실제로 하류로 흘러가서 호수나 바다로 가는 운동과 다르다.

파동의 다른 예로는 기타 줄처럼 곧은 철사 줄이나 고무줄(또는 스프링 장난감 슬링키)에서 일어나는 진동이 있다. 기타 줄을 튕기면 줄의 길이 방향으로 교란이 전달된다. 파동은 줄을 따라 에너지를 운반한다. 이때 줄 자체는 이동하지 않으며, 기타에 단단히 묶여 있다.

파동의 가장 단순한 형태는 오르락내리락하는 운동을 반복하는 것이다. 이는 수학의 삼각법에서 나오는 사인 곡선의 형태를 띤다(그림 8). 광학에서는 이런 파동을 단색 파동monochromatic wave이라고 한다.

진동하는 줄의 한 점에 주목하자. 시간이 지나면서 이 점이 어떻게 움직이는지 보면, 파동이 지나가면서 점이 아래위로 오르내리는 것을 볼 수 있다. 이는 정박한 배에 타고 있으면서 지나가는 파도를 느끼는 것과 비슷하다. 정점에서 다음 정점까지의 시간을 주기라고 부른다. 주기의 역수를 진동수라고 하며, 이 값은 정점이 1초에 몇 번이나 지나가는지 알려 준다.

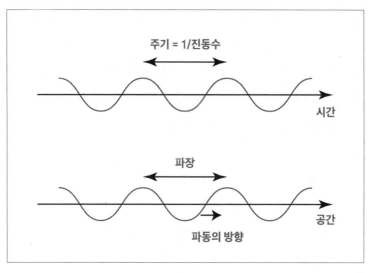

그림 8

줄에서 생기는 단색 파동

이번에는 한순간에 줄 전체를 사진으로 담는다고 하자. 여기서도 비슷한 모습이 나타난다. 줄은 길이 방향으로 올라가고 내려가기를 반복한다. 공간에서 정점 사이의 간격을 파장이라고 부르며, 이는 파동이 올라갔다 내려가는 순환을 한 번 하는 길이이다.

음파의 경우에, 진동하는 '그 무엇'은 공기 분자들의 밀도다. 밀도가 높은 영역과 낮은 영역이 번갈아 가며 공기 중을 지나가면서 귀의 고막을 흔들고, 우리는 이것을 소리로 인지한다. 이번에도 공기 분자가 공간적으로 이동하지 않는다는 것은 위의 경우와 같다. 공기 분자 덩어리가 이동하는 것을 우리는 바람으로 인지한다. 음악에서 피아노 건반의 가운데에 있는 다(가온 다 middle C라고 부른다)의 진동수는 초당 261회이며, 132센티미터의 파장에 해당한다. 높은음은 진동수가 크고, 그에 대응하여 파장은 짧다.

음파의 성질 중에서 특별히 영이 주목한 것은 오늘날 공명이라고 알려진 현상이다. 막힌 공간에서 소리가 만들어지면 그 공간에 딱 맞는 파장을 가진 파동이 보강되어 그 높이에서만 큰 소리가 난다. 샤워하면서 노래를 부를 때 더 좋게 들린 적이 있다면, 공명 효과를 경험한 것이다. 욕실 벽이 막힌 공간을 형성하여 특정 음정이 더 크게 들리기 때문이다. 공명 파동은 실제로는 이동하지 않으며, 갇힌 공간의 한 자리에서 진동하기 때문에 정상파定常波, standing wave라고 한다.

공명의 단순한 예는 파이프오르간에서 볼 수 있다. 양쪽 끝이 모두 뚫려 있는 파이프에는 양쪽 끝에서 최대 또는 최소가 되는 파동이 가장 자연스럽게 어울린다. 이는 파이프가 낼 수 있는 가장 낮은 음정의 파장은 파이프 내부 길이의 두 배라는 뜻이다(그림 9). 이 길이의 파동은 시간이 지나면서 빠르게 보강되어 크고 맑은 소리가 난다. 더 짧은 파장의 파동도 양쪽 끝에서 최소 또는 최대가 되기만 하면 파이프 내부에서 공명을 일으킬 수 있다. 그러므로 여러 가지 파장이 파이프 내부에서 공명을 일으킬 수 있다. 파장이 가장 긴 파동을 기음基音이라고 하고, 그보다 짧은 파동들을 배음倍音이라고 한다. 대개 기음의 소리가 가장 크고, 따라서 음정의 높이는 기음에 따른다. 악기 특유의 음색은 그 악기가 내는 기음과 배음의 조합에 따라 결정된다.

관악기는 거의 모두 공명을 이용한다. 리코더나 플루트와 같은 목관 악기를 연주할 때는 악기에 나 있는 구멍을 막거나 열면서 음정을 변화시킨다. 이는 본질적으로 내부의 파이프 길이를 변화시키는 것이다. 트럼펫과 같은 금관 악기는 밸브를 여닫으면서 소리의 경로를 길게 또는 짧게 변화시키며, 경로의 길이가 변하면 공명 진동수도 함께 변한다.

영은 파이프오르간의 공명에서 뉴턴의 고리가 형성되는 원리를 찾아냈다. 곡률이 매우 큰 유리 렌즈를 유리판 위에 올려놓으면 여러 색깔의 동심원 무늬가 생기는데, 뉴턴이 『광학』에서 이를 자세히 논의했기 때문에 나중에 뉴턴의 고리라고 부르게 되었다. 이 고리들은 매우 작지만, 현미경으로 확대해서 관

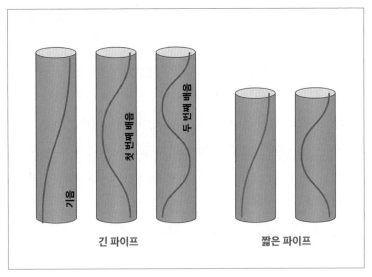

기음

첫 번째 배음

두 번째 배음

긴 파이프

짧은 파이프

그림 9
오르간의 긴 파이프와 짧은 파이프에서 일어나는 공명 파동

찰할 수 있다(그림 10).

　뉴턴은 빛이 렌즈와 유리판 사이에서 충돌하고 되돌아가면서 반사와 굴절이 복잡하게 일어나기 때문에 여러 색깔을 띤 동심원 무늬가 생긴다고 보았다. 그러나 영은 다른 설명을 내놓았다. 평평한 유리와 렌즈 사이의 간격은 중심에서 멀어질수록 길어진다. 빛이 파동이라면 이 간격이 오르간의 파이프 같은 역할을 할 수 있다. 따라서 뉴턴이 관찰한 색깔은 길이가 서로 다른 틈 사이에서 공명하는 광파라고 할 수 있다. 빛의 여러 가지 색깔은 파장과 진동수가 다른 파동을 나타낸다. 뉴턴의 고리 실험에서 틈 사이에 가상의 작은 파이프가 있는 그림을 파이프오르간과 비교해 보면, 영이 어떻게 이 놀라운 생각에 도달했는지 짐작할 수 있다(그림 11).

　영은 「소리와 빛에 관한 실험과 탐구의 개요」에서 처음으로 이 가능성을 암시했다. 그는 빛에 관한 짧은 장 '빛과 소리의 유사성'에서 뉴턴의 고리와 파이프오르간이 비슷하다고 설명하면서 빛의 색깔은 진동수가 시각적으로 나타난 것이라는 아이디어를 다시 도입했다. 이는 수학자 레온하르트 오일러Leonhard Euler가 처음 제시한 아이디어다. 빨간빛의 파장이 가장 길고, 보랏빛의 파장이 가장 짧다.

　영은 또한 뉴턴의 시대부터 내려오는 빛에 대한 오해 한 가지를 부정했다. 그것은 파동이 만들어지면 연못에 돌을 던질 때 볼 수 있는 것처럼 언제나 모든 방향으로 균일하게 퍼져 나간다는 생각이었다. 뉴턴은 모든 알려진 파동이 이런 성질을 가진다

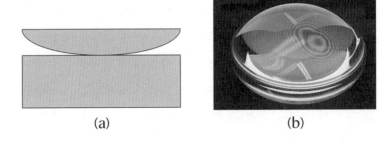

(a)   (b)

그림 10
(a) 뉴턴의 실험 설정 측면도(렌즈 두께는 과장되어 있다)
(b) 위에서 관찰한 고리. 위쪽의 곡면에 의해 확대된 모습

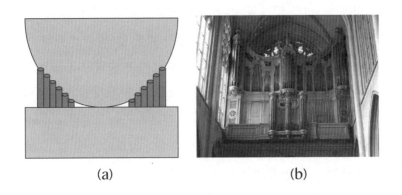

(a)   (b)

그림 11
(a) 뉴턴의 고리 실험에서 가상의 파이프가 있는 모습
(b) 파리 생제르맹 로세루아 성당의 파이프오르간

고 지적하면서 빛은 이런 성질을 보이지 않기 때문에 파동이 아니라고 주장했다. 그러나 햇빛이 두꺼운 구름을 뚫고 나올 때 볼 수 있듯이, 빛은 매우 강한 지향성을 나타낸다. 이런 빛을 전문 용어로는 부챗살빛crepuscular ray이라고 하며, 흔히 신의 빛god ray이라고 부르기도 한다.

영은 이것이 단순히 뉴턴의 실수라고 주장했다. 소리는 매우 잘 퍼지지만, 얼마든지 지향성을 갖게 할 수 있다. 그는 여러 가지 예를 들었고, 약간의 미묘한 유머를 곁들여 다음과 같이 설명하기도 했다. "메가폰을 들고 연설할 때, 청중을 향해 메가폰을 들어야 더 크게 들린다는 것은 잘 알려진 사실이다. 그리고 나는 왕립학회의 매우 존경받는 회원 덕분에 대포가 발사되는 방향에 있는 사람은 반대쪽에 있는 사람보다 몇 배 더 큰 소리를 듣는다고 확신하게 되었다."[7] 그렇다면 광파도 크게 퍼지지 않고 이동할 수 있다고 생각할 이유가 있으며, 광파가 뉴턴의 고리와 같은 색을 형성할 때 오르간과 같은 '파이프'는 없어도 될 것이다.

1801년 11월 12일, 영은 왕립학회에서 명망 높은 베이커 강연Bakerian Lecture을 했다.[8] '빛과 색의 이론에 관하여'라는 제목의 강연에서 그는 빛이 파동이라는 포괄적인 이론을 제시했다. 그는 또한 뉴턴 자신이 측정한 뉴턴의 고리 간격으로 빛의 파장과 진동수를 추정했다. 그의 계산에 따르면 빨간빛의 파장은 0.675나노미터고, 초당 463조 번 진동한다. 파란빛의 파장은 0.5나노미터고, 초당 629조 번 진동한다. '빨간색'과 '파란색'은 상당히 넓은 범위의 진동수와 파장에 걸쳐 있으므로, 이 값은 현대의 기준으로 보아도 무난하다고 할 수 있다. 빛의 진동수가 매우 크고 파장이 매우 짧다는 사실은 사람들이 그때까지 빛이 파동이라는 것을 알아차리지 못했던 이유도 부분적으로 설명해 준다. 진동이 너무 빠르고 작아서 일반적인 상황에서는 사람의 눈으로 감지할 수 없기 때문이다.

영이 뉴턴의 측정과 실험적 관찰을 사용하게 된 동기는 단순히 예의 때문만은 아니었다. 그는 전설적인 인물을 비판했다가는 엄청난 후폭풍에 시달릴 것이고, 이제 막 출발하는 젊은이인 자신에게 치명타가 될 것임을 너무나 잘 알고 있었다. 영은 뉴턴의 실험과 가설로도 빛의 파동 이론을 뒷받침할 수 있다는 점을 이 논문에서 알리기 위해 고통스러울 정도로 공을 들였다. 영은 어떻게든 이 발견의 일부를 뉴턴의 업적으로 인정하려고 했다.

영은 이 논문에서 수많은 가설을 도입했는데, 그중 하나는 얼핏 보기에 얼마나 중요한지 알기 어렵다. 나중에 간섭의 법칙이라고 알려지는 이 가설은 파동의 경로가 서로 겹칠 때 일어나는 일에 대한 설명이다. 영은 이 가설을 다음과 같이 도입했다. "**서로 다른 곳에서 만들어진 두 교란의 방향이 완벽히 일치하거나 거의 일치할 때, 두 교란이 함께 일으키는 효과는 각각에 속하는 운동의 조합으로 나타난다.**"[9] 물의 파동으로 보면, 두 파동이 따로 생성되어 한 점에서 교차하는 것을 상상할 수 있다. 두 파동이 동시에 위쪽으로 향하면 두 파동의 작용이 합쳐져 더 큰 파동이 만들어진다. 한 파동은 위로 향하고 또 다른 파동은 아래로 향하면 두 파동의 작용이 적어도 부분적으로는 서로 방해하여

84

그 결과로 처음보다 더 작은 파동이 만들어진다. 오늘날의 용어로는 이를 보강 간섭과 상쇄 간섭이라고 부른다.

한 줄에서 서로 반대 방향으로 전파되는 사각파square wave 두 개로 이를 설명할 수 있다(그림 12). 두 파동이 모두 '위쪽'으로 흔들리면서 교차할 때는 커지고, 하나는 '위쪽'이고 하나는 '아래쪽'으로 흔들리면서 교차할 때는 상쇄된다. 파동은 서로를 파괴하지 않으며, 서로를 통과한 후에는 변함없이 각자의 길을 계속 간다는 점에 주목하자. 다른 말로 하면, 파동은 서로 지나갈 때 '간섭'한다.

영은 자신의 간섭 법칙을 사용하여 예기치 않게 색이 나타나는 여러 가지 광학 현상을 설명했다. 여기에는 뉴턴의 고리뿐만 아니라 연마된 표면에 평행하게 나 있는 흠집에서 일어나는 빛의 산란도 포함되었다. 요즘은 이것을 회절 격자라고 부르며, 콤팩트디스크나 블루레이 디스크의 반짝거리는 면에서 반사되어 나타나는 무지개 색깔이 바로 이런 현상이다. 디스크 표면에는 데이터를 기록하기 위해 미세하게 솟아오른 부분과 움푹 들어간 부분이 있는데, 이것들이 격자 역할을 한다.

영은 1802년 7월 왕립학회에 발표한 후속 논문에서 빛이 가는 섬유나 머리카락을 통과할 때 색의 띠가 나타난다는 새로운 관찰 결과를 발표했다.[10] 영은 판지에 작은 구멍을 뚫고 그 구멍 가운데에 섬유를 고정했다. 영은 구멍을 통해 멀리 떨어진 광원을 바라보았고, 섬유의 양쪽에서 평행하게 색깔의 띠가 생기는 것을 보았다. 그는 섬유 양쪽을 통과하는 광파 사이의 간섭 때

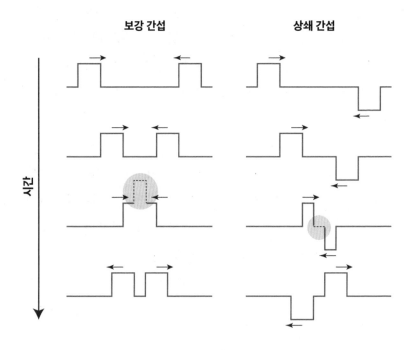

그림 12

두 파동이 서로 반대 방향으로 진행할 때 일어나는 보강 간섭과 상쇄 간섭.
점선 영역은 파동이 서로 겹치면서 간섭하는 부분이다.

문에 색깔이 나타난다고 해석했다. 빛은 파장에 따라 색깔이 달라지며, '위'로 가는 빛과 '아래'로 가는 빛이 서로 만나는 위치가 파장에 따라 달라지기 때문에 여러 가지 색깔이 나란히 늘어서게 된다.

영은 연구를 계속하여 1803년 11월 '물리광학에 관한 실험과 계산'이라는 제목의 베이커 강연에서 빛의 간섭에 대한 가장 강력한 사례를 발표했다.[11] 이것은 나중에 영의 이중 슬릿 실험 또는 영의 두 바늘구멍 실험으로 알려지게 된다.* 영은 이 실험에서 창의 덧문에 작은 구멍을 뚫어 햇빛이 매우 가늘게 방 안으로 스며들도록 했다. 그리고 빛의 경로에 30분의 1인치(약 0.85밀리미터) 두께의 얇은 판지를 놓아 빛을 둘로 나누었고, 두 빛의 진행 경로가 서로 겹치게 했다. 그런 다음 조금 떨어진 곳에 있는 스크린에 결합된 빛을 투사하여 판지가 드리운 그림자에 여러 가지 색의 무늬가 보이도록 했다. 영은 이것이 빛이 파동임을 보여 주는 결정적인 증거라고 생각했다.

영은 계속해서 이 실험을 개선했다. 나중에 쓴 책 『자연철학과 역학적 기예 강의 과정』(1807)에서는 두꺼운 판지가 "두 개의 아주 작은 구멍 또는 슬릿"으로 바뀌었다.[12] 이 실험 설정에서는 스크린에 패턴을 형성하는 빛이 작은 구멍에서만 나오기 때문에 간섭 패턴을 훨씬 더 쉽게 볼 수 있다. 영은 두 구멍에서 나오는 파동이 어떻게 간섭을 일으키는지 설명하는 아름다운 삽화

• 두 바늘구멍 실험은 나중에 스크린에 뚫려 있는 두 개의 긴 틈(슬릿)으로 수행한 실험으로 유명해졌고, 이중 슬릿 실험으로 더 많이 알려져 있다.

를 책에 넣었다(그림 13).

이 그림에서 A와 B는 두 개의 바늘구멍을 나타낸다. 광파가 구멍에서 나와 원형으로 퍼져 나가다가 결국 겹친다. 밝은 원은 파동이 '위'로 올라가는 부분이고 검은 원은 파동이 '아래'로 내려가는 부분이라고 생각하면, 한 광원의 검은 선이 다른 광원의 밝은 선과 교차하면서 어두운 영역이 형성되는 것을 볼 수 있다. 이 영역에서는 완전한 상쇄 간섭이 일어나며, 이 영역은 계속 이어져서 C, D, E, F에서 끝난다. 두 바늘구멍을 비추는 광원이 단색광이면, 스크린에는 일련의 밝은 선과 검은 선, 즉 보강 간섭과 상쇄 간섭의 무늬가 나타난다.

영은 또 하나의 중요한 관찰을 했다. 앞에서 보았듯이 1800년 독일의 천문학자 윌리엄 허셜이 적외선을 발견했는데, 이는 가시광선 스펙트럼의 빨간색 너머에 있는 보이지 않는 열 복사다. 또한 이듬해에 화학자 요한 빌헬름 리터가 자외선을 발견했다. 이는 가시광선 스펙트럼의 보라색 너머에 있으며, 이 영역의 빛을 쬐면 화학적 변화를 일으키기 때문에 감지할 수 있다. 영은 자외선으로 뉴턴의 고리 실험을 재현했고, 은의 질산염 용액에 담근 종이를 인화지처럼 사용하여 자외선도 간섭을 일으킨다고 입증했다. 따라서 그는 빛의 파동적 성질이 가시광선 스펙트럼의 한쪽 끝을 넘어 확장된다는 사실을 입증했고, 적외선도 파동적 성질을 띨 것이라고 추측했다.

영의 연구는 적어도 정중하게 받아들여진 것으로 보인다. 앞에서 보았듯이 그는 4년 동안 세 번의 베이커 강연을 요청받았

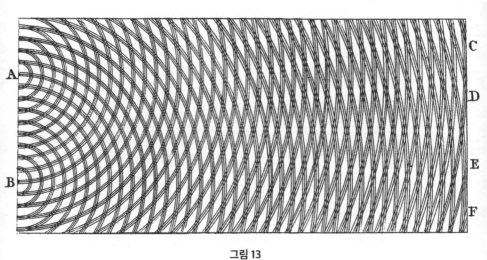

그림 13
영의 간섭 실험.
『자연철학과 역학적 기예 강의 과정』에 실린 삽화

고, 두 번은 빛에 관한 이론을, 한 번은 눈의 메커니즘을 강연했다. 그러나 적대적인 반응이 없었을 뿐이지 그의 아이디어가 널리 인정받지는 못했다.

영은 자신의 연구에서 뉴턴에게 많은 공로를 인정함으로써 논란을 피하기 위해 열심히 노력했지만, 그럼에도 불구하고 예상치 못한 곳에서 논란이 일어났다. 오래전에 그가 썼던 지혜롭지 못한 글이 나중에 말썽이 되었다. 미세구조학자라는 필명으로 쓴 어떤 글에서 영은 "에든버러의 한 젊은 신사"가 오래전부터 잘 알려진 것을 재발견했다고 조금은 경솔하게 비판했다. 이 '젊은 신사'는 헨리 피터 브로햄Henry Peter Brougham이었는데, 영과 마찬가지로 어릴 때부터 광학에 관심을 갖고 왕립학회에 광학에 관련된 논문을 여러 편 발표했다(그는 1803년에 이 학회의 회원이 된다). 그러나 영과 달리 브로햄은 뉴턴을 열렬히 신봉했고, 자신과 뉴턴을 싸잡아 공격하는 것처럼 보이는 영의 글에 분개했다. 브로햄은 1802년에 잡지 『에든버러 리뷰Edinburgh Review』를 창간했고, 1803년에는 이 잡지에 익명으로 실은 일련의 기사를 통해 영의 광학 연구를 공격하기 시작했다.

예를 들어 브로햄은 영의 「빛과 색의 이론에 관하여」에 대해 다음과 같이 공격했다. "이 논문에는 실험이나 발견이라는 이름을 붙일 만한 것이 하나도 없고, 사실상 어떤 장점도 찾아볼 수 없다. 따라서 이 논문은 제출하기만 하면 언제나 게재할 수 있어 1년에 두세 권씩 출판되는 학회 논문집에 수록했어야 한다."[13] 또 브로햄은 섬유 주변에서 생성되는 색을 다룬 영의 1802년 논문에 대해서는 알려진 사실을 재발견했다는 비난을 그대로 되 갚아 주면서 거의 기뻐하는 것처럼 보였다. "영 박사가 관찰과 실험에서 실험 장치의 구성에 비해 더 큰 성공을 거두지 못했다 는 점이 유감이다. 그가 발견했다고 주장하는 색의 새로운 사례 는 수천 번이나 관찰된 것이며, 그는 이 현상에 대해 터무니없고 모순적인 설명을 보탰을 뿐이다."[14] 사실 이 공격은 거의 오류와 오해에서 나왔지만, 분명히 영의 자존심에 큰 상처를 주었다. 그 는 1804년 『에든버러 리뷰 작성자들의 공격에 대한 대답』이라 는 소책자를 발간하여 대응했다. 두 사람 사이의 논쟁이 단순한 과학적 논쟁을 넘어섰다는 것을 첫 문장에서부터 알 수 있다.

> 자기 인격의 존엄성을 제대로 존중하는 사람은 비록 이
> 해관계에 얽힌 악의의 부당한 공격을 당해 감성에 거슬
> 리는 일이 있어도, 자기의 추구에 방해되기를 무릅쓰고
> 비난에 대항하면서 공격자를 처벌하기 위해 노력하기보
> 다, 상처의 일시적인 영향을 고요하게 견디는 편이 더 바
> 람직하다고 생각할 것이다. 그러나 악의와 기예를 교묘
> 하게 결합하여 가장 조악한 허위 진술을 정의와 순수함
> 으로 보이도록 포장하는 사람도 있을 것이다.[15]

영은 자신의 과학적 아이디어를 옹호했을 뿐만 아니라 자신 의 인격에 대한 공격을 비난했다. 눈이 사물을 보는 원리에 대해 새로운 정보가 나오자 영은 자신의 견해를 철회했다가 다시 발

표했다. 그러자 브로햄은 이를 빌미로 영이 과학에 대해 혼란스러워하는 사람이라고 공격했다. 이에 대해 영은 전체 논란에 대한 경위를 자세히 밝히면서 자신이 왜 견해를 철회한 다음 다시 발표했는지 설명했다. 하지만 영은 결국 자신이 과학 연구를 처음 시작했을 때부터 끈질기게 따라다니는 소모적인 논란에 진절머리가 났고, 다시 의학으로 돌아가겠다는 의사를 밝혔다.

> 이 연구를 끝으로 나는 일반적인 과학의 연구를 끝내려고 한다. 앞으로는 의학의 주제에 대해서만 연구하고 집필하기로 결심했다. 신이 내게 내려 주지 않은 재능은 나의 책임이 아니지만, 내가 가진 재능에 대해서는 지금까지 기회가 닿는 한 부지런히 기르고 사용했으며, 앞으로도 내 모든 노력의 궁극적 목적이 되어 온 그 직업에 내 재능을 성실하고 평온하게 사용할 것이다.[16]

그리고 한동안 영은 『자연철학 강의 과정』의 출판을 제외하고는 의학만을 연구했다. 그는 1803년 왕립연구소에서 사임했고, 1811년 마침내 세인트조지 병원에서 의사가 되기 위해 필요한 자격증을 취득했다. 광학 연구자들은 계속해서 빛을 파동이 아닌 입자의 흐름으로 취급했다. 그러나 영의 광학 이론은 곧 놀라운 방식으로 입증되었고, 이것으로 영은 19세기의 가장 위대한 과학자 중 한 사람으로 확실히 인정받게 된다.

세월이 지난 뒤 1835년에 영의 평전을 쓴 프랑수아 아라고

François Arago는 광학에 대한 영의 가장 유명한 공헌인 간섭의 법칙에 대해 우아하게 묘사했다. "햇빛 속에서, 광명의 빛이 자유롭게 도달하는 지점에서 어둠을 발견하고 과연 놀라지 않을 사람이 있을까? 빛에 빛을 더해서 어둠을 만들어 낼 수 있다고 누가 상상할 수 있을까!" [17]

당시에는 어떤 연구자도 알지 못했지만, 영이 발견한 간섭의 법칙은 보이지 않음의 이론에 큰 도약이 되었다. 간섭은 적절한 상황에서 광파가 서로 상쇄될 수 있다는 것을 보여 주었다. 결국 새로운 형태의 간섭은 물리학에서 보이지 않는 물체를 만들어 내는 핵심 요소로 밝혀지게 된다.

6

가장자리로 가는 빛

파동 이론의 진화

아캄 일행이 수풀을 크게 우회해서 가는 동안에, 커티스 와틀리는 썩지 않은 가지에 앉아 망원경으로 그들을 쫓고 있었다. 와틀리는 그들이 지금 수풀이 흔들리는 자리가 훤히 내려다보이는 낮은 봉우리로 가려고 하는 것이 분명하다고 옆에 있는 사람들에게 말했다. 이 말은 사실이었다. 그리고 보이지 않는 그 무엇이 지나간 지 얼마 지나지 않아 아캄 일행은 조금 더 올라간 것 같았다.

그때 망원경을 넘겨받아 그들을 관찰하던 웨슬리 코리가 큰 소리로 자기가 본 것을 설명했다. 라이스가 메고 있는 분무기를 아미타지가 조정하고 있으며, 곧 무슨 일이 일어날 것 같다는 것이었다. 분무기로 가루를 뿌리면 보이지 않는 공포의 대상이 잠시 보일 수 있다는 생각을 떠올리면서 사람들이 갑자기 술렁거렸다. 두세 사람은 눈을 감았지만, 커티스 와틀리는 망원경을 다시 집어 들어 눈을 크게 뜨고 지켜보았다. 그가 보기에 라이스가 높은 지대의 유리한 위치를 확보하고 있어서, 놀라운 효과가 있는 강력한 가루를 뿌릴 수 있을 것 같았다.

— H. P. 러브크래프트 H. P. Lovecraft,
「더니치 호러 The Dunwich Horror」(1929)

빛의 파동 이론은 영의 노력 이후 다시 시들해지는 듯 보였다. 하지만 물밑에서는 여러 연구자가 영의 발자취를 따라가며 그의 관찰을 뒷받침하는 강력한 수학적 이론을 개발하고 있었다. 이러한 노력은 빛의 본질에 대한 새롭고 놀라운 통찰로 이어졌는데, 그 시작은 경연 대회였다.

1817년 3월 17일, 프랑스 과학아카데미는 격년으로 열려 1819년에 수여되는 물리학상의 주제로 빛이 작은 구멍을 통과하면서 퍼지는 현상인 회절을 선정한다고 발표했다. 이 경연 대회는 물리학의 혁신을 촉진하고 미해결 질문의 해답을 찾기 위해 열렸고, 당시까지 회절은 여전히 수수께끼로 남아 있었다. 이 대회의 참가자였던 28세의 토목 기술자 오귀스탱 장 프레넬 Augustin-Jean Fresnel은 포괄적인 빛의 파동 이론을 발표했고, 이 이론은 실험을 통해 뒷받침되었다.

프레넬은 영과 마찬가지로 오랫동안 광학 문제에 관심을 가졌다. 프레넬도 영이 그랬듯이 이 질문을 탐구할 여가 시간을 갖게 되었지만, 상황은 매우 달랐다. 1814년 엘바섬에 유배되었던 나폴레옹 보나파르트는 1815년 2월에 섬을 탈출했고, 황제의 자리를 되찾으려고 했다. 프레넬은 나폴레옹에 대항하는 왕당파 저항군에 가담했지만, 병에 걸려 직접 참여하지는 못했다. 나폴레옹이 다시 황제가 되자 프레넬은 밀려났고, 가택 연금을 당해 어머니의 집에서 지내야 했다. 프레넬은 이런 연유로 강요당한 자유 시간에 광학을 집중적으로 연구했고, 1815년 중반에 나폴레옹이 다시 폐위되고 나서 토목 기술자로 복귀한 뒤에도 이 연구를 계속했다. 그 후 몇 년 동안 프레넬은 광학 연구를 더욱 발전시키기 위해 여러 차례 휴직을 신청했다.

프레넬은 빛이 파동일 수 있다는 생각에 오랫동안 매료되어 있었다. 그는 이 연구를 하던 중에 프랑스 물리학자 프랑수아 아라고와 편지를 주고받았고, 토머스 영의 연구에 대해 알게 되었다. 아라고는 영이 이미 수행한 많은 단계를 프레넬이 우연히 그대로 따라갔다고 지적했지만, 대체로 이 젊은 엔지니어를 격려했다. 프랑스 과학아카데미가 1819년의 수상 문제를 회절로 결정하자, 아라고는 파동 광학에 대한 수학적 이론을 대회에 제출하도록 프레넬을 설득했다.

심사위원회에는 당대 최고의 물리학자들이 포진하고 있었다. 프랑수아 아라고, 피에르-시몽 라플라스Pierre-Simon Laplace, 시메옹 드니 푸아송Siméon Denis Poisson, 조제프 루이 게이뤼삭Joseph Louis Gay-Lussac이 바로 그들이었다. 프레넬이 1818년 7월 29일에 논문을 제출하자 위원회는 철저한 조사를 진행했다. 빛의 입자 이론을 지지했던 푸아송은 프레넬의 새로운 파동 이론의 흥미로운 함의에 주목했다. 불투명한 원반 주변에서 빛이 어떻게 회절되는지를 이 이론에 따라 계산해 보면, 원반 뒤쪽의 그림자가 드리워지는 영역에서 원반의 축에 정렬된 밝은 선이 나타나야 한다는 것을 푸아송이 밝혀냈다. 원반의 가장자리 전체에서 일어나는 파동의 회절에 의해 원반의 축에서 보강 간섭이 일어나기 때문이다. 입자 이론을 지지하는 입장에서 보면, 이는 터무니없는 결론이었다. 어떻게 빛이 기적처럼 그림자 한가운데에 나타날 수 있을까? 하지만 아라고는 프레넬의 이론이 예측한 대로 그 자리에 밝은 선이 나타난다는 것을 실험으로 확인했다. 지금은 이를 '아라고 반점'이라고 부른다.

프레넬은 이 연구로 1819년 3월 15일에 열린 아카데미 회의에서 최고상을 받았다. 상을 받기는 했지만, 사람들은 여전히 빛이 파동이라고 인정하려고 들지 않았다. 그러나 이 일은 빛의 파동 이론이 받아들여지는 전환점이 되었다. 아라고 반점은 빛의 파동 이론이 기존의 실험적 관찰을 설명할 뿐만 아니라 새로운 현상을 예측할 수 있음을 보여 주었다. 이를 계기로 다른 연구자들도 파동 이론의 가능성을 탐구하기 시작했고, 파동 이론을 뒷받침하는 새로운 증거가 쌓여 결국 뉴턴의 입자 이론을 가장 강력하게 지지하던 사람들조차 입을 다물게 했다. 파동 이론의 시대가 열린 것이다.

프레넬의 이름을 딴 일곱 가지 광학 개념에서 알 수 있듯이, 그는 빛의 과학에서 놀랍도록 성공적인 경력을 쌓아 갔다. 하지만 1822년 말부터 건강이 나빠졌고, 결핵 진단을 받았다. 그는 건강을 위해 연구 활동을 줄였고, 등대에서 빛의 초점을 맞추는 데 사용할 수 있는 가벼운 렌즈를 개발하는 데만 집중했다. 그가 개발한 렌즈는 오늘날까지 사용되고 있으며, 프레넬 렌즈라고 알려져 있다. 그는 일을 줄였지만 1827년 7월 39세의 나이로 세상을 떠났다.

프레넬이 회절을 연구하는 동안 영은 광학에 대한 공개적인 논의를 피했지만 사적으로는 여전히 활발히 활동했고, 실제로 빛을 파동으로 받아들이는 데 핵심적인 역할을 했다. 프레넬은 1815년에 처음으로 회절의 수수께끼를 설명하려고 시도했으며, 앞에서 보았듯이 아라고와 편지를 주고받으면서 영에게도 직접 편지를 쓰게 되었다. 프레넬이 영에게 연락한 이유는 부분적으로 그의 연구를 무심코 따라 했던 것을 사과하기 위해서였다. 아라고는 빛이 파동일 가능성에 더 큰 흥미를 느꼈고, 1816년 물리학자 조제프 루이 게이뤼삭과 함께 영을 방문했다. 이 프랑스 과학자들은 자신들의 새로운 결과가 영의 이론을 강화한다고 생각했지만, 영은 자신이 몇 년 전에 이미 그 현상을 설명했다고 지적했다. 이는 내가 생각하기에 광학의 역사에서 가장 흥미로운 장면이다.

> 우리가 보기에 이 주장은 근거가 없었고, 오랜 시간 동안 아주 세세한 부분에 대한 토론이 이어졌다. 영의 부인도 옆에 있었는데, 토론에는 참여하지 않고 지켜보고 있었다. 지적인 영국 여성들은 낯선 사람들에게 조롱당할 것을 두려워해 대화에 끼지 않았다. 대화에만 몰입하던 우리는 부인이 급히 방을 나가고 나서야 너무 무례했다는 생각이 들었다. 우리가 그녀의 남편에게 사과하기 시작했을 때 그녀는 거대한 사절판 책을 들고 돌아왔다. 그것은 『자연철학 논고 Treatise on Natural Philosophy』의 첫 번째 권이었다. 그녀는 책을 탁자 위에 올려놓고 387쪽을 펼치더니 아무 말 없이 손가락으로 그림을 가리켰다. 거기에는 토론의 주제였던 회절 띠의 곡선 경로가 이론적으로 설명되어 있었다.[1]

아라고와 게이뤼삭의 방문으로 영은 아직 풀리지 않은 또 다른 중요한 빛의 수수께끼인 편광과 관련된 최신 결과를 알 수 있었다. 광학 방해석(투명한 결정체다)을 통해서 보면 물체가 **둘로 겹쳐** 보인다는 것은 수백 년 전부터 알려져 있었다(그림 14).

빛이 입자라고 주장하는 사람들이나 파동이라고 주장하는 사람들 어느 쪽도 '이 현상을 만족스럽게 설명할 수 없었다. 빛은 분명히 절반쯤은 한 각도로 굴절하고 나머지 절반은 다른 각도로 굴절하는 것으로 보였다. 이 현상을 이중 굴절 또는 더 전문적인 용어로는 '복굴절'이라고 불렀다.

1808년에 프랑스 물리학자 에티엔 루이 말뤼스Étienne Louis Malus는 우연히 파리의 뤽상부르 궁전 창문에 비친 석양을 투명한 방해석을 통해 보았다가 복굴절에 대한 중요한 단서를 발견했다. 그는 두 개의 이미지 중 하나가 다른 이미지보다 훨씬 밝다는 것을 발견하고 깜짝 놀랐다. 그는 손에 든 방해석 결정을 돌려서 어느 한쪽 이미지를 최대로 밝게 만들 수 있다는 것을 알아냈다. 그는 곧 유리에서 어떤 특수한 각도로 반사된 빛을 투명한 방해석을 통해 볼 때는 이미지가 겹치지 않고 단 하나의 이미지만 나타난다는 사실을 발견했다. 그는 방해석을 통과해도 단 하나의 이미지만 나타나는 빛을 '편광'이라고 불렀다. 수평으로 놓인 유리판에서 반사된 빛을 수평 편광, 수직으로 서 있는 유리판에서 반사된 빛을 수직 편광이라고 할 수 있다. 프레넬과 아라고는 일련의 실험을 통해 영의 실험에서 수직으로 편광된 빛과 수평으로 편광된 빛을 두 바늘구멍에 각각 비추어 혼합하면 간섭 패턴이 생기지 않는다는 것을 알아냈다. 다른 편광을 가진 빛

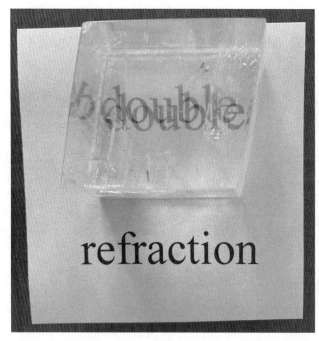

그림 14
빛이 광학 방해석을 통과할 때 일어나는 복굴절

에서는 간섭이 일어나지 않는다는 것이다.

영은 이 현상을 어떻게 설명할 수 있을지 생각해 보았고, 또한 번 음파와의 유비類比 *를 떠올렸다. 연구자들은 음파가 나무 토막을 통과할 때는 섬유의 결 방향으로 진행할 때가 결을 가로지르는 방향으로 진행할 때보다 더 빠르다는 것을 알아냈다. 이런 현상은 특히 스코틀랜드 전나무에서 잘 드러난다. 영은 많은 연구자와 마찬가지로 투명한 방해석에서도 비슷한 일이 일어날 것이라고 추론했다. 이 결정체의 어떤 내부 구조로 인해 빛이 특정 방향에서 빠르게 진행하고, 따라서 두 가지 다른 굴절률이 나타난다는 것이다. 그러나 이것으로는 투명한 방해석에 빛이 통과할 때 두 겹의 이미지가 생기는 이유를 설명할 수 없었다.

영은 마침내 1816년 말에 해답을 찾아냈고, 1817년 1월 12일에 아라고에게 보낸 편지에서 빛에 대한 이해에 또 하나의 중요한 이정표를 세웠다. 영은 빛이 횡파라고 주장했다. 횡파는 진동이 진행 방향에 수직으로 일어나는 파동이다. 반면에 음파는 종파여서 파동의 진행 방향과 같은 방향으로 진동이 일어난다.

종파와 횡파를 눈으로 보고 이해하는 가장 좋은 방법은 요즘은 거의 사용하지 않는 돌돌 말린 전화선을 활용하는 것이다(그림 15).² 전화선의 한쪽 끝을 멀리 떨어진 물체에 고정하고 반대쪽 끝을 팽팽하게 당기고 있다고 하자. 말린 전화선 몇

• 특수한 것에서 특수한 것을 이끄는 추리를 유비 또는 유추라고 말한다. 서로 비슷한 점을 비교하여 다른 특징도 비슷할 것이라고 추론하며, 현대 과학의 많은 이론에서 중요하게 사용된다.

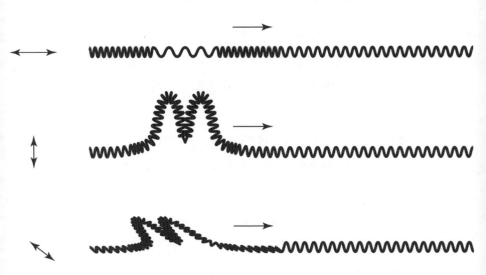

그림 15

전화선에서 나타나는 종파와 두 가지 횡파
(물론 요즘은 이렇게 돌돌 말린 '전화선'에 익숙한 사람이 많지 않을 것이다)

바퀴를 손으로 들고 살짝 당겼다가 놓으면, 말린 부분의 간격이 늘어나는 영역과 줄어드는 영역이 반복되는 파동이 일어난다. 이것은 종파이며, 음파와 같다. 이때 진동은 전선의 축 방향을 따라 일어나며, 이는 파동이 진행하는 방향과 같다. 이번에는 전화선을 잡은 손을 아래위로 흔들면 전화선이 아래위로 움직이면서 파동이 일어나는데, 이는 파동이 이동하는 방향에 대해 수직이다. 이것은 횡파의 예다. 줄을 좌우로 흔들어서 파동을 만들 수도 있는데, 이는 아래위로 흔들리는 파동과 구별되는 또 다른 횡파다!

이것이 영이 복굴절 현상에 대해 내놓은 설명이다. 빛은 횡파이며, 빛이 어떤 방향으로 이동하건 두 가지 편광이 있다는 것이다. 햇빛과 같은 자연광은 일반적으로 두 가지 편광이 섞여 있으며, 편의상 이를 '상하'와 '좌우'라고 하자. 방해석 결정의 내부 구조 자체가 두 편광에 대해 다르게 반응한다. 이를 이방성 구조라고 한다. '이방성anisotropic'이라는 단어는 그리스어 anisos(같지 않음)와 tropikos(회전)에서 유래했다. 두 편광이 결정 속에서 다르게 진행하기 때문에, 결과적으로 갈라져서 완전히 구별되는 두 개의 굴절 파동과 두 개의 이미지가 생성된다. 영의 설명은 옳다고 입증되었으며, 횡파라는 빛의 성질(편광)은 빛의 과학과 그 응용에서 모두 중요하다.

영은 다시는 전업 과학자로 복귀하지 않았지만, 그가 빛의 이론에 근본적인 기여를 했다는 것은 부인할 수 없는 사실이며 전 세계적으로 인정받게 되었다. 영은 1820년대에 미국, 프랑스, 스웨덴, 네덜란드 과학아카데미의 회원으로 선출되었다.

어린 시절부터 보여 주었던 다재다능한 면모 그대로, 영은 나중에 여러 가지 주제를 탐구했다. 그는 의학 분야에서 중요한 책을 여러 권 썼고, 『브리태니커 백과사전』에도 광학을 비롯해서 여러 가지 주제에 대해 글을 썼다. 그는 공공 문제에 관련된 여러 위원회에도 참여했고, 런던에 가스 조명을 도입할 때 일어날 수 있는 위험성을 연구하는 위원회에서도 활동했다. 또한 언어에 대한 재능을 발휘하여 당시까지도 수수께끼로 남아 있던 이집트 상형 문자를 해독하기도 했다.

영이 56세에 세상을 떠났을 때, 그는 당대 최고의 천재로 인정받고 있었다. 1834년 웨스트민스터 사원에는 영을 기리는 흰색 대리석 비석이 세워졌다. 영이 오래전에 가정 교사로 가르쳤던 허드슨 거니Hudson Gurney가 쓴 비문은 다음과 같다.

> 왕립학회 해외 담당 간사이자 프랑스 국립연구소 회원이며 의학박사 토머스 영. 거의 모든 학문 분야에서 하나같이 저명했던 이 사람은 끊임없는 노력과 타고난 직관으로 문자와 과학에서 최고의 경지에 이르렀으며, 빛의 파동 이론을 최초로 정립했고, 오랫동안 알려지지 않았던 이집트 상형 문자를 최초로 해독했다. 뛰어난 인격으로 친구들의 사랑을 받았고, 누구도 따라갈 수 없는 업적으로 세계의 존경을 받았던 그는 정의로운 자의 부활을 바라며 죽었다. — 1773년 6월 13일에 서머싯 밀버

튼에서 탄생, 1829년 5월 10일에 런던 파크스퀘어에서 56세로 서거.

빛이 횡파라는 영의 발견은 빛의 물리학에 대한 많은 의문에 답하고 미래의 과학자들이 설명해야 할 새로운 질문을 제기했기 때문에, 그의 간섭 법칙만큼이나 과학에서 중요하게 여겨진다. 또한 복굴절 현상과 이 현상을 일으키는 방해석은 보이지 않음을 현실에 더 가깝게 만드는 데 중요한 도구임이 알려진다.

7

자석, 전류, 빛

전자기파의 발견으로 시작된 새로운 빛의 과학

이 수정 관의 전기 선은
광학적인 청결을 과시하고,
내부에 먼지나 안개가 없지만, 기다려라!
아직 보이지 않은 것이 있다.
이 하늘처럼 파란 어렴풋한 빛은 무엇인가?
공기에서 나온 그 형태는,
어떤 신비한 물고기가 유령처럼
빈 공간을 통해 조종하고 있을까?

— 제임스 클러크 맥스웰James Clerk Maxwell,
「나블라의 수석 음악가에게 To the Chief Musician upon Nabla」(1874)•

대부분의 중요한 과학적 발견과 마찬가지로, 빛이 파동의 성질
을 가진다는 것을 알아내자 얻은 해답만큼이나 많은 의문이 생
겨났다. 당장 떠오른 질문은 다음과 같았다. 빛이 파동이라면 무
엇의 '파동'인가? 물결은 물이 일렁이면서 파동이 전달되고, 음
파는 공기 분자의 밀도 변화가 전달된다. 줄의 진동에서는 줄 자

• 나블라(▽)는 페니키아 하프를 본뜬 역삼각형 모양의 수학 기호로, 미분에 사용된다.
  나블라의 수석 음악가는 이 기호를 사용하는 연산의 수학적 성질을 완전히 설명한 피
  터 거스리 테이트Peter Guthrie Tait를 가리킨다.

체가 아래위로 흔들리면서 파동이 전달된다. 그러나 토머스 영의 시대에 광파는 무엇이 진동하면서 전달되는지 명확하지 않았다. 사람들은 물의 파동이나 음파의 예와 비슷하게 어떤 물질이 공간 전체에 스며들어 있어서 이것이 진동하면서 빛이 전달된다고 생각했고, 신비롭고 알 수 없다는 의미로 이 물질을 '에테르'라고 불렀다. 그러나 "빛에서는 무엇이 진동하는가?"라는 물음에 대해 더 좋은 대답을 찾는 데는 60년에 걸친 연구와 궁리가 필요했고, 결국 빛은 이전까지는 상상할 수 없던 어떤 것으로 이루어져 있다고 깨닫게 되었다. 그 어떤 것은 공간을 따라 전달되는 전기장과 자기장의 교란이며, 둘이 서로를 유지한다. 오늘날에는 빛이 전자기의 파동이며, 적외선과 자외선은 단지 진동수가 다른 전자기 파동임을 알고 있다. 이 발견의 첫 번째 단서는 1820년에 덴마크의 한 철학자가 수행한, 과학 역사상 가장 독창적인 실험에서 나왔다.

수 세기 동안 과학자들과 자연철학자들은 전기와 자기를 완전히 서로 다른 현상으로 간주했다. 전기는 춥고 건조한 날 물건에 손을 댈 때의 약한 충격, 번개, 호박 막대를 모피에 문지를 때 일어나는 미세하게 끌어당기는 힘에 관련된 것이었다. 자기는 나침반이나 막대자석과 관련된 것이었다. 전기적으로 대전된 물체는 서로를 끌어당기거나 밀어내는 것처럼 보였다. 자성을 띤 물체는 N극과 S극이 있어서 같은 극끼리 서로 밀치고, 다른 극끼리 끌어당기는 것으로 보였다.

전기와 자기가 서로 얽혀 있다는 것을 암시하는 실험도 몇 가지 있었다. 벤저민 프랭클린Benjamin Franklin은 전기 방전을 일으킨 바늘에 자성이 생긴다는 것을 알아냈고, 선원들은 번개 맞은 배에서 나침반 바늘의 극성이 거꾸로 되는 것을 보고하기도 했다. 서로 끌어당기거나 밀친다는 점에서 전기와 자기가 비슷하다는 것을 모르는 사람은 아무도 없었다. 그렇지만 둘의 연관성을 확실히 입증할 수 있는 실험은 없었고, 대부분의 저명한 과학자들은 전기와 자기는 별개라고 보았다. 토머스 영은 『자연철학 강의 과정』(1807)에서 다음과 같이 썼다. "전기가 열이나 진동을 일으켜 철의 자성 전달 능력에 영향을 미친다는 점을 제외하면 자성과 전기 사이에 직접적인 연관성을 상상할 이유가 없다."[1]

이런 상황에서 덴마크의 철학자 한스 크리스티안 외르스테드 Hans Christian Ørsted(1777~1851)가 등장했다. 약사의 아들로 태어난 외르스테드는 아버지의 약국에서 일하면서 일찍부터 과학에 관심을 가졌다. 그는 어린 시절에 집에서 독학으로 공부했는데, 이는 그에게 큰 도움이 되었다. 외르스테드는 1793년 코펜하겐대학교에 입학하여 최고의 성적을 얻었고, 미학과 물리학 논문으로 상을 받았다. 그는 1799년 스물두 살의 나이에 철학자 임마누엘 칸트Immanuel Kant의 연구를 다룬 논문 「자연 형이상학의 건축학 Dissertatio de forma metaphysices elementaris naturae externae」으로 박사 학위를 받았다.

외르스테드의 철학 공부는 전자기에 관련된 발견에도 큰 도움이 되었다. 그는 1801년에 장학금을 받아 몇 년 동안 유럽을 여행할 수 있었다. 그는 독일에 머무는 동안 이 나라의 철학자들과 친밀하게 어울렸고, 앞에 나왔던 독일 자연철학 운동을 알게 되었다. 외르스테드는 자외선의 발견자이자 자연철학의 강력한 지지자였던 요한 빌헬름 리터와 함께 시간을 보내기도 하면서 이 철학 운동이 과학의 새로운 발견에 어떻게 기여할 수 있는지에 관심을 가졌다. 자연의 모든 현상은 서로 연결되어 있다고 믿는 자연철학의 추종자들은 자연스럽게 전기와 자기가 어떻게든 서로 관련되어 있을 것이라고 믿었다.

1806년 코펜하겐대학교의 교수가 된 외르스테드는 리터가 신봉한 자연철학을 그대로 이어받았다. 그 후 몇 년 동안 외르스테드는 전기와 음향에 대한 연구를 하면서 한편으로는 이 대학의 물리학과 화학 프로그램을 발전시켰다.

1819~1820년 겨울 학기 동안 외르스테드는 전기와 자기에 관한 일련의 강연을 진행했다. 1820년 4월 21일, 그는 전기력과 자기력 사이의 잘 알려진 유사성에 대해 강의할 예정이었고, 이 둘의 연관성에 대한 자신의 신념을 다시 생각해 보았다. 그는 흐르는 전류를 사용하여 어떻게든 자기 효과를 낼 수 있는지가 다시 궁금해졌고, 이런 효과를 찾는 작은 실험을 준비하기로 했다. 그는 나침반 위에 유리판을 놓은 다음 긴 전선을 올려놓았다. 전류가 전선을 통과할 때 나침반에 어떤 영향이 있는지 알아보기 위해서였다.[2]

외르스테드는 이 실험을 하고 나서 10년쯤 뒤에 쓴 글에서 자기를 삼인칭으로 부르면서 이렇게 설명했다.

실험 준비가 다 되어 있었지만, 강연 전에 어떤 사고가 일어나서 그는 실험을 시도하지 못했고, 다음 기회에 해야겠다고 생각했다. 그러나 강의를 하다가 실험이 성공할 것 같다는 직감이 강하게 들었고, 청중 앞에서 첫 번째 실험을 했다. 자침이 상자 안에 들어 있었지만 움직였다. 그러나 그 움직임은 매우 미약했고, 법칙이 발견되기 전이었기 때문에 매우 불규칙적으로 보였으며, 실험이 청중에게 강한 인상을 주지는 못했다.[3]

외르스테드는 나침반 바늘이 한 번 까딱하는 것을 관찰하여 전류가 자기 효과를 일으킨다는 사실을 입증했고, 이를 통해 물리학에 혁명을 일으켰다. 그는 실험을 미리 해 볼 기회가 없었기 때문에 강의실에서 학생들이 지켜보는 가운데 실험을 했다. 이 실험은 청중 앞에서 최초로 이루어진 주요 발견으로 유일한 사례일 것이다. 실험이 청중에게 "강한 인상을 주지 못했다"는 것은 그들이 무엇을 보고 있는지 몰랐기 때문에 어쩌면 당연한 결과일 것이다.

외르스테드는 이 결과를 바로 발표하지 않았고, 추가 실험을 하는 데 몇 달이 더 걸렸다. 그러나 1820년 7월에 그는 충분한 실험을 마치고 관찰 결과를 자세히 설명하는 논문을 썼다. 이 논문의 제목은 「전기의 흐름이 자침에 미치는 영향에 관한 실험」[4]이었고, 처음에 라틴어로 발표되었지만 영어를 비롯한 여러 언어로 빠르게 번역되었다. 외르스테드의 연구는 곧바로 찬사를 받았으며, 유럽 전역의 과학자들이 외르스테드를 만나 연구에 대해 논의하기 위해 먼 길을 여행했다.

전기가 자기 효과를 일으킬 수 있다는 사실을 발견한 후, 연구자들은 자연스럽게 그 반대의 경우도 가능한지 궁금해하기 시작했다. 자석도 전기 효과를 일으킬 수 있을까? 그 후 10년 동안 많은 연구자가 시도했지만 이러한 연결을 찾아내지 못했다. 결국 평범한 수습 제본공으로 경력을 시작한 영국의 과학자 마이클 패러데이Michael Faraday가 획기적인 발견을 하게 된다.

1791년 대장장이의 아들로 태어난 마이클 패러데이는 과학이 거의 상류층의 전유물이었던 시대에 살았다. 그는 정규 교육을 거의 받지 못한 채 자랐고, 열네 살에 수습 제본공이 되었을 때만 해도 평범하게 살아갈 운명인 듯했다. 하지만 패러데이는 열렬한 독서광이었으며, 조지 리보George Riebau의 서점에서 일하면서 원하는 모든 책을 접할 수 있었다. 그의 관심을 사로잡은 첫 번째 과학 서적은 1797년에 출간된 백과사전이었다. 백과사전에서 전기에 관한 항목을 읽고 흥미를 느낀 패러데이는 몇 푼 안 되는 저금으로 전기 장치를 구입했고, 백과사전에 설명된 몇 가지 결과를 재현해 보았다.

1810년, 리보의 서점에 또 다른 책이 들어왔는데, 제인 마르세Jane Marcet의 『화학에 관한 대화Conversations on Chemistry』였다. 독학으로 화학을 공부한 마르세는 의사였던 남편 알렉산더의 도움을 받아 집에서 실험을 수행했다. 더 많은 것을 배우고 싶었던 그녀는 토머스 영이 근무했던 왕립연구소에서 유명한 화학자 험프리 데이비Humphry Davy의 강의를 들었고, 이를 계기로 자신과 같이 과학을 거의 접하지 못한 여성도 이해할 수 있는 대중적인 화학 책을 써야겠다고 생각했다. 그 결과 1805년에 『화학에 관한 대화』가 출간되었고, 나중에 16판까지 나왔다.

마르세가 쓴 책은 독학으로 공부한 패러데이에게도 큰 도움이 되었다. 그는 이 책을 탐독하면서 많은 것을 배웠고, 화학 연구에 대한 영감을 얻었다. 1812년 수습 제본공 생활이 끝나 갈 무렵, 그는 가능하면 과학에 관련된 직업을 갖기를 열망했다. 패러데이는 과학 연구에 애정을 가졌을 뿐만 아니라 상업에 종사하는 것을 "사악하고 이기적"이라고 여겼다. 또한 과학은 고귀하며, 과학을 추구하면 "우호적이고 자유로운" 사람이 될 수 있다고 생각했다.[5]

확고한 의지에 더해 운명이 이끈 덕에 그는 과학의 길로 들어섰다. 패러데이는 서점에서 일하면서 저명한 피아니스트이자 바이올리니스트였던 윌리엄 댄스william Dance와 친해졌다. 패러데이의 근면함과 열정에 감명받은 댄스는 1812년 초에 험프리 데이비의 화학 강연 입장권을 구해 주었다. 패러데이는 이 강연에서 배운 내용을 자세히 메모했고 댄스의 격려에 따라 데이비에게 편지를 보냈다. 이 편지에서 패러데이는 왕립연구소에서 일자리를 얻을 수 있을지 문의했고, 강연을 정리한 노트도 함께 보냈다. 1812년 12월 말, 데이비는 하루라도 빨리 이 젊은이를 만나고 싶다는 답장을 보냈다.

제본 숙련공으로 일하던 패러데이는 여행 중인 데이비가 돌아와 만날 수 있을 때까지 5주 동안 초조하게 기다렸다. 결과는 기다릴 만한 가치가 있었다. 데이비는 패러데이에게 왕립연구소에 화학 조수 자리가 났다는 소식을 전하면서 패러데이가 그 자리에 적합할 것 같다고 말했다. 그러나 데이비는 조금 냉소적으로 제본이 더 안정적이고 고상한 직업이 될 수 있다고 말했다. 훗날 패러데이는 이때의 일을 다음과 같이 회상했다.

> 그는 과학에 종사하고 싶은 나의 바람을 채워 주면서도, 과학은 가혹한 여주인과 같아서 헌신하는 사람에게 금전적인 보상을 제대로 해 주지 않는다고 말했고, 내 장래를 포기하지 말라고 조언했다. 그는 철학적인 사람들이 도덕적으로 우월하다는 내 생각에 대해 미소를 지으며, 몇 년의 경험이 쌓이면 바른 생각을 갖게 될 것이라고 말했다.[6]

새로운 직장으로 곧바로 옮겨 갈 수는 없었기 때문에, 패러데이는 한 달 더 제본공으로 일하면서 가끔 험프리 데이비의 서기로 일을 도와주기도 했다. 데이비는 지난해 말에 화학 실험을 하다가 폭발 사고로 눈을 다쳤고, 1813년 2월이 되어서야 시력을 완전히 회복했다. 패러데이는 그때까지 계속 임시로 일을 도와주다가 3월에 왕립연구소의 화학 조수로 임명되었다.

이 기회도 굉장했지만, 패러데이는 곧 더 큰 기회를 얻게 된다. 패러데이가 정식으로 임명된 지 얼마 지나지 않아 데이비는 왕립연구소의 공식 교수직을 사임하고 그해 말부터 유럽 대륙을 여러 해 동안 여행할 계획을 세웠다. 그러나 데이비의 시종은 전쟁 중인 유럽을 돌아다니는 위험한 여행을 거부했다. 데이비는 즉시 패러데이에게 시종 겸 화학 조수로 이 여행에 따라갈 것을 제안했다.•

하인으로 일한다는 굴욕감은 있었지만, 유럽에서 가장 유명한 과학자들을 만나고 유럽 대륙을 둘러볼 수 있는 기회는 너무나 매력적이었다. 여행은 큰 보람을 안겨 주었다. 패러데이는 자신의 재주와 사려 깊은 태도로 데이비의 동료들에게 깊은 인상을 주었고, 그들과의 만남은 나중에 그에게 큰 도움이 될 터였다. 그는 제네바에서 남편과 함께 여름 휴가를 보내던 제인 마르세도 만났다. 그러나 데이비 부인은 패러데이를 과학자라기보다는 하인처럼 대했고, 하인들과 함께 저녁 식사를 하도록 했다. 숙녀들이 응접실로 돌아간 후 마르세의 남편 알렉산더는 이렇게 속삭였다. "친애하는 여러분, 이제 주방으로 가서 패러데이 씨를 만납시다."[7]

런던으로 돌아온 패러데이는 다시 왕립연구소에서 화학 조수로 일하기 시작했다. 그는 곧 뛰어난 대중 강연과 천재적인 실험으로 엄청난 명성을 얻었다. 1825년에는 왕립연구소의 소장이 되었고, 1833년에는 그를 위해 특별히 만들어진 직책인 왕립연구소의 풀러 화학 석좌교수로 임명되어 평생을 재직했다.

• 다른 설명도 있다. 데이비는 패러데이를 화학 조수로 데리고 가고 별도로 시종도 함께 갈 예정이었는데 시종이 그만두는 바람에 패러데이에게 잠시만 시종 역할을 같이 해 달라고 했고, 프랑스로 건너가서 곧바로 시종을 고용하겠다고 말했다. 그러나 데이비 부부는 이 약속을 차일피일 미루었고 결국 패러데이가 끝까지 시종을 겸했다고 한다(낸시 포브스·배질 마흔, 『패러데이와 맥스웰』, 박찬·박술 옮김, 반니, 2015).

1820년대에 패러데이는 제본공일 때부터 매혹되었던 전기를 본격적으로 연구하기 시작했다. 그는 외르스테드의 연구를 알게 되었고, 이를 바탕으로 1821년 세계 최초의 전기 모터를 만들었는데, 오늘날에는 이것을 단극 모터homopolar motor라고 부른다. 이후 10년 동안 패러데이는 광학, 전기, 화학 실험을 수행했다. 1831년 패러데이는 왕립학회에 「전기의 실험적 연구」라는 제목으로 장기간에 걸쳐 일련의 논문을 발표하기 시작했다. 거의 즉시 그는 세상을 바꿀 가장 유명한 발견을 발표했는데, 요즘에는 전자기 유도라고 알려져 있는 것이다.[8]

패러데이는 1820년에 이루어진 외르스테드의 획기적인 발견 이후 연구자들을 사로잡았던 질문에 몰두하고 있었다. 전류가 자기를 만들 수 있다면 자석도 어떻게든 전기를 만들 수 있지 않을까? 패러데이와 그 시대의 연구자들은, 말하자면 주는 것이 있으면 받는 것도 있어야 한다고 생각했던 것이다. 전류가 자석을 끌어당길 수 있다면 자석도 전류에 뭔가 영향을 줄 수 있어야 한다는 것이었다.

패러데이가 결정적인 실험에 사용한 장치는 다음과 같다. 매우 긴 전선을 원통형의 나무에 감은 다음에 축전지에 연결하고 스위치를 설치했다(그림 16). 감은 전선에 전류를 흘리면 매우 강한 자기장을 만들 수 있으며, 전선을 많이 감을수록 자기장이 더 강해진다는 것은 이 시대에 이미 알려져 있었다. 패러데이는 절연한 전선 다발에 또 다른 긴 전선을 감아서 전류를 측정하는 장치(검류계라고 부르며, 당시에는 전기의 선구자 루이지 갈바니Luigi

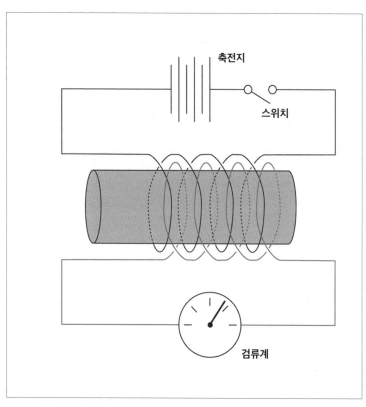

그림 16

패러데이의 전자기 유도 실험

Galvani를 기리기 위해 갈바노미터라고 불렀다)에 연결했다.

패러데이는 전류를 켠 상태에서는 검류계에서 아무런 신호도 감지하지 못했다. 그러나 그는 전류를 켜거나 끄는 순간 검류계 바늘이 꿈틀거리는 이상한 현상을 발견했다. 이는 외르스테드가 했던 원래의 실험에서 나침반 바늘이 살짝 움직인 것과 같은 미미한 효과였지만, 외르스테드의 실험과 마찬가지로 중대한 발견이었다.

더 많은 실험을 통해 패러데이는 자기의 **변화**가 전선에 전류를 유도한다는 (올바른) 결론을 내렸다. 이는 전기와 자기가 서로 영향을 주며, 어느 쪽으로 영향을 주는지에 따라 그 양상만 다르다는 것을 보여 주었다. 패러데이의 결과는 과학 공동체에 하나의 계시와 같았고, 과학자들은 이 결과를 환영했다.

패러데이는 이 외에도 많은 중요한 발견을 했다. 예를 들어 여러 가지로 나타나는 전기(화학 반응, 마찰, 동물이 일으키는 전기)가 모두 동등하다는 것을 알아내기도 했다. 그는 심지어 전기뱀장어와 같은 생물에 손을 대어 전기 충격의 양을 추정하기도 했다. 또 54세의 나이에 자기장이 빛의 편광을 바꿀 수 있다는 사실을 관찰하여 빛, 전기, 자기 사이의 연관성을 암시했다. 그러나 패러데이는 이 세 가지를 연결하는 퍼즐의 마지막 조각은 끝끝내 알 수 없었다.

제인 마르세와 마이클 패러데이는 평생 친구로 지내며 자주 편지를 주고받았다. 마르세는 패러데이에게 편지를 보내 새로운 발견에 대한 설명을 부탁했고, 이 내용을 『화학에 관한 대화』

최신판에 실었다. 패러데이는 자신의 삶에서 그녀의 연구가 얼마나 중요한지 거리낌 없이 인정했다.

> 내가 심오한 사상가였다거나 일찍부터 재능을 꽃피운 사람이라고 생각하지 말기 바란다. 나는 매우 활기차고 상상력이 풍부한 사람이었고 『아라비안나이트』를 백과사전처럼 쉽게 믿었다. 하지만 나에게 중요한 것은 사실이었고, 사실이 나를 구했다. 나는 사실을 신뢰할 수 있고, 과학적 주장에 대해서는 언제나 교차 검증을 한다. 나는 마르세 부인의 책에 대해서도 의문을 품었고, 내가 할 수 있는 작은 실험으로 확인해 보았다. 그 내용이 내가 이해할 수 있는 한 사실에 충실하다는 것을 발견했을 때 나는 화학 지식의 닻을 잡았다고 느꼈고, 그 닻에 굳게 매달렸다.[9]

1852년 61세의 나이에 패러데이는 자신의 가장 위대한 **이론적** 업적이 될 내용을 발표했다. 이는 그의 실험만큼이나, 어쩌면 그보다 더 중요한 기여를 하게 된다.

뉴턴 시대부터 두 물체 사이에서 일어나는 중력, 전기, 자기와 같은 힘은 수학적으로 두 물체 사이의 직접적인 상호 작용으로 취급했고, 이를 흔히 '원격 작용action at a distance'이라고 불렀다. 왜 이러한 힘들이 서로 접촉되어 있지 않은 두 물체 사이에서 일어나는지는 알 수 없었고, 많은 논쟁이 있었다. 어떤 사람들은 자기가 다른 방법으로는 관찰되지 않는 유기체고, N극에서 솟아나

S극으로 빨려 들어간다고 보았다.

자기를 유체로 보는 견해는 자석 위에 쇳가루를 뿌리는 실험을 통해서도 뒷받침되었다. 이 실험은 오늘날에도 흔히 볼 수 있지만, 결과는 다르게 해석된다. 이 실험에서는 자석 위에 종이를 놓고, 종이 위에 쇳가루를 뿌린다. 쇳가루는 종이 위에 늘어서서 자석의 N극에서 S극으로 이어지는 여러 선을 이룬다(그림 17).

많은 연구자는 신비한 자성 액체의 흐름에 의해 쇳가루가 그런 방향으로 늘어선다고 생각했다. 그러나 패러데이는 이 현상을 훨씬 더 유용하게 이용할 수 있다는 것을 알아냈다. 쇳가루의 분포로 자석 주변에 형성되는 자기력의 방향과 강도를 정량화할 수 있다는 것이다. 패러데이는 전기와 자기에 관한 스물여덟 번째 논문에서 다음과 같이 자기력선의 아이디어를 소개했다. "자기력선은 아주 작은 자침이 길이length 방향으로 움직이고, 자침이 운동의 선에 대해 언제나 접선接線, tangent 방향을 유지할 때 그려지는 선으로 나타낼 수 있다."[10] 패러데이는 자석이 힘의 선에 둘러싸여 있고, 쇳가루를 어느 곳에든 놓으면 그 위치에 형성된 힘의 선을 감지할 수 있다고 상상했다. 그는 이 선들의 집합을 자기장이라고 불렀다. 여러 전하에 의한 전기장도 비슷하게 점전하point charge(시험 전하라고 부른다)를 이용하여 설명할 수 있다.* 역선field line은 여러 전하들 사이의 공간에 시험 전하를

---

* 물체가 띠고 있는 정전기의 양을 '전하'라고 한다. 같은 부호의 전하 사이에는 미는 힘이, 다른 부호의 전하 사이에는 끄는 힘이 작용한다. 전하가 한 점에 집중되어 있는 것을 '점전하'라고 하며, 전하가 이동하는 것을 '전류'라고 한다.

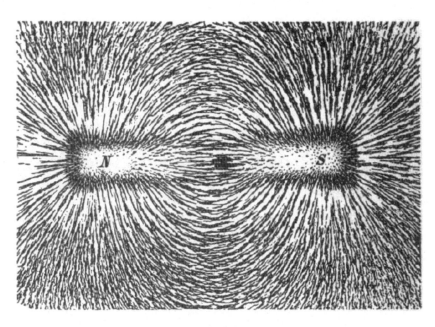

그림 17
막대자석 주위의 쇳가루

놓았을 때 이 전하가 밀리거나 당겨지는 방향을 가리킨다.

오늘날 물리학자들은 그리 복잡하지 않은 상황에서 자기장을 쉽게 계산할 수 있다. 막대자석의 역선은 N극에서 나와 S극으로 가고, 자석 내부에서 다시 N극으로 가면서 순환한다. 외르스테드가 보여 주었듯이, 전류가 흐르는 긴 전선은 전선 주위를 도는 자기장을 생성한다. 점전하로 전선에 생긴 자기장을 시험하면 양전하는 전선에서 멀어지는 방향으로, 음전하는 전선을 향하는 방향으로 힘의 선이 생긴다.

이론적으로 장은 모든 공간을 채우고 있지만, 장의 그림은 그중에서 몇 개의 선만을 보여 준다. 이런 그림은 자석과 전하가 어떻게 움직이는지 대략 알려 주기 위한 것이다. 그러나 패러데이는 이 그림에서 정량적인 함의를 찾아냈다. 공간의 한 지점에서 힘의 세기는 그 점에서 역선이 촘촘한 정도에 비례한다는 것이다. 자기장의 근원으로부터 멀어질수록 선의 밀도가 낮아지고, 그에 따라 힘의 세기도 약해진다.

패러데이는 역선의 아이디어를 전기와 자기에 대한 물리적 설명이 아니라 개념적 도구로 생각한다고 매우 신중하게 주장했다. 이 논문에서 그는 이렇게 썼다. "나는 **역선**이라는 용어의 의미를 제한하여, 힘의 세기와 방향에 관해 주어진 위치에서 힘의 상태만을 가리키고, 현상의 물리적 원인의 본질에 대해 어떤 생각을 포함하거나 그러한 생각에 묶이거나 어떤 식으로든 좌우되기를 원하지 않는다."[11] 그러나 패러데이의 생각은 힘을 보는 관점에 중대한 철학적 변화를 가져왔다. 말하자면 멀리 있는 물체를 끌거나 미는 것이 직접적인 원격 작용이 아니라 중간 원인이 있다는 것이다. 예를 들어 자석이 먼저 자기장을 생성하고, 그 자기장이 다른 자석을 잡아당긴다고 보는 것이 합리적이라고 생각하게 되었다. "자석 A가 자석 B를 끌어당기고 그 반대의 경우도 마찬가지다."라고 말하는 것이 아니라 "자석 A가 자기장 A를 생성하고, 이 자기장이 자석 B에 작용하여 인력을 일으키며, 반대의 경우도 마찬가지다."라고 말하는 것이 합리적이다. 원격 작용은 밀려났고, 물체가 장을 만들고 장을 통해 상호 작용한다는 개념으로 대체되었다. 장 개념은 이제 자연의 모든 근본적인 힘을 설명하는 핵심 요소가 되었다.

패러데이의 개념이 나오자 기존의 용어로 조금 서툴게 설명하던 현상을 훨씬 더 명쾌하게 설명할 수 있게 되었다. 예를 들어 패러데이 유도는 "시간에 따라 변화하는 자기장이 순환하는 전기장을 유도한다."라고 설명할 수 있다. 변화하는 전기장 안에 원형 전선을 배치하면, 전기장에 의해 전선에 전류가 유도된다.

패러데이의 역선과 장에 대한 설명은 즉각적인 관심을 끌지는 못했다. 패러데이 자신은 수학에 약했고, 당시의 이론물리학자들은 그의 설명만으로는 이 개념의 유용성을 바로 이해하지 못했다. 스코틀랜드의 뛰어난 과학자 제임스 클러크 맥스웰이 패러데이의 아이디어의 힘과 유용성을 알아보기까지는 거의 10년이 걸렸다.

제임스 클러크 맥스웰은 1831년 스코틀랜드 에든버러의 유복한 가정에서 태어났다. 영과 마찬가지로 그는 아주 어린 나이에 놀라운 지능과 호기심을 보였다. 세 살 무렵에는 모든 사물의 작동 원리에 의문을 품고 "저건 뭐지? 원리가 뭐야?"라고 물었고, 대답이 너무 모호하면 "저것만의 **특별한** 원리는 뭐야?"라고 다시 캐물었다. 어린 맥스웰은 미래에 이룰 업적을 미리 암시하듯이 색에도 흥미를 보였다. 한번은 어떤 돌이 파란색이라는 말을 듣고는 이렇게 물었다. "그런데 어떻게 파란색인지 알아?"[12]

어머니 프랜시스가 어린 맥스웰을 가르쳤지만 맥스웰이 여덟 살 때 갑자기 세상을 떠났고, 아버지와 이모가 계속해서 맥스웰을 가르쳤다. 1842년 2월, 아버지는 맥스웰을 데리고 작은 전기 동력 기차와 전기톱 등의 전기 기계를 시연하는 공개 행사에 참석했는데, 이 시연회는 어린 맥스웰의 장래 관심사에 큰 영향을 미친 것으로 보인다.[13]

맥스웰의 재능은 놀라울 정도로 빠르게 발전했다. 그는 열네 살에 첫 번째 과학 논문인 「타원 곡선과 여러 초점을 가진 곡선의 설명에 관하여」를 썼다.[14] 이 논문은 에든버러대학교의 제임스 포브스James Forbes 교수가 에든버러 왕립학회에 발표했는데, 맥스웰이 너무 어려서 직접 발표할 수 없다고 생각했기 때문이다. 맥스웰은 열여섯 살에 에든버러대학교에서 수업을 듣기 시작했다. 열아홉 살에는 케임브리지로 갔고, 트리니티칼리지에서 1854년에 수학 학위를 받았다. 트리니티칼리지에 다니는 동안 맥스웰은 어렸을 때부터 흥미롭게 느꼈던 색채의 지각에 대해 계속 연구했다. 1855년에는 케임브리지 철학학회에 색채 조합의 원리를 설명하는 논문 「색에 관한 실험」을 발표했다. 그는 이 때 처음으로 논문을 직접 발표할 수 있었다.[15] 1855년 말, 맥스웰은 트리니티칼리지의 강단에 서는 펠로십을 수락했고, 1856년 말에는 애버딘대학교 매리셜칼리지에서 자연철학 교수직을 수락하면서 25세의 젊은 나이에 교수가 되었다.

놀랍게도 불과 몇 년 뒤인 1860년에 애버딘대학교가 킹스칼리지 오브 애버딘King's College of Aberdeen과 합병되면서 맥스웰은 해고당하게 된다. 그는 아내 캐서린과 함께 런던으로 이주하여 킹스칼리지 런던의 교수가 되었다. 그는 런던에 있으면서 가장 획기적인 연구를 해냈고, 최초의 컬러 사진 촬영 방법을 고안하기도 했다. 또한 그는 70대에 접어들어서도 여전히 왕립연구소에서 근무하던 마이클 패러데이의 강의에도 참석했다.

맥스웰은 패러데이의 '역선' 개념에 일찍부터 관심을 가졌고, 1855년에는 이 개념에 더 많은 관심을 기울여야 한다고 강력히 촉구하는 논문을 썼다.[16] 연구자들은 패러데이의 연구를 전기와 자기의 힘에 대한 엄밀한 설명이 아닌 시각적 보조 수단으로만 취급했지만, 맥스웰은 역선과 장의 개념을 수학적으로 엄밀하게 만들 수 있다고 주장했다.

맥스웰의 가장 위대한 업적은 1861년에 발표된 4부 구성의 논문 「물리적 역선에 관하여」에서 나왔다. 1부에서 맥스웰은 패러데이가 도입한 역선이 단순히 계산을 편리하게 해 주는 가상적 개념이 아니라 실재하는 현상이라는 대담한 입장을 취했다. 이번에도 자석 위에 뿌린 쇳가루 실험이 강력한 근거였다. "이 실험은 자기력의 존재를 아름답게 보여 주며, 자연스럽게 역선이 실재한다는 생각으로 이끈다. 게다가 두 힘이 그 결과로 나타난다는 것 이상을 암시한다. 작용하는 점이 멀리 떨어져 있는 이 두 힘은 장이 있는 위치에 자석을 두기 전까지는 존재하지 않는다는 것이다."[17] 더 중요한 것은 맥스웰이 전자기 현상에 대한 기존의 설명에는 뭔가 빠져 있음을 깨달았다는 것이다. 이는 외르스테드와 패러데이가 이미 전기와 자기는 서로 연결되어 있음을 보여 준 것과 관련된다. 우리는 맥스웰의 생각을 다음과 같이 추론해 볼 수 있다. 패러데이가 보여 주었듯이 시간에 따라 변하는 자기장이 순환하는 전기장을 만든다면, 시간에 따라 변하는 전기장도 순환하는 **자기장**을 만들 수 있지 않을까? 맥스웰은 시간에 따라 변하는 전기장이 전류와 매우 비슷하게 작용한다고 언급했고, 이를 변위 전류displacement current라고 불렀다. 변위 전류는 외르스테드가 보여 주었듯이 보통의 전류와 똑같이 자기를 일으키며, 다만 전하가 개입되지 않는다는 것이다.

그러나 맥스웰 논문의 가장 중요한 결과는 전기와 자기를 에테르라는 가설적인 매질의 교란으로 취급한 것이었다. 맥스웰은 에테르 속에서 전달되는 파동의 속도를 계산해 보았고, 이 파동의 속도가 알려진 빛의 속도와 놀라울 정도로 가깝다는 것을 알아냈다. 그는 이렇게 결론을 내렸다. **"빛이 전기와 자기 현상의 원인인 동일한 매질의 가로 방향 교란으로 구성되어 있다**는 추론을 거의 피할 수 없다."[18] 즉 우리가 빛으로 인식하는 것은 사실 진동하는 전기장과 자기장으로 구성된 횡파라는 것이다. 맥스웰은 전기, 자기, 빛이 하나의 현상으로 통합되어 있다는 가설을 공식적으로 세웠으며, 우리는 지금 이것을 전자기라고 부른다.

불과 몇 년 뒤인 1865년에 맥스웰은 모든 전기와 자기 현상을 함께 설명하는 개선된 수학적 설명을 발표했으며, 여기에 변위 전류를 포함하면 빛의 속도로 이동하는 파동을 예측하는 파동 방정식이 곧바로 도출된다는 것을 보여 주었다.[19] 이 발견은 현대적인 빛의 과학이 시작되었음을 알렸으며, 맥스웰이 이때 도입한 방정식을 맥스웰 방정식이라고 부른다. 현대의 광학 연구자들은 오늘날에도 이 방정식을 사용하며, 표기법만 바뀌었을 뿐 알맹이는 똑같다.

오늘날 패러데이의 역선과 맥스웰의 수학을 사용하면 전자기파가 어떻게 '생겼는지' 명확하게 알 수 있다. 전자기파는 진동하는 전기장과 자기장으로 구성된다. 진동하는 전기장과 자기장은 서로 수직이고 파동의 진행 방향에도 수직이며, 빛의 속도로 이동한다(그림 18).

전기와 자기라는 서로 다른 현상으로부터 전자기파가 어떻게 형성될까? 패러데이 유도와 맥스웰의 변위 전류를 통해 이것을 대략 이해할 수 있다. 패러데이의 법칙은 변화하는 자기장이 전기장을 만든다고 말하며, 맥스웰의 변위 전류는 변화하는 전기장이 자기장을 만든다고 말한다. 이렇게 만들어진 자기장과 전기장은 시간이 지남에 따라 스스로 진동하며, 먼 거리를 갈 수 있는 파동을 만든다. 이 과정은 진동하는 전류를 일으키는 안테나로 시작할 수 있으며, 외르스테드가 보여 주었듯이 진동하는

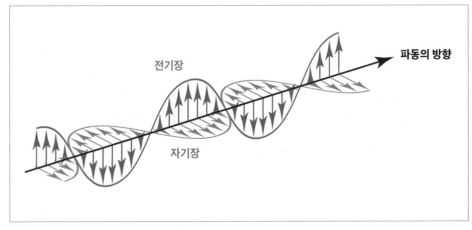

그림 18

전자기파. 전기장과 자기장은 서로 수직이며,
둘 다 파동의 이동 방향에 대해 수직으로 진동한다. 전자기파는 횡파다.

전류는 진동하는 자기장을 만든다. 이것이 무선 전신의 안테나와 휴대 전화가 방송 신호를 만드는 방식이다.

패러데이는 수학자가 아니었지만, 맥스웰은 자신의 이론적 발견에서 패러데이가 어마어마하게 큰 기여를 했다고 인정했다. 그는 『전기와 자기에 관한 논고』(1873)에서 패러데이와 그의 업적을 이렇게 찬양했다.

> 나는 패러데이에 대한 연구를 진행하면서, 패러데이가 현상을 개념화하는 방법이 수학적이기도 하다는 것을 알았다. 수학자들이 사용하는 관습적인 기호를 사용하지는 않았지만 말이다. 나는 또한 이러한 방법을 일반적인 수학적 형식으로 표현할 수 있다는 것을 알았고, 따라서 전문적인 수학자들의 방법과 비교했다.
> 예를 들어 수학자들이 멀리에서 끌어당기는 힘의 중심을 보는 곳에서 패러데이는 마음의 눈으로 공간 전체를 채우면서 지나가는 역선을 보았다. 수학자들은 전기 유체에 일어나는 원격 작용을 발견했다고 만족했지만, 패러데이는 매질에서 실제로 작용이 일어나는 것을 현상이라고 생각했다.[20]

맥스웰은 이론적으로 전자기파가 존재하고 빛의 속도로 이동한다는 것을 보여 주었지만, 실험을 통한 검증이 필요했다. 핵심적인 실험은 1886년부터 1889년 사이에 독일의 물리학자 하인리히 헤르츠Heinrich Hertz가 수행했다. 그가 사용한 장치는 지금의 눈으로 보면 조잡한 형태의 전파 송신기와 수신기라고 할 수 있다.[21] 헤르츠는 전파를 반사하여 나온 곳으로 되돌려 보내는 거울을 사용하여 오르간의 파이프 내부에서 발생하는 음파와 같은 정상파를 만들었다. 이 파동의 파장(약 9.3미터였다)과 주파수를 측정하여 파동의 속도를 계산했고, 이 속도가 실험 오차 범위 내에서 빛의 속도와 같다고 확인했다. 헤르츠는 전자기파가 존재하며, 빛의 속도로 이동한다는 것을 입증했다. 그 뒤로 빛이 전자기파라는 것을 의심하는 연구자는 거의 볼 수 없게 되었다.

헤르츠는 어떤 학생에게 자신의 발견이 어디에 사용될 수 있느냐는 질문을 받자 "내 생각에는 아무 데도 사용되지 않을 것"이라고 대답했다고 전해진다.[22] 이런 일이 실제로 있었는지는 알 수 없지만, 이 이야기는 예측이 얼마나 크게 틀릴 수 있는지 보여 주기 때문에 특히 흥미롭다. 헤르츠의 실험 이후 불과 몇 년 만에 굴리엘모 마르코니Guglielmo Marconi와 니콜라 테슬라Nikola Tesla가 무선 통신을 개발하기 시작하여 신기술의 시대를 열었고, 결과적으로 사회에 엄청난 변화를 가져왔다.

과학적 관점에서 보면, 전자기파를 발견하고 확인하면서 빛을 이해하고, 빛으로 무엇을 할 수 있고 무엇을 할 수 없는지 더 잘 알게 되었다. 이제 SF 작가들에게는 이 새로운 이해에 어긋나지 않으면서 보이지 않게 하는 방법을 상상하는 과제가 맡겨졌다. 한 작가가 도전했고, 역사상 가장 위대한 SF를 쓰는 행운을 누리게 된다.

8

파동과 웰스

신비한 엑스선과 『투명 인간』

> 그는 다음 실험과 그다음 실험에서 화학 약품이 내 몸의 조직에 더 확실히 스며들도록 했다. 나는 탈색한 것처럼 하얗게 변했을 뿐만 아니라, 도자기 조각상처럼 반쯤 투명해졌다. 그런 다음 그는 잠시 멈춰서 내 색을 되돌려 내가 세상으로 나갈 수 있도록 했다. 두 달 뒤에 나는 반쯤 투명한 정도를 넘어섰다. 바다에 떠다니는 해파리의 윤곽이 거의 눈에 보이지 않았던 적이 있을 것이다. 나는 공기 중에서 물속의 해파리처럼 보이게 되었다.
>
> — 에드워드 페이지 미첼Edward Page Mitchell,
> 「크리스털 맨The Crystal Man」(1881)

19세기 내내 빛, 전기, 자기의 본질에 대해 많은 것이 알려졌지만, 놀라운 것 하나가 마지막까지 남아 있다가 19세기가 거의 끝날 무렵에야 밝혀지게 된다. 그것은 새롭고 신비한 형태의 복사선이었다. 이 복사선은 눈에 보이지 않으며, 가장 밀도가 높은 물질을 제외한 모든 물질을 투과할 수 있다. 처음에는 발견자의 이름을 따서 이 광선을 뢴트겐 광선이라고 불렀지만, 무엇보다 뢴트겐 자신이 이 이름을 무척 싫어했다. 결국 뢴트겐이 신비한 성질을 갖고 있다는 뜻으로 지은 이름이 널리 사용되었다. 이렇게 해서 붙여진 이름이 엑스선이다. 엑스선은 과학과 의학에 혁명을 일으켰을 뿐만 아니라, 허버트 조지 웰스Herbert George Wells 라는 과학 작가가 보이지 않음의 과학에 관한 가장 유명한 소설을 쓰도록 영감을 주었다. 이 소설이 바로 『투명 인간The Invisible Man』이다.

놀라운 엑스선의 발견은 수십 년 전에 또 다른 종류의 신비한 선이 발견되었기 때문에 가능했다. 이 발견은 다시 마이클 패러데이까지 거슬러 올라간다. 패러데이는 1838년에 한쪽에서는 음전하가 생성되고 다른 쪽에서는 양전하가 생성되는 두 금속(요즘에는 이것을 음극과 양극이라고 부른다)의 틈에서 전기 스파크가 일어나는 현상을 연구하고 있었다. 그는 특히 스파크가 여러 가지 기체 속에서 어떻게 달라지는지에 관심을 가졌고, 장치 전체를 유리병에 넣어 기체를 채우거나 부분적으로 진공 상태를 만들 수 있도록 했다. 그는 특정 상황에서는 스파크가 일어나지 않는데도 음극과 양극에서 서로를 향해 뻗어 나가는 유령처럼 빛나는 기둥이 유리병 속에 형성된다는 것을 발견했다. 패러데이는 이 현상을 설명하지 못했지만, 나중에 전자가 음극에서 양극을 향해 가면서 원자와 충돌해 빛을 내는 것으로 알려졌다. 충돌하는 전자는 원자에 에너지를 전달하고, 이 에너지가 빛으로 방출된다.

1857년 독일의 유리공예가 하인리히 가이슬러Heinrich Geissler는 관 내부의 기체 밀도를 낮춰 더 나은 진공 상태를 만들 수 있었고, 전기를 사용하여 관 내부 전체를 빛나게 할 수 있었다(이는 오늘날의 네온사인이 빛을 내는 방식과 같다. 네온사인의 내부는 말 그대로 네온 기체로 채워져 있다). 가이슬러의 고용주인 율리우스 플뤼커Julius Plücker는 다음 해 내내 가이슬러의 관을 연구했고, 관에서 기체를 더 많이 빼내면 음극의 반대편 벽이 더 밝게 빛난다는 것을 발견했다. 플뤼커는 관의 벽에서 빛이 나오는 부분 근처에 자석을 대면 빛의 모양이 일그러진다는 것을 알아냈다. 전류는 자기장의 영향을 받아 움직이기 때문에, 플뤼커의 관찰은 일종의 움직이는 전기적 교란에 의해 관에서 빛이 나온다는 것을 암시했다.

1869년 플뤼커의 제자 요한 히토르프Johann Hittorf는 가이슬러관 내부의 진공 상태를 개선하여 관 안에 물체를 놓으면 빛나는 벽에 그림자가 생기는 것을 관찰했다. 이 현상을 본 연구자들은 전기가 일종의 선의 형태로 음극에서 양극으로 곧게 이동한다고 생각하게 되었다. 이렇게 해서 이 신비한 선에 음극선이라는 이름이 붙었다(그림 19).

역사는 되풀이되었고, 과학자들은 또 한 번 비슷한 논쟁을 벌였다. 음극선은 파동인가 입자인가? 프랑스와 영국의 과학자들은 입자라고 생각하는 경향이 있었고, 독일의 과학자들은 파동이라고 생각했다. 과학자들은 19세기의 남은 몇 년 동안 음극선을 집중적으로 연구하면서 격렬하게 논쟁을 펼쳤고, 이 논쟁은 1897년 영국 물리학자 J. J. 톰슨J. J. Thomson의 연구로 종결되었다. 톰슨은 전기장과 자석을 사용하여 이 신비한 음극선의 전하 대 질량 비$\frac{e}{m}$를 알아냈고, 음극선이 음전하를 띤 매우 가벼운 입자의 흐름임을 보여 주었다. 이것은 자연의 기본 구성 요소 중

133

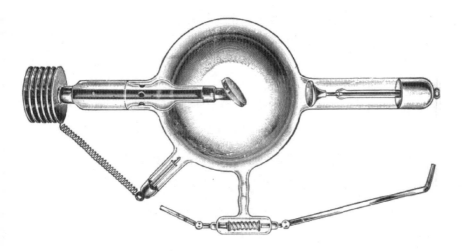

그림 19

코소르Cossor관. 엑스선을 일으키는 데 사용된 후기 모델의 음극선관이다.
오른쪽에 음극이 있고, 가운데는 '반反음극anticathode'이며,
엑스선관에서는 이것이 양극으로 바뀌었다.
관의 작동을 안정시키기 위해 왼쪽 아래에 보조 양극이 있다.

최초로 발견된 것이었고, 여기에 전자라는 이름이 붙었다.

톰슨이 이 획기적인 발견을 하기 2년 전, 뷔르츠부르크대학교에 근무하던 50세의 물리학 교수 빌헬름 콘라트 뢴트겐Wilhelm Conrad Röntgen은 음극선의 성질을 연구하고 있었다. 연구자들은 이미 음극선이 음극선관에 설치된 알루미늄 '창'을 통과할 수 있다는 것을 알아냈다. 창을 통과한 선이 형광 페인트가 칠해진 스크린에 닿으면 스크린이 빛났다. 뢴트겐은 음극선이 알루미늄 창이 아니라 유리도 통과할 수 있는지 알아보려고 했다.

실험을 준비하면서 그는 음극선관을 판지로 감싸서 빛이 나오지 않게 했다. 이는 그가 빛을 감지하면 그 빛이 음극선관에서 나오는 익숙한 빛이 아니라 형광판에서 나온다는 것을 확실히 하기 위해서였다. 1895년 11월 8일, 그는 어두운 방에서 판지로 감싼 음극선관을 시험하다가 꽤 멀리에 있는 형광판이 빛을 내는 것을 발견했다. 이것은 음극선 때문에 생기는 빛이 아니었다. 당시에는 이미 음극선이 공기 중에서 몇 센티미터만 이동할 수 있다는 것이 알려져 있었다. 다른 종류의 신비한 선이 음극선관의 유리와 판지를 통과할 뿐만 아니라 공기 중에서 먼 거리를 이동해 형광을 내뿜게 하고 있었다. 뢴트겐은 이 수수께끼 같은 새로운 선을 '엑스선'이라고 불렀다.

곧바로 엑스선에 놀라운 능력이 있다는 것이 명백해졌다. 엑스선은 거의 모든 물질을 통과할 수 있는 것 같았다. 뢴트겐은 엑스선으로 사람의 몸속을 볼 수 있다는 것을 재빨리 깨달았고, 1895년 12월 22일에 아내의 손을 엑스선으로 촬영하여 처음으로 발표한 논문에 포함했다(그림 20).[1] 이 사진을 본 뢴트겐의 아내는 이렇게 말했다고 전해진다. "나는 내 죽음을 보았다!"

뢴트겐의 연구가 의학적으로 중요하다는 것은 즉시 분명해졌다. 그의 논문은 1895년 12월 28일에 발표되었고, 그의 발견에 대한 첫 번째 뉴스는 1896년 1월 8일 빈에서 발간되는 『프레스Presse』에 게재되었다. 이 신문은 다음과 같이 설명했다. "그렇다면 외과 의사는 복잡한 골절도 환자에게 엄청난 고통을 주면서 골절 부위를 만져 보고 판단할 필요 없이 쉽게 알아낼 수 있다. 총알이나 포탄 조각과 같은 이물질의 위치도 탐침으로 찔러 보는 고통스러운 검사 없이 이전보다 훨씬 쉽게 찾을 수 있다."[2]

그렇다면 이 새로운 엑스선은 무엇일까? 초기 조사 결과, 엑스선은 여러 가지 당혹스러운 특성을 가지고 있다는 것이 알려졌다. 엑스선은 가시광선이나 눈에 보이지 않는 적외선, 자외선과 달리 반사나 굴절이 일어나지 않는 것처럼 보였다. 그러나 결국 가시광선보다 훨씬 짧은 파장을 가진 또 다른 유형의 전자기파라는 것이 밝혀졌다. 가시광선의 파장이 500나노미터 정도라면(1나노미터는 10억분의 1미터다), 엑스선은 파장이 **가장 긴** 것이 10나노미터쯤이다. 엑스선은 에너지가 매우 커서 대부분의 물체를 그대로 통과해 버리며, 따라서 물체의 숨겨진 구조를 드러내는 놀라운 성질을 갖는다.

엑스선은 어떻게 생성될까? 모든 전자기파는 똑같은 원리로 만들어진다. 전하가 가속될 때 전자기파가 만들어지며, 엑스선도 마찬가지다. 다만 매우 극단적인 가속으로 만들어진다는 점

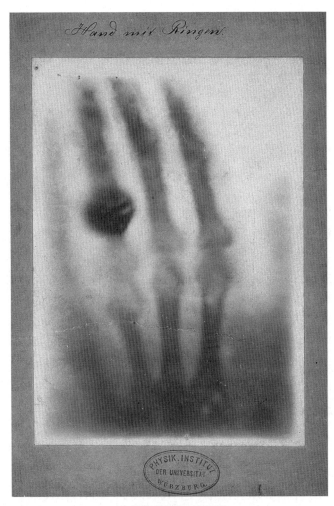

"나는 내 죽음을 보았다!"

그림 20

뢴트겐이 엑스선으로 촬영한 뢴트겐 부인의 손

이 다른 전자기파와 다르다. 이는 맥스웰 방정식을 통해 밝혀진 원리다. 전하가 가속 운동을 하면 시간에 따라 변하는 전기장과 자기장이 생성되는데, 이것이 전자기파다. 엑스선은 음극선관 안에서 전자의 극단적인 가속으로 생성된다. 전자가 음극에서 방출되어 양극에 가까워질수록 점점 더 속도가 빨라진다. 음극선관 내부는 진공이고, 진공에서는 전자의 속도를 늦추는 기체가 없기 때문에 전자는 엄청난 속도로 양극과 충돌한다.[3] 매우 빠른 속도로 달리던 전자가 갑자기 정지하면서 엄청난 감속이 일어나고, 이때 에너지가 매우 큰 엑스선이 나온다.

뢴트겐의 엑스선은 발견되자마자 국제적으로 과학계와 일반 대중에게 엄청난 충격을 주었다. 엑스선이 발견되었다는 소식과 함께 잘못된 정보도 빠르게 퍼져 나갔다. 엑스선이 무엇이든 투과할 수 있다면 사람들이 이웃을 감시하고 옷을 꿰뚫어 보는 데 사용할 수 있지 않을까? 이런 주장을 반박하는 한 신문 기사는 "런던의 한 사업가가 엑스선 방지 속옷을 광고하기까지 했다."라고 썼다(그림 21).[4]

대중이 어떻게 엑스선을 즉각 보이지 않음과 연관시켰는지 알기는 어렵지 않다. 엑스선 자체가 보이지 않았고, 사람의 몸을 보이지 않게 만들 수 있었다. 이러한 가능성은 과학 기자였던 허버트 조지 웰스의 상상력을 자극했고, 그는 자신의 과학 지식과 대중의 엑스선 개념을 결합하여 역사상 가장 유명한 SF 중 하나를 빚어냈다.

허버트 조지 웰스는 1866년 런던 남동부 브롬리에서 태어났

"런던의 한 사업가가 엑스선 방지 속옷을 광고하기까지 했다."

그림 21

1896년 5월 27일, 뉴저지주 브리지워터에서 발행된
『쿠리에뉴스*Courier-News*』의 삽화.
어떻게 된 일인지 앞에 선 사람은 오른손을 허리에 대고 있는데
엑스선 사진에서는 오른손이 위를 향하고 있다.

다. 그의 가족은 가난에 쪼들렸다. 어머니는 작은 가게를 운영했고, 프로 크리켓 선수로 활동하던 아버지는 소득이 일정하지 않았다. 웰스는 사회에 첫발을 내딛던 시절에 늘 어려움을 겪었고, 때로는 굶기도 했다. 이런 경험으로 인해 웰스는 훗날 공정하고 유토피아적인 사회를 만들기 위해 노력하게 된다.

웰스의 삶과 미래의 진로는 아이러니하게도 불운으로 인해 더 나은 방향으로 나아갔다. 1874년, 그가 일곱 살 또는 여덟 살일 때 어떤 소년과 거친 놀이를 하다가 다리가 부러졌다. 병석에 누워 회복하는 동안 그는 독서를 시작했고, 자기가 책을 매우 좋아한다는 것을 알게 되었다. 회복하는 동안 아버지와 의도하지 않게 사고를 저지른 소년의 어머니가 죄책감에 시달리면서 그에게 새로운 책을 계속 구해 주었다. 웰스는 훗날 이 사건이 자신의 미래에 끼친 영향에 대해 이렇게 말했다. "다리가 부러졌기 때문에 지치고 쫓겨나 이미 죽어 버린 점원이 되지 않고 오늘날 살아서 이 자서전을 쓰고 있는지도 모른다."5

어린 시절 웰스에게 배움의 길은 고난과 실망의 연속이었다. 다친 다리가 다 나은 다음에 그는 토머스 몰리Thomas Morley가 운영하는 사설 학원에 입학했다. 몰리는 영감을 주는 교사가 아니었다. 그는 기계적인 암기에 집중했고, 기분이 들쑥날쑥하여 학생들에게 화를 잘 냈고, 자기가 가르치는 과목을 이해하지 못하는 경우가 많았다. 웰스는 나중에 다음과 같이 씁쓸하게 회상했다. "이 교사와 그의 학원에 대해 이야기할 때는 디킨스 소설의 인물 같은 캐리커처를 그리지 않고서는 어떤 사실도 전달하기가 매우 어렵다."[6] 1877년 웰스의 아버지는 다리에 심각한 골절상을 입었고, 이로 인해 크리켓 선수 생활과 함께 가족의 수입도 끝이 났다. 웰스는 수습공 일을 전전했고, 두 번은 포목상에서, 한 번은 화학자의 조수로 일했다. 그는 포목상에서 일하던 시절을 인생에서 가장 비참한 시기라고 생각했다. 마침내 1883년, 그는 부모님을 설득해 포목상 일을 그만두었다. 그는 원하는 것을 얻지 못하면 자살하겠다고 협박하는 극단적인 방법까지 동원했고, 미드허스트 문법학교에서 어린 학생의 학습을 돕는 학생 교사로 일하게 되었다.

미드허스트에서 일하면서 웰스는 마침내 자신이 원하는 과목을 깊이 있게 공부할 기회를 얻었고, 상상할 수 있는 모든 과학 주제에 몰두했다. 그를 가르친 교사 중 한 명인 호러스 바이엇Horace Byatt은 웰스를 위해 가짜 수업을 준비하기도 했다. 이 수업은 단순히 웰스가 좋아하는 책을 마음껏 읽을 수 있는 자습으로 진행되었고, 바이엇은 수업 시간에 개인적인 편지를 썼다. 열심히 공부한 노력은 결실을 보았다. 웰스는 시험 성적이 매우 높아 미드허스트에 입학한 지 1년 만에 사범학교(나중에 왕립과학대학이 된다)에서 장학금을 받을 수 있었다. 그곳에서 그는 다윈의 진화론을 공개적으로 열렬히 옹호하여 '다윈의 불독'으로 알려진 토머스 헨리 헉슬리Thomas Henry Huxley 밑에서 생물학을 공부했다. 웰스는 물리학 수업에는 만족하지 못했고, 가르치는 사람 자신이 물리학을 제대로 이해하지 못하는 것 같다고 생각했다. 웰스는 세월이 한참 지난 뒤에야 그 이유를 깨닫게 된다. "그

때는 몰랐지만 당시 물리학은 혼란과 재구성의 단계에 있었고, 새로운 아이디어에 대해 학생과 일반 독자가 이해할 법한 명쾌한 설명은 존재하지 않았다."[7]

1887년, 그는 사범학교를 떠나 웨일스에 있는 홀트 아카데미에서 교사로 일하게 된다. 웰스는 이 학교가 좋은 곳일 것이라고 낙관했지만, 막상 학교에 도착하자 음침하고 시시한 곳이라는 것을 알았고 자신의 경력이 막다른 골목에 들어섰다고 느꼈다. 하지만 이 불행은 결국 그의 운명을 더 나은 방향으로 바꾸어 놓았다. 그는 축구를 하다가 다른 선수에게 심한 반칙을 당했다. 웰스는 곧바로 병상에 누워야 했고, 의사들은 그 충격으로 신장 하나가 망가졌다는 진단을 내렸다. 더욱 불길하게도 며칠 뒤에는 웰스가 기침할 때 가래에 피가 섞여 나오기 시작했다. 의사들은 이를 치명적인 결핵으로 해석했다. 웰스는 협상을 통해 결핵에 따른 유급 휴직을 받아 냈고, 집으로 돌아와 어머니와 함께 지내며 죽을 날을 기다렸다.

마침 같은 셋방에 머물던 콜린스Collins라는 의사가 웰스를 돌보기로 했다. 결핵이라는 진단이 틀렸다고 생각한 콜린스는 열심히 치료했고, 웰스는 서서히 회복하기 시작했다. 회복하는 동안 웰스는 단편 소설, 짧은 에세이, 시 등 자신이 아는 모든 양식의 글을 닥치는 대로 썼다. 몇 달 후에는 그때까지 썼던 글들을 검토한 뒤에 모두 태워 버리고 다시 시작하여, 문체를 향상하기 위해 노력했다. 그동안 병세는 느리지만 조금씩 좋아졌다. 마침내 1888년 여름, 그는 중대한 결심을 한다.

어느 화창한 오후, 나는 '트루리 숲'이라고 불리는, 산업화된 나라 한가운데 조그맣게 남아 있는 숲으로 혼자 나갔다. 그해에 야생 히아신스가 흐드러지게 피었고, 나는 그 사이에 누워 생각에 잠겼다. 햇볕이 내리쬐고 활기가 넘치는 오후였다. 수없이 많은 히아신스가 곧게 뻗은 모습은 깃발을 든 군대보다 더 늠름하고 진군을 독려하는 나팔 소리보다 더 감동적이었다.

나는 이렇게 말했다. "나는 한 해의 삼분의 이 가까운 시간 동안 죽어 가고 있었고, 충분히 죽었다."

나는 그 순간 죽어 가기를 멈췄고, 몇 번의 위기에도 불구하고 그 뒤로는 한 번도 죽지 않았다.[8]

웰스는 작가로 입문하기 위해 런던으로 돌아왔지만, 쉽지는 않았다. 생활비를 벌기 위해 다시 교사로 취직했고, 1890년에는 런던대학교 외부 프로그램에서 동물학 학사 학위를 받기도 했다. 1890년이 끝나 갈 무렵에 병이 재발하면서 웰스는 대중을 위한 과학 글을 써 볼 시간을 얻었지만, 결과는 엇갈렸다. 첫 번째 글인 「독특한 것의 재발견 The Rediscovery of the Unique」이 『포트나이틀리 리뷰 Fortnightly Review』에 게재된 후, 그는 4차원 시공간의 원리를 일상적인 용어로 설명하는 「단단한 우주 The Universe Rigid」를 같은 잡지에 투고했다. 편집자 W. E. 헨리 W. E. Henley는 기사 교정본을 읽은 후 이해할 수 없는 내용에 격분하여 웰스를 직접 사무실로 불러 고함을 질렀다. "그는 자기 옆에 있던 교정본을 집어 나[웰스]의 면전에 내던지면서 말했다. '맙소사! 여기서 여섯 단어조차 이해하지 못하겠소. 이게 도대체 무슨 뜻이오? 제발 무슨 내용인지 알려 주시오. 이게 어떤 의미인가요? 무슨 말을 하려는 거요?'"[9]

웰스는 글 쓰는 재주를 다듬고 너무 난해하지 않은 주제를 다루기 위해 노력했고, 1894년에는 『폴 몰 가제트Pall Mall Gazette』에 정기적으로 기고하면서 교사로 받은 봉급보다 더 많은 돈을 벌었다. 1895년, 『폴 몰 가제트』는 더 긴 연재물을 찾고 있었고 웰스는 시간 여행에 관한 연재를 제안했다. 그는 대학 신문에 실은 「시간 여행자The Chronic Argonauts」라는 제목의 단편 소설에서 이 주제를 다룬 적이 있었다. 그의 소설은 1895년 1월부터 5월까지 『뉴 리뷰New Review』에 지금은 더 친숙하고 유명한 '타임머신'이라는 제목으로 연재되었다. 당시 『뉴 리뷰』의 편집자는 몇 년 전 웰스의 이해할 수 없는 과학 기사에 분노했던 W. E. 헨리였다. 헨리는 그 기사에 화가 나기는 했지만 분명히 웰스의 장점에도 깊은 인상을 받았다. 아이러니하게도 『타임머신The Time Machine』은 이전에 헨리를 혼란스럽고 분노하게 했던 바로 그 개념인 '4차원' 시공간에서 네 번째 차원인 시간을 이동한다는 이야기를 바탕으로 한다.

『타임머신』은 큰 성공을 거두었고 1895년 5월에 책으로 처음 출판되었다. 이를 계기로 소설가로서 웰스의 경력은 보장되었다. 1896년에 출간된 그의 다음 SF는 인간과 닮은 잡종 동물을 만드는 과학자와 그 행위의 끔찍한 결과에 대한 이야기인 『모로 박사의 섬 *The Island of Doctor Moreau*』이었다. 그러나 아마도 웰스의 가장 유명한 작품은 1897년에 출간된 세 번째 소설 『투명 인간』(그림 22)일 것이다.

이제 이 이야기는 널리 알려졌다. 그리핀이라는 과학자가 생물을 완전히 투명하게 만들 수 있는 방법을 발견하고, 무모하게도 자신에게 실험을 해 본다. 하지만 입고 있는 옷은 투명해지지 않았고, 그리핀은 보이지 않는다는 것이 축복이자 저주일 수도 있다는 것을 깨닫는다. 그는 사람들 앞에서는 머리부터 발끝까지 천으로 몸을 칭칭 감아야 했고, 비밀 임무를 수행할 때는 완전히 벌거벗어야 했다. 그리핀은 광기가 점점 더 심해지고, 켐프라는 동료 과학자에게 공포 정치를 하도록 도와 달라고 말한다. 켐프는 그를 막기 위해 필사적으로 노력한다. 그런데 그리핀은 어떻게 투명 인간이 될 수 있었을까? 그는 켐프에게 자세히 설명한다.

유리판을 깨서 두들겨 가루로 만들면, 공기 중에서는 훨씬 더 잘 보이네. 계속 빻으면 결국 불투명한 흰색 가루가 되지. 가루가 되면서 굴절과 반사가 일어나는 유리의 표면이 넓어지기 때문이네. 유리판에는 표면이 두 개뿐이지만, 가루에서는 빛이 알갱이를 통과할 때마다 반사되거나 굴절되고, 가루를 그대로 통과하는 빛은 거의 없지. 그러나 흰색의 유리 가루를 물에 넣으면 곧바로 사라져 버린다네. 유리 가루와 물은 굴절률이 거의 똑같기 때문

H. G. WELLS'S NEW ROMANCE.

THE INVISIBLE MAN

Other writers have treated this theme, but they have generally given the invisible man a power which it was something more than a satisfaction for him to have. Mr. Wells, however, is original in all things, and shows us in this story what a disadvantage it is to become invisible. He describes how, if a man becomes invisible, it does not follow that the clothes he wears become invisible also, and on this supposition has woven a story that will hold the reader with breathless interest from start to finish.

허버트 조지 웰스의 새로운 소설

투명 인간

다른 작가들도 이 주제를 다루었지만, 그들은 일반적으로 투명 인간에게 다루기 힘들 만큼 과도한 힘을 부여했다. 반면에 웰스는 모든 면에서 독창적이며, 투명 인간이 되면 어떤 단점이 있는지 보여 준다. 그는 사람이 투명 인간이 된다고 해도 입는 옷은 투명해지지 않는다는 가정을 바탕으로 이야기를 풀어 나가며 처음부터 끝까지 숨 쉴 틈 없이 단숨에 읽도록 독자를 사로잡는다.

그림 22

웰스의 소설 『투명 인간』(1897)이 최초로 출간될 때의 잡지 광고

에 빛이 물에서 유리로 또는 그 반대로 지나갈 때 굴절이
나 반사가 거의 일어나지 않는다네.

유리를 거의 같은 굴절률의 액체에 넣으면 유리는 보이
지 않게 된다네. 투명한 물체를 굴절률이 거의 같은 매질
에 넣으면 보이지 않게 되지. 그리고 잠시만 생각해 보면,
공기 중에서도 유리 가루가 보이지 않게 만들 수 있다는
걸 알 수 있네. 유리의 굴절률을 공기의 굴절률과 같게 만
들 수 있다면 말이야. 이렇게 되면 빛이 유리에서 공기로
통과할 때 굴절이나 반사가 일어나지 않기 때문이지.[10]

여기서 피츠 제임스 오브라이언의 소설 「무엇이었을까? 하나
의 수수께끼」에 나온 것과 매우 유사한 설명을 찾을 수 있다. 웰스
는 투명 인간인 그리핀을 통해 물체가 보이는 이유는 주로 빛의
반사와 굴절 때문이라고 지적한다. 그러나 이 시대의 광학은 오
브라이언이 활동하던 때보다 크게 발전했다. 굴절률이 서로 다른
두 매질 사이의 계면을 빛이 통과할 때마다 **조금씩** 반사가 일어
난다는 것이 맥스웰 방정식을 통해 알려졌다. 예를 들어 공기의
굴절률은 약 1이고 물의 굴절률은 1.33이기 때문에, 빛이 공기에
서 물로 들어갈 때 항상 빛의 일부가 다시 공기로 반사된다.

웰스는 '굴절률을 일치시켜' 보이지 않게 함으로써 이 문제를
해결한다. 두 물질의 굴절률이 정확히 같으면 굴절이 일어나지 않
으므로, 반사도 일어나지 않는다. 예를 들어 조리 기구에 자주 사
용되는 파이렉스 유리의 굴절률은 1.474로, 약국에서 구입할 수

있는 미네랄 오일과 거의 같다. 파이렉스 유리를 미네랄 오일이 든 그릇에 담그면 유리가 액체 속에서 사라지는 것처럼 보일 것이다.

SF이기는 하지만, 공기의 굴절률이 진공의 굴절률과 거의 동일하다는 점 때문에 이 설명에는 난점이 있다. 굴절률을 일치시켜 공기 중에서 물체가 보이지 않게 하려면 물체의 굴절률이 말 그대로 텅 빈 공간의 굴절률과 같아야 한다. 하지만 여기서 웰스는 당시의 과학을 활용한다. 소설에서 그리핀은 이렇게 설명한다. "그러나 핵심적인 단계는 굴절률을 낮춘 투명한 물체를 에테르 같은 것이 진동을 일으키는 두 중심 사이에 배치하는 것인데, 이에 대해서는 나중에 더 자세히 설명하겠소. 아니요, 뢴트겐 진동이 아닙니다. 내가 설명한 것 말고 다른 것에 대해 나는 모릅니다. 하지만 그것들은 아주 분명합니다."[11] 대중은 엑스선이 어떻게든 물체와 사람을 보이지 않게 만든다고 상상했고, 웰스는 이러한 오해를 이용해 말 그대로 맨눈으로는 물체를 볼 수 없게 만드는 새로운 광선을 상상해 냈다. 사실 이런 아이디어는 일반 대중조차 받아들이기 어려웠다. 그러나 웰스는 믿을 수 없는 아이디어 하나를 중심으로 이야기를 구성하고, 그 주변의 모든 것에 생생한 현실감을 부여하여 SF에서 큰 성공을 거두었다. 웰스는 "마술이 작동한 뒤에 판타지 작가가 해야 할 일은 다른 모든 것을 인간적이고 현실적으로 만드는 것"이라고 말했다. "사소한 것들을 세밀하게 다듬어야 하고, 처음의 가정을 엄밀하게 따라야 한다. 주요 가정에서 벗어나 다른 것을 꾸며서 덧붙이거나 하면 바로 설정이 엉켜서 흐리멍덩해진다."[12]

물론 다른 영향도 있었겠지만, 엑스선의 발견이 『투명 인간』에 가장 큰 영감을 준 것은 분명하다. 1881년, 에드워드 페이지 미첼은 단편 소설 「크리스털 맨」을 『뉴욕 선New York Sun』에 발표했다. 이 소설은 플랙이라는 실험 조교가 자기를 대상으로 투명 인간 실험을 하도록 허락했지만 투명해진 채로 되돌아오지 못하면서 겪는 고난을 묘사한다. 그러나 웰스의 그리핀과 달리 플랙에게는 존엄성을 지킬 수 있는 투명한 옷이 있다. 미첼은 보이지 않게 하는 과정에 대해 화학적 탈색이라고 모호하게 말하면서 자세한 설명을 피한다.

> 플랙은 이어서 이렇게 말했다. "이제 내가 겪은 이야기를 해 보겠다. 나는 운 좋게도 위대한 조직학자와 함께 일할 수 있었는데, 그는 또 다른 흥미로운 분야로 관심을 돌렸다. 그때까지 그는 단지 조직의 색소를 더 늘리거나 변형하는 것만을 추구했다. 이제 그는 흡수, 삼출, 염화물과 유기물에 작용하는 여러 화학 물질을 사용해 색소를 조직에서 완전히 제거하는 실험을 시작했다. 그는 의도했던 것보다 훨씬 더 큰 성공을 거두었다!"[13]

플랙은 비극적인 최후를 맞는다. 사랑하는 여인에게 자신의 상태를 밝히자 그녀는 그를 조롱하며 내쫓아 버렸고, 결국 그는 스스로 목숨을 끊는다.

사람의 몸에서 색을 없애 투명하게 한다는 아이디어는 터무니없어 보일 수 있지만, 최근에 비슷한 연구가 수행되고 있다. 2001년 일본 연구자들은 생물을 투명하게 만들 수 있는 스케일 Scale이라는 시약을 개발했다.[14] 이 시약은 생쥐의 뇌와 심지어 살아 있지 않은 생쥐의 배아 일부를 떼어 내어 투명하게 만들 수 있었다. 그들은 에드워드 페이지 미첼과 허버트 조지 웰스가 자랑스럽게 생각할 만한 성명을 통해 이렇게 말했다. "우리는 현재 다른 시도를 하고 있으며, 살아 있는 조직을 조금 낮은 수준으로 투명하게 만드는 순한 시약을 연구하고 있다."[15]

웰스는 평생 소설을 계속 썼지만, SF에 가장 큰 공헌을 한 시기는 1895년부터 1905년 사이의 첫 10년이었다. 그 뒤로 웰스는 유토피아 사회를 구현하려는 열망으로 사회적 문제를 다루면서 정치적 색채를 짙게 띤 작품을 주로 발표했다. 그러나 SF에 대한 그의 영향력은 지속되었고, 수십 년이 지나면서 더 많은 문학 작품 속의 투명 인간이 대중을 공포에 떨게 했다.

한 가지 놀라운 예는 또 다른 유명한 SF 작가가 쓴 글이다. 『지구 속 여행 Voyage au centre de la Terre』(1867)과 『해저 2만 리 Vingt Mille Heues Sous Les Mers』(1871)의 저자 쥘 베른 Jules Verne은 웰스에게 영감을 받아 1897년 『빌헬름 스토리츠의 비밀 Le Secret de Wilhelm Storitz』을 썼다. 이 소설의 주인공 스토리츠는 투명 인간의 힘을 이용해 자신의 청혼을 거절한 여자와 그녀의 가족에게 복수한다. 이 소설에서 보이지 않게 되는 비밀은 뢴트겐의 신비한 광선과 관련 있는 것으로 암시된다. 쥘 베른은 이 소설이 출판되기 전에 세상을 떠났고, 그의 아들이 대폭 수정하여 1910년

에 출판했다. 쥘 베른이 썼던 원래의 작품은 마침내 2011년에 영역본으로 출간되었다.[16]

1931년에 발표된 필립 와일리Philip Wylie의 소설『보이지 않는 살인자The Murderer Invisible』에는 훨씬 더 악랄한 투명 인간이 등장한다. 와일리는 SF에 큰 영향을 끼친 또 다른 작가였다. 엄청나게 강한 힘을 가진 한 남자의 이야기를 다룬 소설『글래디에이터Gladiator』(1930)는 1938년에 처음 나온 만화 속 영웅인 슈퍼맨에 영감을 준 것으로 알려져 있다. 와일리는 지구를 파괴할 불량 행성이 다가오고 있다는 사실을 알게 된 인류가 생존을 위해 고투하는 묵시록적인 이야기인 고전 소설『세계들이 충돌할 때 When Worlds Collide』(1933)도 썼다.

『보이지 않는 살인자』는 다음과 같은 질문으로 요약할 수 있다. "만약『투명 인간』의 주인공이 공포 정치를 할 수 있었다면 어떻게 되었을까?" 소설에서 카펜터라는 미친 과학자는 스스로 투명 인간이 되는 데 성공해서 살인, 폭탄 테러, 방화로 전 세계를 공포로 몰아넣는다. 하지만 카펜터의 계획은 시작도 하기 전에 거의 실패에 빠진다. 그는 뼈가 다른 신체 부위처럼 빠르게 사라지지 않아 눈에 잘 띄는 살아 있는 해골로 남는다는 사실을 알게 되고, 군중이 그의 집으로 몰려든다. "카펜터는 광기 어린 반응을 보였다. '이 바보야! 나는 사람이야. 당신과 똑같은 사람. 사고를 당해서 이렇게 되었어. 이건 흑마술이 아니라 과학이야.' 턱뼈가 움찔거렸고, 머리뼈가 이리저리로 돌아갔다. 누군가가 몽둥이로 머리를 때렸고, 그는 바닥에 쓰러졌다. 또 다른 누군가가 그를 발로 찼다. 사람들이 위에서 그를 짓밟았다."[17]

물론 투명 인간을 소재로 한 영화도 많이 제작되었다. 제임스 웨일James Whale 감독의 〈투명 인간The Invisible Man〉(1933)은 웰스의 소설을 충실히 재현한다. 폴 버호벤Paul Verhoeven 감독의 영화 〈할로우맨Hollow Man〉(2000)은 투명 인간이 된 실험 대상자가 원래대로 되돌아갈 수 없게 되자 미쳐 가는 이야기다. 더 최근에는 리 워넬Leigh Whannell 감독의 〈인비저블맨The Invisible Man〉(2020)이 같은 원작에서 영감을 얻었지만, 능동적인 방식으로 보이지 않게 하는 슈트를 입은 악당을 상상하며 매우 다른 이야기를 들려준다. 웰스의 소설은 보이지 않음의 물리학에서 역사적인 전환점이 되었다. 이때부터 보이지 않게 될 가능성과 그 위험성이 대중의 의식 속에 들어왔고, 그의 영향은 지금도 살아 있다. 웰스 이후의 과학자들은 이런 질문을 던질 수밖에 없었다. **정말로 보이지 않게 할 수 있을까?**

9

원자 안에는 무엇이 들어 있는가?

마침내 밝혀진 원자의 구조

> 나는 매 단계에 기기의 불완전성에 부딪혔다. 모든 현미경 연구자와
> 마찬가지로 나도 상상력을 최대한으로 발휘했다. 사실 많은 현미경
> 연구자가 흔히 하는 불평 중 하나가 기기의 결함을 두뇌의 창조물로
> 메운다는 것이다. 나는 렌즈의 제한된 성능으로는 탐구할 수 없는 자
> 연의 깊이를 상상했다. 나는 밤에 잠을 자지 않고 헤아릴 수 없는 힘
> 을 가진 가상의 현미경을 생각해 냈다. 이 현미경으로 물질의 모든
> 외피를 뚫고 원래의 원자까지 들여다볼 수 있을 것만 같았다.
>
> — 피츠 제임스 오브라이언, 「다이아몬드 렌즈」(1858)

SF 작가들은 이미 1850년대부터 보이지 않음을 탐구하기 시작
했지만, 과학은 60년이 지난 뒤에야 이를 따라잡기 시작했다. 보
이지 않음의 과학을 향한 첫걸음은 예상하기 힘든 지점에서 시
작되었다. 그것은 다음과 같은 근본적인 질문에 답하려는 시도
에서 출발했다. "원자 안에는 무엇이 있는가?"

원자라는 개념은 공식적인 과학이 나타나기 훨씬 전부터 존재
했다. '원자'라는 이름은 고대 그리스에서 유래했다. 기원전 5세
기에 철학자 데모크리토스와 그의 스승 레우키포스는 모든 물
질이 원자라고 부르는 근본적으로 나눌 수 없는 것으로 이루어

지고, 원자는 '공허void'라고 부르는 빈 공간으로 둘러싸여 있다고 주장했다. 사실 비슷한 아이디어는 훨씬 더 일찍 나왔는데, 기원전 8세기 인도에 살았던 힌두교의 현자 아루니Aruni가 처음 제시했다. 이러한 원자에 대한 생각은 순전히 철학적 주장에 바탕을 두었고, 실험적 증거는 없었다. 고대 그리스에서 후대의 철학자들은 원자론 철학을 대체로 거부했다.

원자 개념은 마침내 17세기에 과학계로 진입하기 시작했고, 아이작 뉴턴은 『광학』 개정판에서 원자라는 이름을 사용하지는 않았지만 원자론에 대한 추측을 내놓았다.

> 이제 물질의 가장 작은 입자들이 가장 강한 인력에 의해 응집되어 더 약한 능력의 더 큰 입자를 구성할 수 있고, 이들 중 많은 것이 응집되어 더 약한 능력을 가진 더 큰 입자를 구성할 수 있으며, 이렇게 계속해서 만들어진 가장 큰 입자는 화학의 작용과 자연적인 물체의 색이 여기에 의존하고, 감지할 수 있는 크기의 물체를 구성할 것이다.[1]

그러나 원자가 과학의 주류에 들어온 것은 약 100년이 지난 다음이었다. 아이러니하게도 토머스 영과 다른 연구자들이 빛이 입자라기보다는 연속적인 파동처럼 행동한다는 것을 알아냈던 바로 그 시기에 다른 연구자들은 물질이 무한히 나눌 수 있는 연속적인 물질이 아니라 불연속적인 입자로 이루어져 있다는 증거를 발견했다.

이러한 관점의 변화를 추진한 주요 인물은 영국의 화학자 존 돌턴John Dalton이었다. 그는 1808년부터 발간하기 시작한 『화학 철학의 새로운 체계A New System of Chemical Philosophy』•에서 원자론을 공식적으로 소개했다. 돌턴은 화학 원소가 '원자'라고 부르는 매우 작고 부술 수 없는 알갱이로 구성되어 있으며, 산소와 같은 단일 원소의 원자는 모두 완전히 똑같다고 주장했다. 돌턴의 원자론이 어떻게 해서 나왔는지는 불분명하며, 돌턴 자신도 생전에 모순된 이야기를 했다.[2] 하지만 그는 이 논의에 중요한 실험적 증거를 제시했는데, 오늘날에는 이것을 배수 비례의 법칙이라고 부른다. 이 법칙은 두 원소가 결합하여 둘 이상의 화합물을 형성하는 경우, 두 번째 원소의 질량 비율은 항상 정수가 된다는 것이다.

이해하기 쉽도록 한 가지 예를 살펴보자. 탄소는 산소와 결합하여 두 가지 다른 화합물을 형성할 수 있으며, 둘 중 한 화합물이 다른 화합물보다 산소가 더 많이 들어 있다. 탄소 100그램에 대해 첫 번째 화합물은 산소 133그램으로 만들어지고, 두 번째 화합물은 산소 266그램으로 만들어진다. 돌턴은 두 번째 화합물에 필요한 산소가 첫 번째 화합물의 정확히 두 배라는 점에 주목했다. 이는 첫 번째 화합물이 탄소 원자 하나에 산소 원자 하나로 구성되고, 두 번째 화합물은 탄소 하나에 산소 둘로 구성된다는 것을 시사한다. 오늘날 우리는 이것을 각각 일산화탄소와 이

• 1808년 1권 1부, 1810년 1권 2부, 1827년 2권 1부가 발간되었으며, 2권 2부는 출판되지 않았다.

산화탄소라고 부른다.

배수 비례의 법칙은 원자가 존재한다는 간접적인 증거였으며, 화학적 조합의 규칙은 물질이 개별적인 조각으로 존재할 수밖에 없음을 강력하게 시사한다. 그렇기는 하지만 이것만으로는 개별 원자의 효과가 직접 드러난 것은 아니기 때문에, 다른 가설로도 설명이 가능했다. 돌턴의 연구 덕분에 많은 연구자가 원자를 믿게 되었지만 이 아이디어는 얼마간 논란의 여지가 있었고, 19세기 내내 논쟁이 계속되었다.

19세기 초에 이루어진 또 하나의 실험적 관찰이 원자 이론의 검증에 결정적인 역할을 했다. 1827년 스코틀랜드의 식물학자 로버트 브라운Robert Brown은 물속의 작은 꽃가루 알갱이를 연구하던 중 알갱이에서 나온 미세한 입자들이 물속에서 마치 살아 있는 것처럼 불규칙하고 불안정하게 움직이는 것을 발견했다. 브라운은 생명체가 아닌 물질로 만든 입자로 실험을 반복하여 이 운동이 생명과 무관하다고 확인했지만, 원인을 설명하지는 못했다. '브라운 운동'은 19세기 내내 수수께끼로 남아 있었다.

원자의 존재는 서서히 받아들여졌지만, 원자의 본질을 조금이라도 더 자세히 설명하기는 매우 어려웠다. 19세기가 지나면서 합의된 견해는 원자가 단단하고 뚫을 수 없는 공 모양이며, 원자가 '힘의 장'으로 둘러싸여 있어서 어떤 원소는 끌어당기고 다른 원소는 밀어내는 복잡한 화학적 성질을 가진다는 것이었다. 그러나 이 모호한 그림조차 당시에 수행된 실험과 맞지 않았다. 1844년, 마이클 패러데이는 「전기 전도와 물질의 본질에 관

한 추측」이라는 글을 발표하여 원자에 관한 당혹스러운 몇 가지 관찰 결과를 제시했다.[3]

그때까지 받아들여진 원자의 그림에 따르면, 고체 물질은 단단한 공 모양의 원자들이 가까이 뭉쳐 있지만 서로 닿지는 않고, 원자들 사이의 힘에 의해 서로 떨어져 있다. 하지만 패러데이는 이렇게 물었다. 왜 어떤 물질은 강력한 전기 전도체가 되고 어떤 물질은 강력한 절연체가 되는가? 그는 금이나 은과 같은 도체에서는 그 틈을 통해 전기가 전달되어야 하므로 공간이 도체여야 한다고 추론했다. 그러나 셸락과 같은 절연체를 보면 그 반대가 옳아야 한다. 즉 공간은 절연체여야 한다는 것이다.

설명한 대로 원자가 단단한 공 모양이라면, 독자들은 자연스럽게 공들이 서로 달라붙어 있을 것이라고 생각하게 된다. 그러나 패러데이는 화학 반응에서 원자를 더 추가하면 부피가 **감소하는** 물질이 있다는 점에 주목했다. 예를 들어 순수한 칼륨에 산소와 수소를 첨가하면 수산화칼륨이 되면서 부피가 줄어든다. 원자들이 서로 닿아 있는 공이라면 원자를 추가했을 때 언제나 부피가 커져야 한다. 패러데이는 원자의 단단한 구체는 원자를 둘러싸고 있는 힘의 장보다 **훨씬** 작아야 한다는 결론을 내렸는데, 이는 대단한 선견지명이었다. 패러데이는 원자가 순전히 힘의 장일 뿐이라고 보았고, 단단한 구가 전혀 없거나 기껏해야 그 중심에 점과 같은 구가 있다고 제안한 라구사의 원자론자 루제르 요시프 보슈코비치Rođer Josip Bošković(1711~1787)의 견해를 지지하기까지 했다.[4]

패러데이는 원자 구조에 대한 자신의 논의를 '추측'이라고 조심스럽게 표현했는데, 그 당시에는 원자의 구조를 직접 관찰하여 원자가 무엇으로 만들어졌는지 알 방법이 없었기 때문이다. SF 작가 피츠 제임스 오브라이언은 「다이아몬드 렌즈」에서 원자 사이의 공간을 들여다보고 원자보다 작은 생명들의 숨겨진 우주를 볼 수 있을 정도로 강력한 현미경을 만들겠다는 상상을 했다. 그러나 토머스 영이 발표한 빛의 파동 이론에서 나온 결과는 현미경으로 빛의 파장보다 작은 물체를 관찰할 수 없다는 것이었다. 파장이 약 1마이크로미터(1,000분의 1밀리미터)의 절반쯤인 가시광선은 살아 있는 세포와 그 안의 일부 구조를 들여다보기에 충분하지만, 원자[나중에 약 1나노미터(100만분의 1밀리미터)의 10분 1 크기로 밝혀진다]의 세세한 부분을 찾아내기에는 턱없이 부족하다.

19세기에 들어서면서 원자의 구조에 대한 암시가 조금씩 나타나기 시작했다. 첫 번째 단서는 1869년 러시아의 화학 교수 드미트리 멘델레예프Dmitri Mendeleev가 소개한 원소의 주기율표였다. 주기율표는 멘델레예프가 화학 교과서를 쓰면서 처음 만들었고, 이제는 전 세계의 모든 과학 교실 벽에 현대화된 형태로 붙어 있다. 그는 알려진 여러 원소를 화학적 성질에 따라 분류하려고 시도하다가 원자량의 증가에 따라 원소들의 화학적 성질이 주기적으로 배열된다는 것을 깨달았다. 그는 이 표에서 알려진 원소가 없는 빈 공간을 남겨 두어 아직 발견되지 않은 원소들의 성질을 예측할 수 있었다. 이 중 상당수는 멘델레예프가 이 표를 발표한 후 얼마 지나지 않아 발견되어 이 연구를 강력하게 뒷받침했다. 주기율표는 모든 원소가 서로 관련된 모종의 기본 구조가 있음을 보여 주었지만, 그 구조가 무엇인지는 알 수 없었다.

다음으로 중요한 힌트는 전하의 기본 운반자인 전자의 발견이었다. 1895년 빌헬름 뢴트겐은 전기를 운반하는 음극선 실험을 통해 엑스선을 발견했다. 1897년 영국의 물리학자 J. J. 톰슨은 음극선이 음전하를 띤 입자의 흐름이며, 그 입자는 가장 작은 원자보다 질량이 1천 배나 작다는 것을 실험적으로 증명했다. 톰슨은 이를 '소체corpuscle'라고 불렀지만 나중에 '전자electron'라고 부르게 되었다. 전자가 원자의 기본 구성 요소라는 것은 즉시 알려졌지만, 원자 구조에서 어떤 역할을 하는지는 알 수 없었다.

세 번째로 나온 핵심적인 힌트는 방사능의 발견이었다. 1896년 프랑스의 물리학자 앙리 베크렐Henri Becquerel은 인광 현상을 연구하고 있었다. 인광이란 물질이 빛을 흡수하여 원래 흡수한 것과 다른 빛을 오랫동안 방출하는 것을 말한다. 엑스선이 발견되었다는 사실을 알게 된 베크렐은 인광에서도 엑스선이 방출되는지 알아보고 싶었고, 이를 위해 실험을 설계했다. 그는 사진 건판을 두꺼운 검은 종이로 잘 감싸서 가시광선이 닿지 않도록 하고, 그 위에 인광 물질을 올려놓았다. 그는 이것을 햇빛에 두었다. 햇빛이 인광 엑스선을 일으킨다면 종이를 투과하여 건판에 나타날 것이라는 생각이었다.

인광을 띠는 우라늄염을 사용했을 때 베크렐의 가설이 확인된 것처럼 보였고, 그는 1896년 2월 말 프랑스 과학아카데미에 이 결과를 보고했다. 그런 다음에 베크렐은 뜻밖의 행운을 누렸다. 실험을 위해 건판 여러 장을 추가로 준비했지만, 날씨가 흐려서 건판 위에 우라늄염을 그대로 둔 채 나중에 실험할 생각으로 서랍 속에 넣어 두었다. 며칠 뒤에 그는 어쨌든 사진 건판 하나를 현상해 보았고, 놀랍게도 햇빛 실험에서 나타난 것보다 훨씬 더 뚜렷한 모양이 나타났다. 인광을 띠지 않는 우라늄염을 사용하여 추가 실험을 한 뒤에, 그는 놀라운 결론을 내렸다. 우라늄이 자체적으로 신비한 선을 내뿜는다는 것으로, 오늘날에는 이것을 방사능이라고 부른다. 곧바로 방사성을 띠는 다른 원소들도 발견되었고, 성질이 서로 다른 세 가지 방사선이 나온다는 것도 밝혀졌다. 여기에 그리스 알파벳의 첫 세 글자를 따서 알파(α), 베타(β), 감마(γ)선이라는 이름이 붙었다.

방사능의 의미를 완전히 이해하려면 여러 해가 걸려야 했지만, 베크렐의 발견은 원자 내부에서 매우 복잡한 일이 일어나고 있으며 원자 자체가 여러 성분으로 이루어져 있다는 증거가 되었다.

원자의 구조에 대해 마지막으로 중요한 힌트는 원자에 의한 빛의 방출과 흡수에서 발견되었다. 1814년 독일의 광학물리학자 요제프 폰 프라운호퍼 Joseph von Fraunhofer는 한 세기 전에 뉴턴이 했던 것처럼 망원경에 프리즘을 부착하여 햇빛의 색을 분리해 냈다. 프라운호퍼는 햇빛의 스펙트럼을 관찰하다가 밝은 색 스펙트럼에 가느다란 어두운 선이 그어져 있는 것을 보았는데, 태양에서 그 부분의 빛이 전혀 방출되지 않는 것 같았다(그림 23).

이 선들은 개별적인 원소들에 의해 생기며, 각각의 원소는 특정한 파장의 빛을 흡수하고 방출한다고 나중에 밝혀졌다. 예를 들어 특정 원소를 태우거나 전기로 자극하면서 프리즘으로 색을 분리하면, 따로 떨어진 밝은 선의 스펙트럼이 나타난다. 반대로 그 원소로 이루어진 투명한 물질(예를 들어 기체)을 통과한 햇빛은 해당 원소가 스펙트럼의 동일한 위치에서 빛을 흡수한다는 것을 보여 준다. 프라운호퍼가 햇빛의 스펙트럼에서 발견한 574개의 검은 선은 태양 자체에 있는 다양한 원소들이 햇빛을 흡수하는 것을 나타낸다. 프라운호퍼의 관찰에서 분광학이라는 분야가 탄생했다. 분광학은 방출된 빛을 이용해서 물질의 화학적 성분을 측정하는 분야이며, 오늘날까지도 과학과 공학의 표준적인 기술로 사용되고 있다.

다양한 원소의 스펙트럼선은 분명히 원자의 구조에 대해 뭔가를 드러내지만, 19세기 대부분 동안 아무도 이를 어떻게 해석해야 하는지 알지 못했다. 하지만 1885년, 60세의 스위스 수학자 요한 야코프 발머Johann Jakob Balmer는 가장 가벼운 원소인 수소의 스펙트럼선 위치를 자세히 살펴보았고, 가시광선에서 수소의 모든 스펙트럼선 위치를 예측할 수 있는 단순한 수학 공식을 알아냈다. 1888년 스웨덴의 물리학자 요하네스 뤼드베리 Johannes Rydberg는 발머의 공식을 확장하여 자외선과 적외선 범위에서 수소의 스펙트럼선을 예측할 수 있고, 다른 원자의 스펙

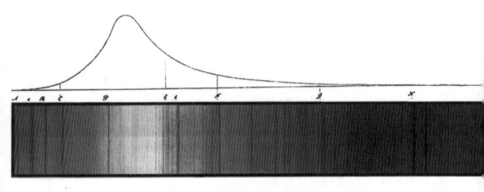

그림 23

요제프 폰 프라운호퍼의 햇빛 스펙트럼 원본 스케치.
밝은 연속 스펙트럼 속에 검은 선이 보인다.
(여기서는 흑백으로 표현했다. 온라인에서 원본의 색을 볼 수 있다.)

트럼선 파장도 예측할 수 있음을 보여 주었다. 이 공식은 원자의 구조에 대한 최초의 정량적 힌트였다.

20세기 초가 되면 과학계는 원자의 존재를 대체로 확신했고, 원자의 구조에 대한 흥미롭지만 당혹스러운 단서 몇 가지를 확보했다. 하지만 원자의 구조를 직접 연구할 방법은 없었다. 이에 대해 과학자들은 이런 상황에서 자연스럽게 하는 일, 즉 추측을 했다. 미래의 노벨상 수상자를 포함하여 당대 물리학계의 거장들이 너도나도 원자에 대한 추측을 내놓았고, 이 혼란은 10년쯤 지속되었다(그림 24).

가장 먼저 추측을 내놓은 사람은 원자론의 가장 강력한 지지자 중 한 명인 프랑스 물리학자 장 바티스트 페랭Jean Baptiste Perrin이었다. 1901년 '분자 가설'이라는 강연에서 페랭은 원자가 태양계와 같은 구조를 이루며, 양전하를 띤 '태양' 주위를 행성과 같은 전자가 둘러싸고 있다고 추측했다. "각 원자는 첫째, 강한 양전하를 띤 하나 또는 그 이상의 질량으로 구성될 것이다, 이것은 일종의 태양과 같아서 작은 입자들보다 훨씬 큰 양전하를 띤다. 둘째로는 여러 개의 입자가 있는데, 작은 음전하를 띠고, 이 음전하의 총합은 정확히 양전하의 총합과 일치하여, 원자는 전기적으로 중성이다."[5] 페랭의 가설에는 한 가지 중요한 약점이 있었다. 양전하를 띠는 태양 주위의 전자 궤도는 불안정하며, 상당한 섭동*이 있으면 붕괴되기 쉽다는 점이다. 우리가 사

---

* 미소한 교란에 의해 일어나는 운동

는 태양계는 (다행히도) 다른 태양계와 충돌하지 않기 때문에 안정적으로 유지된다. 행성들로 이루어진 태양계 원자는 서로 자주 충돌하여 금방 산산조각이 날 것이다.

전자를 발견한 J. J. 톰슨도 이 한계를 해결하기 위해 독자적으로 모형을 고안했다.[6] 그는 원자 속의 양전하가 전자 궤도 주위에 전체적으로 뿌려져 있다고 상상했다. 톰슨은 30쪽에 달하는 계산으로 적절한 상황에서 이 시스템의 전자 궤도가 안정된다는 것을 보여 주었다. 이 모형은 '플럼' 같은 전자가 양전하를 띤 '푸딩' 속에서 돌아다닌다고 묘사할 수 있었기 때문에 '플럼-푸딩' 모형으로 알려졌다(그림 24 오른쪽 상단 모형 참조).* 톰슨은 전자의 속도가 어떤 문턱값**에 도달하면 푸딩에서 전자가 튀어나올 수 있고, 이를 방사능으로 해석할 수도 있다고 입증했다.

1904년 일본의 물리학자 나가오카 한타로長岡半太郎가 원자의 안정성 문제에 대해 다른 접근법을 제안했다.[7] 그는 페랭의 연구에서 양전하를 띤 태양을 그대로 가져왔지만, 원자 속의 전자가 토성의 고리처럼 배열되어 있다고 제안했다(그림 24 왼쪽 가운데 모형 참조). 1859년 제임스 클러크 맥스웰은 토성의 고리가 조금 교란되어도 안정적이며 부서지지 않고 진동한다는 것을 이론적으로 증명했다. 나가오카는 토성과 같은 형태의 원자에서

---

* 플럼 푸딩plum pudding은 크리스마스를 기념하여 먹는 영국의 전통 케이크로, 플럼은 여기에 넣는 건포도를 뜻한다. 톰슨은 푸딩 안에 건포도가 박혀 있듯이 전자가 박혀 있는 모양을 제시했다.
** 어떤 문턱(기준)을 넘어서면 성질이 갑자기 바뀌는 값

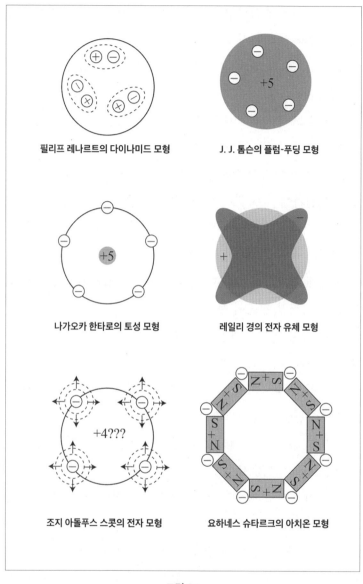

필리프 레나르트의 다이나미드 모형

J. J. 톰슨의 플럼-푸딩 모형

나가오카 한타로의 토성 모형

레일리 경의 전자 유체 모형

조지 아돌푸스 스콧의 전자 모형

요하네스 슈타르크의 아치온 모형

그림 24
20세기 초에 제안된 여러 가지 원자 모형

도 비슷한 진동에 의해 프라운호퍼와 다른 연구자들이 관찰한 스펙트럼선과 거의 유사한 것을 생성할 수 있음을 보여 주었다.

1906년, 또 한 명의 유명한 물리학자가 원자 모형을 제안했다. 레일리Rayleigh 경은 하늘이 왜 푸른지에 대한 정확한 설명을 비롯해 주로 유체역학과 광학에 초점을 맞춘 이론과 실험물리학에 평생 무수한 공헌을 했다. 레일리는 톰슨의 플럼-푸딩 모형을 수정하여 그의 특기인 복잡한 계산을 수행했다.[8] 톰슨의 모형은 원자에 매우 적은 수의 전자가 있다고 가정했지만, 레일리는 그 반대이면 어떻게 될지 질문했다. 원자 속에 전자가 대단히 많아서 유체로 간주할 수 있다면 어떻게 될까? 레일리는 계산을 통해 전자의 바다가 마치 사발에 담긴 젤리처럼 진동할 수 있으며, 이러한 진동이 불연속적인 스펙트럼선을 만들 수 있음을 발견했다. 그러나 레일리가 계산한 선은 뤼드베리 공식과 전혀 일치하지 않았다.

같은 해에 영국의 우주학자이자 수많은 전문 서적과 대중적인 과학 책을 쓴 물리학자 제임스 진스James Jeans는 톰슨의 모형에 또 다른 반전을 제시했다. 진스는 톰슨의 모형에 포함되는 물리량으로는 파장 또는 그와 동등한 주파수에 따라 달라지는 양을 수학적으로 계산해 낼 수 없다고 지적했다.[9] 따라서 톰슨의 모형만으로는 원소가 나타내는 띄엄띄엄한 스펙트럼선을 생성할 수 없다. 이 경우에, 진스는 전자가 이전에 가정했던 것처럼 점과 같은 입자가 아니라 유한한 크기의 탄성 구체일 수 있으며, 이러한 전자의 구체가 진동하면서 선 스펙트럼을 생성할 수 있다고 제안했다.

1906년에 또 한 명의 연구자가 원자에 대한 추측에 뛰어들었다. 영국의 수학자 조지 아돌푸스 스콧George Adolphus Schott은 톰슨의 모형에 잘못된 점이 있다는 진스의 의견에 동의했고, 전자의 크기가 무한소가 아니라는 점을 고려해야 한다는 데도 동의했다. 그러나 스콧은 전자의 진동은 전자가 끊임없이 커지려고 하기 때문에 생기며, 전자기파가 통과하는 가상의 에테르가 방해하기 때문에 전자가 커지지 못한다고 주장했다.[10] 스콧은 자신의 모형에서 전자들이 서로 끌어당긴다는 것을 계산으로 보여 주었고, 이것이 중력이라는 가설을 세웠다. 다른 연구자들은 스콧의 이론을 진지하게 받아들이지 않았다. 하지만 앞으로 보게 되듯이, 스콧이 문제에 대해 진정으로 상상력 넘치는 해결책을 내놓은 것은 이번이 마지막이 아니었다.

원자 모형에 대한 폭발적인 관심이 1906년에 나타난 것은 우연이 아니었다. 1905년, 당시 거의 무명이었던 물리학자 알베르트 아인슈타인은 「열의 분자 운동론에서 요구하는 정지된 액체에 부유하는 작은 입자의 운동에 관하여」라는 제목의 논문을 발표했다.[11] 이 논문에서 아인슈타인은 액체 속에 있는 작은 입자의 불규칙한 브라운 운동은 눈에 보이는 입자와 보이지 않는 액체 원자의 간헐적인 충돌로 설명할 수 있다고 주장했다. 이 가설은 이전에도 제안되었지만 아인슈타인은 상세한 수학적 분석을 통해 실험으로 검증 가능한 예측을 내놓았고, 그의 연구는 원자 구조의 이해에 대하여 새로운 관심을 불러일으켰다. 1910년 장

페랭은 브라운 운동에 관한 아인슈타인의 예측이 옳다고 확인했고, 이 압도적인 증거 앞에서 끝까지 원자를 불신하던 사람들도 결국은 두 손을 들고 항복했다.

원자에 대한 추측을 내놓은 연구자 중 누구도 이 비밀을 푸는데 어떤 관찰이 가장 중요한지 알지 못했다. 앞에서 살펴본 연구자들은 발머와 뤼드베리 공식을 설명하는 데 집중했지만, 다른 연구자들은 주기율표의 구조를 이해하는 데 집중했다.

헝가리 출신의 독일 물리학자 필리프 레나르트Philipp Lenard는 19세기 후반에 음극선에 대한 광범위한 연구를 수행하여 훗날 노벨 물리학상을 수상하게 된다. 그는 물질이 얼마나 많은 전자를 흡수하는지는 물질의 질량에 따라 달라지며, 물질의 특정한 화학적 성질과는 거의 무관하다는 점에 주목했다. 레나르트는 이를 통해 원자는 모두 동일한 기본적인 조각으로 이루어져 있으며, 다른 원소 간의 유일한 차이점은 그 원소를 이루는 조각의 개수뿐이라고 보았다. 1903년 그는 모든 원소가 양전하와 음전하가 하나로 묶여 있는 기본 구성 요소로 이루어졌다는 가설을 내놓았고, 이 기본 구성 요소를 '다이나미드'라고 불렀다.[12] 그의 모형(그림 24 왼쪽 상단 모형 참조)에서 원자량은 단순히 원자 속에 들어 있는 다이나미드의 개수에 비례한다. 즉 수소 원자는 다이나미드 하나로 이루어지고, 헬륨은 분명히 다이나미드 네 개가 들어 있다는 것이다. 원자 속의 다이나미드를 하나로 묶어 두는 힘은 설명되지 않았다. 이 모형은 주기율표의 구조를 대략 설명할 수 있었지만, 원자의 선 스펙트럼은 설명하지 못했다.

가장 상상력이 풍부한 모형은 1910년 독일의 물리학자이자 훗날 노벨상 수상자인 요하네스 슈타르크Johannes Stark가 내놓은 것이다.[13] 슈타르크도 주기율표의 구조를 설명하려 했고, 양전하의 기본 단위인 아치온을 제안했다. 아치온은 양전하를 띤 작은 막대자석이라고 할 수 있다. 양전하는 서로 강하게 밀어내지만, 자기력과 음전하를 띤 전자에 의해 붙잡혀 있다. 슈타르크는 아치온의 N극과 S극이 인접한 아치온과 번갈아 있어서 막대자석이 닫힌 고리를 형성한다고 상상했다(그림 24 오른쪽 하단 모형 참조). 원소가 다르면 이 고리의 크기가 다른 것에 해당한다. 슈타르크의 모형은 주기율표에 의미를 부여했지만, 뤼드베리 공식을 설명할 수 없다는 점에서 한계가 있었다.

원자 구조를 설명하려는 이러한 시도는 단순한 추측이 아니라 여러 국가의 여러 과학 저널을 통해 진행된 과학자들의 브레인스토밍이었다. 모든 과학자들은 다른 과학자들이 자기의 불완전한 아이디어를 바탕으로 진리에 더 가까이 다가갈 수 있기를 바라며 이를 공유했다.

하지만 당시 제안된 모형에는 모두 근본적인 결함이 있었다. 맥스웰 방정식은 가속 운동을 하는 전하(예를 들어 원형 경로를 따라 움직이는 전하)는 복사선을 방출할 것이라고 예측한다. 오늘날에 이것은 실제로 응용된다. 모든 라디오 방송 송신탑과 휴대 전화는 진동하는 전류를 사용하여 전파를 일으킨다. 일리노이주 아르곤 국립연구소의 싱크로트론 가속기 시설은 둘레가 1,100미터인 원형 저장 링 속으로 전자를 거의 빛의 속도로 달리게 하고, 가속 운동을 하는 전자에서 생성된 엑스선은 다양한 연구에 사용된다.

이제까지 살펴본 모든 원자 모형에서는 명시적으로나 암묵적으로 전자가 원자의 중심 주변으로 원형 궤도를 따라 돈다. 연구자들은 원자 속에서 전자가 돌 때 방출하는 복사의 양을 계산해보았고, 전자가 몇분의 1초도 안 되는 짧은 시간에 모든 에너지를 다 써 버리고 원자핵 속으로 떨어져야 한다는 것을 알아냈다. 어떤 원자 모형이든 살아남으려면 먼저 안정된 원자가 존재하는 이유를 설명해야 한다.

20세기 초반 10년 동안에는 이 수수께끼를 풀려는 주목할 만한 시도가 나오지 않았다. 그러다가 1910년 오스트리아 출신의 네덜란드 이론물리학자 파울 에렌페스트Paul Ehrenfest가「자기장과 복사의 장이 없는 불규칙한 전기적 운동」이라는 제목의 짧은 논문을 발표했다.[14] 이 논문에서 에렌페스트는 적절한 상황에서 제임스 진스의 진동하는 전자 구와 같이 공간에 **펼쳐진** 전하 분포에서는 복사를 하지 않으면서 가속 운동을 할 수 있다고 주장했다. 이 통찰은 나중에 보이지 않음의 물리학에 관련된 최초의 주요 과학 논문으로 인정받게 된다.

이 연구를 발표했을 때 에렌페스트는 과학계에서 별로 유명하지 않았다. 그는 통계역학에 관심을 가졌는데, 통계역학은 액체와 기체처럼 수많은 분자가 모여 있을 때 일어나는 일을 수학적으로 설명하는 학문이다. 통계역학에 갑자기 큰 관심이 쏠린 이유는 부분적으로 아인슈타인이 브라운 운동을 설명하면서 물리적 문제를 정량화하는 통계의 강력함을 보여 주었기 때문이다. 에렌페스트는 1904년에 박사 학위를 받았고, 1906년에는 뛰어난 수학자였던 아내 타티야나Tatyana와 함께 통계역학을 개괄하는 논문을 작성했다. 에렌페스트는 훗날 이 분야를 창시한 연구자 중 한 명으로 인정받는다. 이 연구를 하면서 에렌페스트는 원자와 원자의 거동에 대해 계속 생각했고, 기존 원자 모형의 문제점을 명확히 깨닫게 된다.

에렌페스트는 이론물리학자가 사용하는 가장 강력한 도구 중 하나인 대칭성에 관련된 두 가지 예를 들면서 논문을 시작했다. 먼저 그는 무한히 펼쳐진 판에 전하가 균일하게 분포된 상황을 상상했다. 판이 움직이지 않을 때 전기장은 판에서 수직 방향이 되어야 한다. 대칭에 의해 이 판은 어디에서 보아도 같아야 하기 때문이다. 그다음에 그는 이 판이 아래위로 진동한다고 상상했다(그림 25). 전하를 띤 판이 가속 운동을 하고 있으므로, 판에서 복사가 방출될 것이라 생각할 수 있다. 그러나 이 판에서 복사가 방출된다면 복사선이 이동하는 방향은 판에 수직이어야 하며, 생성되는 자기장도 판에 수직이 되어야 한다. 즉 이 상황에서 전자기파가 생성될 수 있는 유일한 방법은 전기장과 자기장이 모두 파동이 이동하는 방향을 가리키는 것이다. 그러나 맥스웰이 보여 주었듯이 전자기파는 횡파이며, 전기와 자기의 파동은 언제나 파동이 진행하는 방향에 수직이 되어야 한다. 그러므로 이런 상황에서는 복사가 발생하지 않는다고 에렌페스트는 주장했다. 진동하는 판에서는 전기장과 자기장이 판의 바로 옆에서만

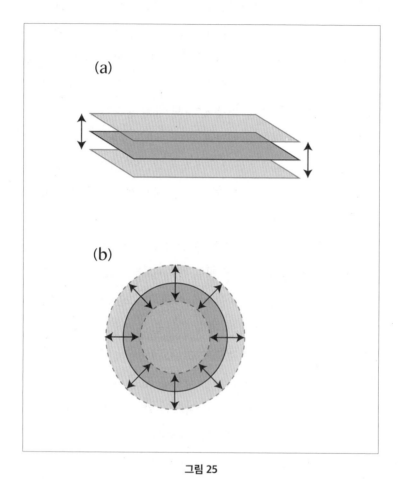

그림 25
파울 에렌페스트의 단순한 모형.
(a) 아래위로 진동하는 무한한 평면
(b) 부풀었다 줄었다 하는 구체

일어나고, 멀리 퍼져 나가지 못한다.

이 예가 너무 인위적이라는 점은 에렌페스트도 인정했다. 전하를 띤 판의 가로와 세로가 모두 무한해야 하는데, 이런 것은 자연에 존재할 수 없다. 그래서 그는 두 번째 예를 든다. 속이 빈 공이 균일한 전하를 띠고 있고, 반지름이 늘었다 줄었다 하고 있다. 표면에 전하를 띤 풍선이 빠르게 부풀었다 줄었다가 하는 상황을 상상해도 좋다. 전하의 운동은 언제나 반지름 방향으로만 일어나고, 구의 중심을 향하거나 멀어진다. 다시, 대칭에 의해 전기장과 자기장이 향할 수 있는 유일한 방향은 반지름 방향이다. 그러나 파동은 세 가지 양이 각각 서로 수직일 때만 진행할 수 있으므로, 파동은 일어나지 않는다. 주기적으로 부풀었다 줄었다 하는 구도 마찬가지로 복사가 생길 수 없다.

물리학의 대칭 논증은 이해하기 어려울 수 있으므로, 철학에서 유사한 논증을 살펴보자. 이 예는 14세기 프랑스 철학자 장 뷔리당Jean Buridan의 이름을 따라 '뷔리당의 당나귀'라고 부른다. 당나귀 한 마리가 똑같은 거리에 있는 똑같은 건초 더미 사이에 서 있다고 하자. 뷔리당과 다른 사람들은 당나귀가 더 가까운 건초 더미로 갈 것이라고 주장했다. 두 건초 더미가 똑같이 가깝기 때문에 당나귀는 결정을 내리지 못하고 굶으면서 제자리에 머물러 있을 것이다. 이 역설은 철학에서 자유 의지 개념을 논할 때 사용된다.

에렌페스트의 대칭 논증을 설명할 때 뷔리당의 당나귀와 유사한 추론을 사용할 수 있다. 전자기파가 진동하는 평면에서 멀어져서 전달되기 위해서는 가로 방향의 전기장과 자기장이 있어야 한다. 다시 말해 전기장과 자기장은 평면을 따라 어딘가를 가리켜야 한다. 그러나 이 상황에서 전기장과 자기장이 가리키는 방향을 '결정'할 어떤 단서도 없다. 모든 운동은 평면에 수직이다. 이 상황에서 방향을 결정할 그 무엇이 없으면 전자기파가 만들어질 수 없다.

에렌페스트는 이 두 가지 단순한 예에만 의존하지 않았다. 그는 맥스웰 방정식을 사용하여 (최소한 이론적으로는) 가속되면서도 복사가 일어나지 않는 여러 가지 전하 분포를 구성하는 방법도 보여 주었다. 진동하지만 복사가 일어나지 않는 상황은 특이하고 단발적인 사례가 아니라 전자기 이론의 근본적인 부분으로 볼 수 있다. 점에 집중된 전하가 가속 운동을 하면 언제나 복사가 생성되지만, 공간에 펼쳐진 전하는 가속 운동을 하면서도 복사를 내뿜지 않을 수도 있다.

에렌페스트의 이론은 큰 주목을 받지 못했고, 물리학계에 거의 알려지지 않았다. 이는 발표된 시기가 좋지 않았던 탓인 것 같다. 에렌페스트가 연구하던 바로 그 시기에 원자의 구조에 대한 새로운 실험 데이터가 발표되어 논의의 판도를 바꾸고 완전히 새로운 물리학의 시대가 열리게 된다.

1895년으로 돌아가서, 필리프 레나르트는 전자가 얇은 석영 창을 투과할 수 있음을 입증했다. 이를 통해 그는 창을 구성하는 원자에 상당한 공간이 있기 때문에 전자가 통과할 수 있다는 결론을 내렸다. 이 결과에는 중대한 의미가 있다. 전자 또는 다른 작은 입자를 사용하면 빛으로는 할 수 없는 방식으로 물질의 구조를 조사할 수 있기 때문이다.

뉴질랜드의 물리학자 어니스트 러더퍼드Ernest Rutherford는 이 가능성을 탐구하기로 결심했다. 1895년 러더퍼드는 장학금을 받아 케임브리지대학교 캐번디시 연구소에서 대학원생으로 연구하게 되었는데, 이 시기는 엑스선, 전자, 방사능이 모두 발견되던 때였다. 그는 J. J. 톰슨 밑에서 연구했기 때문에, 전자가 발견되는 현장에 함께 있었다. 1898년 러더퍼드는 캐나다 맥길대학교의 교수직을 수락하고 그곳에서 방사능과 엑스선에 대한 광범위한 연구를 수행했다. 그는 방사능에도 여러 종류가 있다는 것을 알아냈고, 알파(α)와 베타(β) 방사선이라는 이름을 직접 붙였다. 러더퍼드는 방사능과 관련된 다른 많은 중요한 발견을 했으며, 1907년 영국으로 돌아와 맨체스터 빅토리아대학교의 교수직을 수락했다. 1년 후 그는 "원소의 붕괴와 방사성 물질의 화학에 대한 연구"로 노벨 화학상을 받았다.[15]

맨체스터에서 러더퍼드는 알파 입자와 물질의 상호 작용을 연구했다. 알파 입자는 전자가 제거된 헬륨 원자라는 것이 당시에 이미 알려져 있었다. 다시 말해 알파 입자는 작지만 아주 무겁고, 양전하를 띠는 공이라고 할 수 있다. 얇은 판을 통과하는 알파 입자는 물질을 이루는 원자와의 상호 작용으로 방향이 살짝 바뀔 것으로 생각되었다. 톰슨의 플럼-푸딩 원자 모형에서는 알파 입자가 꺾이는 각도가 매우 작을 것으로 예상되었다. 옅은 밀도로 퍼져 있는 '푸딩'은 빠른 속도로 날아오는 알파 입자에게 거의 영향을 주지 못할 것이며, 푸딩 속의 전자도 너무 가벼워서 알파 입자를 거의 막지 못할 것이다. 러더퍼드와 그의 조수인 한스 가이거Hans Geiger는 방사선 발생원을 사용하여 얇은 금박에 알파 입자를 쏘아 보냈다. 금을 사용한 이유는 매우 얇게 두드려 펼 수 있을 뿐만 아니라 두께도 매우 정밀하게 조정할 수 있기 때문이었다. 러더퍼드와 가이거가 한 일은 본질적으로 알파 입자로 원자의 내부 구조를 조사한 것이었다.

러더퍼드와 가이거는 실험의 초기에 금박 바로 뒤에서 알파 입자가 꺾여서 도달하는지 알아보았다. 그 결과 알파 입자는 대부분 1도 각도로 산란되는 것으로 나타나 톰슨의 모형이 옳다고 확인되는 듯했다. 1909년에 러더퍼드는 새로운 실험을 제안했고, 나중에 그는 다음과 같이 설명했다.

> 어느 날 가이거가 나에게 와서 이렇게 말했다. "저에게 방사선 실험을 배우고 있는 젊은 마스든에게도 이제는 작은 연구 과제를 주어야 하지 않겠습니까?" 나도 그렇게 생각하고 있었고, 이렇게 대답했다. "알파 입자가 큰 각도로 산란되는지 알아보도록 하면 어떨까?" 사실 나는 알파 입자가 큰 각도로 산란되지는 않을 것이라고 거의 확신하고 있었다. 알파 입자는 매우 빠르고 무거우며 에너지가 크다는 것이 잘 알려져 있었고, 여러 번의 작은 산란이 축적되어 그런 일이 일어난다면 알파 입자가 뒤쪽으로 산란될 가능성은 아주 적다는 것을 알 수 있었다. 그런데 이

틀인가 사흘쯤 뒤에 가이거가 굉장히 흥분한 채로 나에게 와서 이렇게 말했다. "알파 입자 중 일부가 정면으로 되돌아오는 것을 찾아냈습니다. (…)" 이 일은 내 인생에서 가장 놀라운 사건이라고 할 수 있었다. 그것은 마치 휴지에다 15인치[38센티미터] 포탄을 발사했는데 그것이 되돌아와서 발사한 사람을 때린 것만큼이나 놀라웠다.[16]

톰슨의 플럼-푸딩 원자 모형에 따르면 알파 입자는 되돌아오지 않아야 한다. 러더퍼드는 실험 데이터를 세밀하게 살펴보고, 몇 가지 계산을 한 다음에 다음과 같이 결론 내렸다. 알파 입자가 쏘았던 방향으로 되돌아오려면 원자가 아주 작고 대단히 무거운 핵을 갖고 있고, 그 주위를 전자가 돌고 있어야만 한다. 양전하를 띤 태양과 원자핵이 행성과 같은 전자로 둘러싸인 원자를 제시한 페랭의 독창적인 아이디어가 입증된 것처럼 보였다. 그러나 페랭은 정중하고도 정확하게 이것이 모두 러더퍼드의 공로라고 인정했다. 페랭은 1926년 노벨상 수락 연설에서 이렇게 말했다.

나는 내가 원자가 태양계와 같은 구조를 가졌다고 제안한 첫 번째 사람이라고 믿는다. 양전하를 띤 '태양'이 관성의 힘에 대해 균형을 이루면서 끌어당겨 '행성'과 같은 전자가 그 주위를 도는 것이다(1901년). 하지만 나는 이 개념을 검증하려고 시도한 적도 없고, 그런 방법이 있는지조차 몰랐다. 러더퍼드(의심할 여지 없이 독자적으로 이 개

177

념에 도달했지만, 강연을 하면서 섬세하게도 지금 내가 말한 내용을 언급해 주었다)는 그의 개념과 J. J. 톰슨의 개념 사이에 본질적인 차이가 있다는 것을 이해하고 있다. 그것은 양전하를 띤 점과 같은 크기의 태양 주위에 걸리는 전기장은 어마어마하게 커서, 원자 전체를 품고 있으면서 양전하를 균일하게 가지고 있는 구의 내부나 외부에 걸리는 전기장과 비교할 수 없다는 점이다.[17]

러더퍼드의 발견과 1911년의 후속 논문 발표로 원자물리학의 새로운 시대가 열렸다.[18] 이제 더 이상 원자의 일반적인 구조에 대한 질문은 없었다. 원자는 양전하를 띤 무겁고 작은 핵과 그 주위를 도는 전자로 이루어져 있다. 곧바로 원자핵 자체에 여러 개의 입자가 빽빽하게 모여 있다고 밝혀졌다. 따라서 방사능은 무거운 핵이 깨질 때 방출되는 것으로 볼 수 있다. 그러나 전자가 빠르게 핵 주위를 도는 러더퍼드의 원자는 에렌페스트가 답하려고 했던 질문에 새로운 관심을 불러일으켰다. 원자는 왜 복사를 방출하지 않는가?

이 문제를 해결하는 데는 몇 년이 걸리게 되고, 그 해답은 이전까지 원자 모형을 제안한 연구자들이 전혀 생각하지 못했던 완전히 새로운 물리학 체계, 즉 요즘 우리가 양자론이라고 부르는 것에 있었다. 양자물리학으로 인해 원자의 구조를 설명하는 데 에렌페스트의 해법은 필요 없어졌지만, 이 해법은 몇 년 후 바로 그 양자물리학을 반박하려는 시도로 사용되기도 했다.

10
마지막 위대한 양자 회의론자
양자물리학이 바꾼 것들

나는 몸을 완전히 감싸는 최초의 조잡한 보호막을 개조했다. 이 보호
막은 유연하고 통풍이 잘되는 금속 망으로, 무겁지 않고 틈새가 너무
미세해서 사람의 눈에 보이지 않는다. 나는 편안하게 숨을 쉴 수 있
고 땀도 잘 배출되며 자유롭게 움직일 수 있다. 하지만 사람들에게
는 나와 망사 슈트가 보이지 않는다. 내 허리에는 특수 배터리가 있
어서, 금속 망으로 미세한 전류를 보낸다. 이 금속 망은 도달하는 광
자를 반대편으로 보낸다. 예를 들어 등에 부딪힌 광자는 몸 앞쪽으로
나가서, 마치 내가 없는 것처럼 몸 앞에서 광자가 방출된다.
빛이 유리를 지나갈 때보다 훨씬 더 완벽하게 나를 통과하기 때문에,
나는 보이지 않는다.

― 엔도 바인더Eando Binder,
「보이지 않는 로빈후드The Invisible Robinhood」(1939)

러더퍼드가 원자핵을 발견하기 몇 년 전부터 새로운 물리학의
씨앗이 싹트고 있었다. 1800년대 중반부터 연구자들은 빛을 낼
만큼 뜨거운 물체의 발광을 연구해 왔다. 태양, 별, 전기난로를
비롯한 모든 뜨거운 물체가 내뿜는 빛의 스펙트럼은 모두 비슷
하다는 것이 금방 알려졌다. 한 가지 예가 요제프 폰 프라운호퍼
가 그린 태양 스펙트럼으로, 태양의 밝기를 파장의 함수로 보여
준다. 이 방출 스펙트럼은 특정 원소가 흡수하여 생기는 검은 선

을 무시한다면 물체의 온도에 의해서만 좌우되는 보편적인 형태를 보인다. 이 스펙트럼 곡선의 정점은 온도가 높아짐에 따라 짧은 파장 쪽으로 이동한다. 그러므로 물체가 빨갛게 빛날 때보다 하얗게 빛날 때 더 뜨겁다.

물리학자들은 이러한 열 방출 스펙트럼을 이해하기 위해 들어오는 모든 복사를 완전히 흡수하는 이상적인 가상의 물체, 즉 '흑체'를 상상했고, 흑체가 전자기 복사를 어떻게 방출하는지 계산하려고 노력했다. 많은 연구자가 물리학의 기본 원리에 따라 흑체의 방출 스펙트럼을 유도하려고 시도했지만, 19세기 대부분 동안 실험 데이터와 정확히 일치하는 해법을 찾지 못했다.

19세기가 거의 끝나 갈 무렵, 당시 베를린의 교수였던 독일의 이론물리학자 막스 플랑크Max Planck(1858~1947)가 마침내 해법을 발견했다. 플랑크는 동시대 연구자들과는 정반대의 방향으로 문제에 접근하여 진전을 이루었다. 다른 연구자들은 물리학의 기본 원리에서 출발하여 흑체 스펙트럼의 수학적 형태를 유도하려고 했지만, 플랑크는 먼저 실험 데이터와 일치하는 스펙트럼의 수학적 형태를 찾아낸 다음 그러한 형태가 유도될 수 있는 물리 이론을 찾았다.

플랑크는 1894년부터 흑체 복사를 연구하기 시작했다. 1900년, 그는 실험 데이터와 잘 맞는 흑체 스펙트럼 공식을 개발했다. 그는 문제의 정답을 알아냈지만, 그 답이 어떻게 나오는지 전혀 알지 못했다.

플랑크는 당시까지 알려진 물리학을 이용해 이 결과를 설명하려 했지만 계속 실패했다. 흑체는 서로 상호 작용하는 두 가지 시스템의 조합이라고 볼 수 있다. 하나는 수많은 '진동기'다. 이 것은 원자들이라고 할 수 있으며, 원자가 진동하면서 전자기 복 사를 방출한다. 다른 하나는 전자기 복사 자체이며, 방출된 복사 는 다시 원자에 흡수되기도 한다. 플랑크는 맥스웰의 전자기 이 론을 사용하여 원자의 모든 에너지가 필연적으로 전자기파로 변환되고, 물질은 완전히 소진되어 차가워질 것이라고 예측했 다. 하지만 실험은 이 예측과 완전히 달랐다. 지금 돌이켜 보면, 플랑크가 겪은 문제는 당시 물리학자들이 원자가 왜 모든 에너 지를 전자기파로 즉시 방출하지 않는지 설명하지 못했던 것과 매우 비슷하다. 플랑크는 자신도 모르게 이 두 가지 문제를 해결 하는 첫걸음을 내디뎠다고 할 수 있다.

플랑크는 마침내 답을 찾아냈다. 그는 흑체에서 진동하는 원 자에 대해 이제까지 아무도 하지 않았던 가정을 했다. 그는 원자 가 전자기 에너지를 띄엄띄엄한 양으로만 방출할 수 있다고 가 정했고, 이를 양자라고 불렀다. 이러한 양자의 기본 단위는 전자 기파의 진동수에 비례한다고 가정했다. 플랑크는 몇 년 후 이를 다음과 같이 설명했다.

간단히 말해, 내가 한 일은 지푸라기라도 잡아 보려는 절 망적인 행동이라고 할 수 있다. 원래 나는 불확실한 모험 이라면 거부하고 보는 평화로운 성격이다. 그러나 그 무 렵 나는 복사와 물질 사이의 평형 문제와 6년 동안 씨름

하면서 계속 실패하고 있었다. 이 문제가 물리학에서 근본적으로 중요하다는 것을 알고 있었고, 보통의 스펙트럼에서 에너지 분포를 표현하는 공식도 알고 있었다. 따라서 어떤 대가를 치르더라도 이론적 해석을 찾아야 했다.[1]

플랑크는 기본적으로 새로운 물리학을 도입했고, 여기에는 자연의 새로운 기본 상수가 포함되었다. 방정식에서 h로 표시되는 이 상수는 나중에 플랑크 상수라고 불리게 된다. 주어진 진동수에 대한 에너지 양자는 플랑크 상수에 진동수를 곱한 값으로 주어진다. 에너지를 E라 하고 진동수를 그리스어 문자 뉴(v)로 표시하면, 빛 에너지의 양자 방정식은 $E = hv$가 된다.[2] 그러나 플랑크는 자신이 개척한 돌파구가 새로운 물리학 시대를 열었다고 생각하지 않았다. 플랑크는 자신의 새로운 에너지 양자에 대해 이렇게 말했다. "이것은 순전히 형식적인 가정이었으며, 어떤 대가를 치르더라도 긍정적인 결과를 가져와야 한다는 것 외에는 여기에 대해 별다른 생각을 하지 않았다."[3]

19세기 물리학의 또 다른 수수께끼에 대한 해답은 플랑크의 연구에 대한 이러한 관점을 극적으로 바꾸어 놓았다. 오늘날에는 이 수수께끼를 광전 효과라고 부르며, 1887년 하인리히 헤르츠가 맥스웰의 전자기파 예측을 검증하기 위한 실험을 진행하던 중 발견했다. 헤르츠는 전자기파를 감지하기 위해 가운데에 스파크 갭이라고 하는 틈이 있는 전선 안테나를 사용했는데, 들어오는 전자기파가 전선에 전류를 유도하여 스파크가 그 틈을 가로질러 튀어나오게 하는 것이다. 헤르츠는 스파크 갭을 더 잘 보기 위해 안테나를 어두운 상자 안에 넣었는데, 놀랍게도 스파크가 약해졌다. 계속 연구한 결과, 자외선에 노출되면 스파크가 더 강해진다는 것이 알려졌다. 자외선이 금속 표면에서 전자를 방출시킨다는 것이다.

이 결과 자체는 그리 놀라운 것이 아니다. 전자기파가 에너지와 운동량을 가진다는 것은 그 당시에도 잘 알려져 있었기 때문이다. 그러나 1902년 필리프 레나르트의 추가 실험에 따르면 광전 효과에는 빛의 파동 이론으로는 쉽게 설명할 수 없는 면이 있었다.[4] 레나르트는 금속 표면에서 방출되는 전자의 속도를 측정했고, 튀어나온 전자의 속도가 쬐어 준 자외선의 세기와 무관하다는 것을 알아냈다. 또한 전자의 속도는 쬐어 준 빛의 진동수에 따라 달라지며, 진동수가 높을수록 전자의 속도가 빠르다는 것을 알아냈다. 빛의 파동 이론에 따르면 전자의 속도는 빛의 세기에 따라 달라질 것으로 예상되었는데, 이는 빛이 더 강하면 더 많은 에너지가 전자에 전달되기 때문이다. 또한 빛의 진동수는 전자의 속도에 전혀 영향을 주지 않을 것으로 예상되었다. 레나르트와 다른 물리학자들은 광전 효과의 흥미로운 특성을 설명할 수 있는 파동 이론을 찾기 위해 고심했다.

올바른 설명을 찾아낸 사람은 알베르트 아인슈타인이었다. 그는 1905년에 이 결과를 발표하여 빛과 물질에 대한 이해에 혁명을 일으켰다. 「빛의 생성과 변환에 관한 경험적 관점」이라는 제목의 논문은 1905년에 발표한 세 편의 주요 논문 중 첫 번째였다.[5] 두 번째 논문은 앞에서 보았듯이 브라운 운동에 대한 설명이다. 세 번째 논문은 특수 상대성 이론을 소개하는 것으로, 이 이론에 대해서는 나중에 설명하겠다.

아인슈타인은 광전 효과에 대한 설명에서 100년 동안 유지되어 온 빛의 본질에 대한 생각을 바꾸었다. 토머스 영이 빛이 파동처럼 작용한다는 사실을 증명한 반면, 아인슈타인은 빛이 입자처럼 작용한다면 광전 효과를 가장 쉽게 설명할 수 있다고 주장했다. 특히 그는 플랑크가 도입한 빛의 양자가 단순히 계산을 위한 가설적 개념이 아니라 빛의 근본적인 성질이라고 주장했다. 빛의 개별 입자는 나중에 광자photon라고 부르게 된다. 따라서 광전 효과에서 개별 전자는 개별 광자에 의해 금속 표면에서 튕겨 나온다. 전자를 당구대 위의 공으로, 광자를 그 공을 때리는 다른 공이라고 생각할 수 있다. 광자의 에너지는 파동의 진동수에 따라 달라지기 때문에 진동수가 높은 광자는 더 빠른 속도로 전자를 방출한다. 광자 하나가 전자 하나와 상호 작용하기 때문에, 빛의 세기(광자의 수)는 방출되는 전자의 수에만 영향을 미치고 속도에는 영향을 미치지 않는다.

아인슈타인은 200년 전 뉴턴이 주장했던 것처럼 빛이 입자로만 작용한다고 주장하지 않았다. 그는 빛이 **파동과 입자의 성질을 모두** 가지고 있어서 때로는 파동처럼, 때로는 입자처럼 작용한다고 주장했다. 빛이 진공 또는 매질을 통과할 때는 파동으로 이동하고, 검출기를 만나면 한 장소에만 존재하는 입자처럼 흡수된다. 파동-입자 이중성은 양자물리학의 기본 개념이며, 물리

학자들은 오늘날까지도 이 개념이 정확히 무엇을 의미하는지에 대해 논쟁을 벌이고 있다.[6]

광전 효과의 물리학은 SF에서 보이지 않음을 설명하는 데 독창적으로 사용되었다. 엔도 바인더(얼과 오토 바인더 형제의 필명)는 소설 「보이지 않는 로빈후드」(1939)에서 초창기 슈퍼히어로가 전기를 사용하여 앞으로 들어온 광자를 뒤로 보내서 입은 사람이 보이지 않게 하는 금속 슈트를 상상했다. 이 소설에서 광전 효과를 명시적으로 언급하지는 않았지만, 그 영향은 분명하다.

빛의 양자에 대한 아인슈타인의 가설은 쉽게 받아들여지지 않았다. 아인슈타인이 만든 공식은 실험 결과와 잘 맞아떨어졌지만, 당시의 저명한 물리학자들은 그의 새로운 물리학이 너무 급진적이라고 생각했다. 빛의 양자를 처음 도입한 막스 플랑크조차 아인슈타인의 이론에 반대했다. 물리학자 로버트 밀리컨 Robert Millikan이 1916년에 했던 말은 당시의 주도적인 견해를 잘 대변한다.

> 1905년에 아인슈타인은 전자기적인 빛이 입자고, 빛이 전자에 흡수될 때 빛의 에너지 hv가 전자에 전달된다는 가설을 세워 최초로 빛의 효과를 어떤 형태로든 양자론과 결합했다. 이는 너무 대담하고 어쩌면 무모한 가설이다. 이 가설이 무모하다고 할 만한 이유는 첫째로 전자기 교란이 공간의 한 장소에 국한된다면 전자기 교란이라는 개념 자체를 어기기 때문이고, 둘째로 이것이 사실로 철저히 확립된

간섭이라는 현상에 정면으로 위배되기 때문이다.[7]

　요약하면 다음과 같다. 빛의 파동 이론은 지난 100년 동안 철저하게 입증되었고, 빛이 한 장소에만 존재할 수 있는 입자라는 개념은 여러 장소에 퍼져 있는 파동이라는 개념과 완전히 모순되는 것으로 보였다. 대부분의 물리학자는 새로운 물리학을 도입하면 해결되는 것보다 더 많은 문제가 생긴다고 보았다.

　그러나 한 과학자는 기꺼이 이른바 양자 도약이라는 것을 일으키려고 했고, 심지어 아인슈타인보다 더 멀리 나아가려고 했다. 그는 덴마크의 물리학자 닐스 보어Niels Bohr였다. 1885년 코펜하겐에서 태어난 보어는 1903년 아버지가 생리학 교수로 재직하는 코펜하겐대학교 물리학과에 학부생으로 입학했다. 그는 금방 남다른 실력을 과시했고, 1905년 덴마크 왕립과학아카데미가 주최한 대회에서 금메달을 받았다. 대회에서 제시된 문제는 액체의 표면 장력을 측정하는 방법을 연구하는 것이었는데, 당시 물리학과에는 실험실이 없었기 때문에 보어는 아버지의 실험실에서 실험을 수행했다.

　보어는 계속해서 코펜하겐대학교에서 석사 학위를 받았고, 1911년에는 박사 학위를 받았다. 그의 학위 논문은 금속에서 전자의 거동에 관한 것이었고, 같은 해에 장학금을 받고 영국으로 건너가 전자를 발견한 J. J. 톰슨을 비롯한 중요한 과학자들을 만났다. 보어는 톰슨에게 깊은 인상을 남기지 못했지만 어니스트 러더퍼드를 만났다. 러더퍼드는 보어를 맨체스터로 초청하여 함께 연구하도록 했다. 바로 그때 러더퍼드는 원자핵을 발견했고, 따라서 보어는 원자 구조 연구의 중심에 서 있었다.

보어가 1912년에 덴마크로 돌아왔을 때 그의 마음은 온통 원자로 가득했다. 그는 같은 해에 코펜하겐대학교 강사가 되었고, 1913년에는 부교수에 해당하는 직위를 얻었다. 1913년 중반에 그는 원자 구조에 대한 새로운 모형을 생각해 냈고, 논문 세 편(요즘은 '3부작'이라고 부른다)을 7월, 9월, 11월에 잇달아 발표했다.

그때까지 연구자들은 러더퍼드의 핵을 가진 원자와 고전 전자기학 중 하나를 버려야 하는 상황에서 전자기학을 유지하고 다른 원자 모형을 찾으려고 했다. 무엇보다도 고전 물리학의 관점에서 러더퍼드가 제시한 것과 같은 태양계 모형의 원자는 매우 짧은 시간에 모든 에너지를 방출하고 붕괴한다고 예측되었기 때문이다. 보어는 첫 번째 논문에서 반대의 선택을 했다. 그는 러더퍼드의 그림이 옳으며, 원자만큼 작은 물체에서는 전자기 법칙이 달라질 것이라고 주장했다.[8]

그런 다음에 보어는 두 가지 핵심적인 가정을 했다. (1) 빛은 원자를 공전하는 전자에 의해 아인슈타인이 예측한 대로 띄엄띄엄한 에너지를 가진 입자(광자)로 방출되고 흡수된다. (2) 전자는 핵으로부터 어떤 특수한 거리에서만 공전할 수 있다. 보어는 전자의 이러한 상태를 정상 상태stationary states라고 불렀는데, 이런 상태에서는 전자가 안정되게 궤도를 돌고 있다는 뜻이다. 이러한 상태에 있는 원자는 맥스웰의 이론과 달리 전자기파를 방출하지 않는다.

보어는 전자가 어떤 특수한 궤도에서 다른 특수한 궤도로만 '뛰어넘을' 수 있으며, 바깥 궤도에서 안쪽의 궤도로 떨어지면서 광자를 방출한다고 주장했다. 광자의 에너지, 따라서 그 진동수는 전자가 뛰어넘을 때 에너지를 얼마나 많이 내놓는지에 따라 결정된다. 광자는 진동수가 적절하면 원자에 흡수될 수 있고, 이때 전자가 안쪽 궤도에서 바깥 궤도로 뛰어넘어 간다(그림 26).

이런 특수한 궤도는 어디에서 나왔을까? 보어는 핵 주위를 도는 전자의 각운동량,* 즉 회전의 운동량은 띄엄띄엄한 값만 가질 수 있으며, 이는 주어진 진동수의 빛이 $E = h\nu$의 띄엄띄엄한 배수의 에너지만 가질 수 있는 것과 마찬가지라고 주장했다. 보어는 빛 에너지뿐만 아니라 전자의 각운동량도 불연속적으로 양자화되어 있다고 주장한 것이다. 각운동량의 단일 양자는 플랑크 상수 h에 의해 주어지며, 이는 보어의 원자와 아인슈타인의 광자가 모두 동일한 새로운 기본 물리학에 관련됨을 나타낸다.

보다시피 보어 모형은 여러 가지 가정으로 이루어져 있었고, 연구자들이 쉽게 거부할 만했다. 그러나 이 모형은 수소 원자의 빛 방출에 대한 발머 공식과 뤼드베리 공식에 거의 완벽하게 일치했다. 원자를 설명하려면 새로운 물리학을 도입해야 한다는 생각은 완강한 저항에 막혀 있었지만, 보어의 발견이 상황을 바꿔 놓았다. 보어는 이 업적으로 1922년 노벨 물리학상을 받았다.

---

* 회전하는 입자의 각운동량은 입자의 회전 반지름과 운동량(질량 곱하기 속도)의 곱이다.

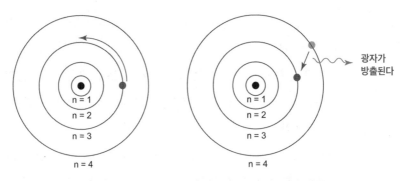

전자가 n=3 궤도에 있다   n=4에 있던 전자가 n=3으로 전이한다

광자가
방출된다

그림 26

닐스 보어의 원자 모형. 전자는 고정된 거리의 궤도를 돌고 있다.
각 궤도에는 번호 n이 붙어 있다. 전자가 높은 궤도에서 낮은 궤도로
전이할 때 광자를 방출한다.

그런데 한 가지 중요한 개념적 질문이 대답되지 않은 채 남아 있었다. 왜 전자의 각운동량이 양자화되는가? 더 일반적으로는, 전자의 정상 상태는 왜 생기는가? 1924년 프랑스의 물리학자 루이 드브로이Louis de Broglie가 이에 대한 설명을 박사 학위 논문으로 발표했다. 1892년 귀족 가문에서 태어난 드브로이는 원래 인문학을 공부하고 있었다. 하지만 엑스선을 연구하는 물리학자였던 형 모리스Maurice의 영향으로 물리학의 매력에 빠져들었다. 1913년 물리학으로 학위를 받은 드브로이는 1914년 제1차 세계대전 때 징집되어 군용 무선 통신 개발에 참여했다. 1919년에 제대하자마자 그는 전쟁으로 인해 공부할 수 없었던 물리학 문제에 다시 몰두하면서 파리대학교에서 박사 학위를 받기 위해 노력했다.

드브로이는 형과 공동으로 발표한 초기 연구에서 광전 효과와 엑스선의 특성을 연구했다. 그는 광전 효과를 연구하면서 광자의 존재와 빛의 파동-입자 이중성을 잘 알게 되었다. 드브로이는 그 이전에 많은 연구자가 관찰한 것처럼 엑스선이 전자기파이지만 파장이 매우 짧기 때문에 입자와 매우 유사하게 행동한다는 사실에 주목했다. 이 관찰로 드브로이는 혁명적인 길로 들어섰다. 빛이 입자와 같은 성질을 가진 파동으로 취급될 수 있는 것처럼, 물질도 파동과 같은 성질을 가진 입자로 구성될 수 있다고 추론한 것이다. 전자의 파장이 매우 짧으면, 전자는 대부분의 상황에서 입자처럼 행동할 것이다. 1929년 노벨상 수상 강연에서 그는 이렇게 회고했다. "반면에 원자 안에 있는 전자의 안정된 운동을 결정하는 데는 정수가 필요했고, 지금까지 물리학에서 정수가 관여하는 유일한 현상은 간섭과 고유 진동뿐이었다. 그러므로 전자를 단순한 입자로 나타낼 수 없고, 전자에도 주기성을 부여해야 한다는 생각이 들었다."[9] 드브로이는 전자가 원자의 둘레에 퍼져 있는 진동이라고 생각했다. 영은 파이프오르간에서 특정 파장을 가진 파동만이 파이프에 '딱 맞는다'는 것을 관찰했다. 마찬가지로 드브로이는 전자의 파동도 핵 주변의 특정 원형 경로에만 딱 맞을 수 있다고 추론했다. 이렇게 해서 드브로이는 전자가 파동이라고 생각했고, 보어가 근거 없이 가정할 수밖에 없었던 전자 궤도의 각운동량 조건을 이로부터 유도해 냈다(그림 27). 그의 박사 학위 논문은 1924년에 성공적으로 통과되었고, 1927년에는 전자가 파동의 성질을 가진다는 것이 간섭 실험을 통해 입증되었다. 양자물리학의 시대가 활짝 열린 것이다. 이제는 자연의 모든 것, 빛과 물질이 모두 파동-입자 이중성을 가지고 있음이 알려졌다.

새로운 양자 이론은 마침내 물리학자들을 오랫동안 괴롭혀 온 질문에 대한 해답을 제시했다. 왜 전자는 원자핵 주위에서 궤도를 돌면서도 복사를 방출하지 않는가? 해답은, 정상 상태에 있는 전자는 궤도를 돌지 않으며, 움직이지 않는 구름처럼 핵을 감싸고 있다는 것이다. 이는 마치 오르간의 파이프 안에서 생겨나는 정상파와 같다. 전하가 복사 없이도 진동할 수 있다는 에렌페스트의 가설은 양자론에서는 필요하지 않은 것으로 알려졌다.

모든 새로운 이론과 마찬가지로, 많은 사람이 양자물리학에

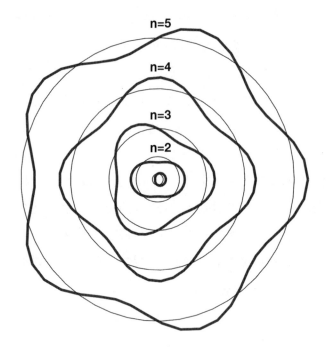

그림 27

원자를 둘러싸고 있는 드브로이의 전자 파동.
전자 파동은 'n'으로 표시되는 여러 차수를 가진다.

반대했다. 처음에는 여러 가지 가정(빛의 양자화, 정상 상태의 궤도 등)에 기댔으므로, 연구자들은 해결되는 것보다 더 많은 문제가 생긴다고 보았다.[10] 연구가 계속되고 점점 더 정교해지면서 양자물리학을 지지하는 실험적 증거와 이론적 논증이 계속 늘어나자 대부분의 반대자는 생각을 바꾸게 되었다. 드브로이의 연구 이후에도 의문은 남아 있었고, 일부는 오늘날까지도 남아 있다. 그러나 대부분의 물리학자는 빛과 물질에 대한 새롭고 혁명적인 관점을 받아들이게 되었다.[11]

적어도 한 명의 이론가는 양자물리학이 옳다는 생각에 끝내 반대했다. 영국의 물리학자이자 수학자인 조지 아돌푸스 스콧 (1868~1937)은 맥스웰의 고전 전자기 이론을 사용하여 관찰된 원자의 모든 특성을 유도할 수 있다는 것을 증명하기 위해 많은 시간을 보냈다. 그는 결국 실패했지만, 에렌페스트의 복사를 만들지 않는 운동과 관련하여 그가 개발한 새로운 이론적 결과는 나중에 보이지 않음의 물리학에 다가가는 길잡이가 되었다.

스콧의 어린 시절에 대한 기록은 거의 남아 있지 않다. 그는 영국 브래드퍼드에서 태어나 교육을 받았고, 1886년 케임브리지대학교 트리니티칼리지에 입학했다. 그는 1890년에 학사 학위를 받았고, 1893년에 웨일스 애버리스트위스대학교에서 물리학 교수가 되었다. 그는 일찍부터 전자기 이론에 관심을 가졌고, 1894년에 처음으로 과학 논문인 「빛의 반사와 굴절에 관하여」를 발표했다.[12]

앞에서 보았듯이 스콧은 1903년 과학계에 불어닥친 원자 구조 추측하기 열풍에 뛰어들었다. 1906년에 발표한 팽창하는 전자를 제안한 논문이 그의 두 번째 논문이었다. 그는 1910년까지 자신의 원자 모형과 함께 다른 원자 모형을 계속 연구했고, 원자가 복사를 방출하지 않고도 안정될 수 있는 방식을 집중적으로 연구했다. 1907년 논문에서 그는 원자가 어떻게 중심까지 서로 다른 거리로 공전하는 서로 다른 전자 고리로 구성될 수 있는지 논의하면서 다음과 같은 놀라운 선언을 했다. "영구적인 운동을 하는 두 그룹은 서로를 방해하고 파동을 방출하며, 파동에 의해 에너지가 유출된다. 따라서 이 시스템은 영구적이라고 할 수 없다. 그러나 섭동으로 인한 가장 강력한 파동이 각 그룹의 여러 전자들 사이에 일어나는 간섭에 의해 파괴된다면, 에너지의 유출과 그에 따른 구조의 붕괴는 극단적으로 천천히 진행될 수 있다."[13] 유명한 이중 슬릿 실험에서 토머스 영은 두 슬릿에서 나오는 빛이 간섭할 수 있으며, 어느 시점에 상쇄 간섭에 의해 파동이 완전히 상쇄될 수 있음을 보여 주었다. 이와 유사하게 스콧은 궤도를 도는 두 개의 전자 고리에서 방출되는 파동이 완전히는 아니더라도 대부분 상쇄되어 원자가 복사를 거의 또는 전혀 방출하지 않을 수 있다고 제안했다. 스콧은 이전에는 볼 수 없었던 유형의 간섭을 제안한 것이었다. 이 직관을 뒷받침할 수 있는 수학은 없었지만, 그는 놀라운 발견을 향해 나아가고 있었다.

스콧은 전자 복사에 대한 상세한 수학적 연구로 학계에서 명성을 얻었고, 이 분야를 주도하는 전문가로 빠르게 두각을 나타냈다. 이 문제의 수학적 측면에 대한 관심과 강점을 바탕으로 스콧은 1909년 애버리스트위스대학교의 수학과 교수가 되었고, 1910년에는 학과장으로 승진했다.

스콧이 전자기 이론으로 원자 구조를 이해하려고 온갖 노력을 기울이던 중에 1913년에 보어의 모형이 나오자 그는 큰 충격을 받았을 것이다. 완전히 새로운 물질 이론을 도입하는 것은 잘못된 방향이라고 생각한 스콧은 남은 생애 동안 맥스웰의 이론으로 원자의 흥미로운 성질을 보여 주려고 노력했고, 특히 복사를 방출하지 않는 보어의 궤도를 맥스웰의 이론만으로 완전히 설명하기 위해 노력했다. 그는 1918년에 발표한 논문에서 맥스웰의 연구에 대해 이렇게 말했다. "훨씬 더 강력한 이유가 나타나지 않았는데 이토록 유용한 이론을 기꺼이 포기할 사람은 아무도 없을 것이다." 한편 그가 보어의 연구에 대해 "워낙 특별히 정확하기 때문에 상당한 진리의 토대를 부정할 수 없다."라고 말한 것을 보면 보어의 연구가 틀렸다고 생각하지는 않았음을 알 수 있다.[14]

연구자들 사이에서 새로운 물리학이 원자의 구조를 설명하는 데 필수적이라는 공감대가 형성되고 과학적 증거가 쌓여 갔지만, 스콧은 고전적인 파동 이론으로 복사를 방출하지 않는 궤도 운동을 유도하려는 노력을 조용히 계속했다. 하지만 이 연구는 의도하지 않게 한쪽으로 밀려났다. 대학에서 그가 맡은 행정 업무 부담이 점점 더 커졌기 때문이다. 그는 1923년에 응용수학과와 순수수학과의 학과장이 되었고, 1932년에는 대학의 부학장이 되었다.

마침내 은퇴하던 해인 1933년에 스콧은 「균일하고 단단하게 대전된 움직이는 구의 전자기장과 복사를 방출하지 않는 궤도」라는 제목의 논문을 통해 놀라운 돌파구를 마련했다.[15] 그는 대부분의 사람이 불가능하다고 여겼던 일을 해냈다. 가속되면서도 복사를 방출하지 않는 전하의 분포에서 맥스웰 방정식의 해解를 찾아낸 것이다.

스콧은 전하의 층으로 얇게 덮인 구각球殼(속이 빈 공)을 상상했는데, 이는 "가는 전선으로 지지되어 접지하거나 절연하기가 쉬운" 금속 구각이다.[16] 그는 이 구가 주기적인 운동을 하면서 주기 동안 임의의 경로를 따라간다고 생각했다. 원을 따라가거나, 8자 모양을 그리거나, 훨씬 더 복잡한 경로로 움직일 수도 있다. 스콧은 매우 상세한 수학적 계산을 통해 이러한 구가 일련의 띄엄띄엄한 진동수 중 하나로 진동하면 전자기 복사를 방출하지 않는다는 것을 보여 주었다. 이 진동수는 수소 원자의 정상 상태와 일치하지 않아 원자를 설명할 수 없었지만, 스콧은 전하가 복사를 방출하지 않으면서도 진동할 수 있다는 것을 대략적으로 증명했다. 이 기이한 구조는 나중에 비복사 방출원nonradiating sources이라는 이름을 얻게 된다. 비복사 방출원은 역설적이게도 복사의 방출원이지만 복사를 방출하지 않는다.

그렇다면 이 비복사 운동의 기원은 무엇일까? 스콧 자신은 구체적으로 설명하지 않았지만, 그가 사용한 수학에 힌트가 숨어 있다. 스콧의 계산에 따르면 움직이는 구의 진동 주기(완전히 한 바퀴를 돌아서 되돌아올 때까지 걸리는 시간)가 빛이 구의 지름을 이동하는 데 걸리는 시간의 배수인 경우 복사를 방출하지 않는다. 이는 구의 한쪽 끝에서 생성된 빛의 파동이 반대쪽 끝으로 이동해서 거기에서 방출된 파동에 의해 상쇄됨을 시사한다. 이것도 파동의 간섭 현상이지만, 매우 특별한 형태의 간섭이다. 영의 실험에서는 두 지점에서 방출된 빛이 어떤 위치에서는 상쇄 간섭을 일으키고 또 어떤 위치에서는 보강 간섭을 일으킨다. 스콧은 이동하는 전하 분포(빛을 방출하는 여러 점들의 집합)가 전하가 이동하는 영역 외부의 모든 지점에서 상쇄 간섭만 일으키도록 할 수 있음을 알아냈다.

이 결과는 너무나 이상하다. 라디오, 휴대 전화, 무선랜 등 우리가 사용하는 모든 무선 통신 기술은 전하가 진동하면서 전자기파를 생성한다는 원리를 이용한다. 스콧의 연구 결과에 따르면, 예를 들어 어떤 형태의 휴대 전화는 전화를 걸어도 전파가 만들어지지 않는다는 것이다. 모든 에너지가 간섭에 의해 휴대 전화 근처를 벗어나지 못한다.

SF에서 상쇄 간섭을 보이지 않게 하는 수단으로 사용하는 데 근접한 작가는 단 한 명뿐인 것 같다. A. E. 밴보그트의 소설 『슬랜』(1940)에서 주인공은 우주선과 상호 작용하는 모든 광자를 소멸시키는 기술을 사용하여 우주선을 보이지 않게 만든다.

스콧의 결과는 그 자체로 제약이 있었다. 그가 유도한 복사가 방출되지 않는 궤도의 조건은 구의 반지름이 구가 따라가는 경로의 길이보다 훨씬 커야 한다는 것인데, 이렇게 되면 구의 운동은 '궤도'라기보다 '흔들림'에 가깝다. 그럼에도 불구하고 이 결과는 획기적이었고, 스콧은 남은 생애 동안 자신의 이론을 다듬

기 위해 노력하여 1936년과 1937년에 걸쳐 전하를 띤 구의 운동에 관한 여러 논문을 발표했다.[17]

스콧 자신도 이 모형이 보어의 원자 모형을 설명할 수 없다는 것을 알고 있었고, 대신 기초 물리학의 다른 수수께끼에 적용하려고 노력했다. 러더퍼드가 원자핵을 발견한 이후 원자핵 자체가 더 작은 구성 입자로 이루어져 있음이 알려졌다. 그중 한 가지가 양성자로, 전자와 똑같은 크기의 양전하를 띠는 입자다. 주기율표의 모든 원소는 서로 다른 수의 양성자를 가진 원자를 나타낸다. 1932년 영국의 물리학자 제임스 채드윅James Chadwick은 중성자의 존재를 실험적으로 증명했는데, 중성자는 질량이 거의 양성자와 똑같지만 전하가 없는 입자다. 스콧은 1933년 비복사 운동에 관한 논문에서 중성자가 비복사 궤도 껍질 두 개로 이루어져 있을 수 있다고 제안했다. 두 껍질 중 하나는 양전하를 띠고 다른 하나는 음전하를 띠며, 서로를 중심으로 궤도 운동을 한다는 것이었다. 그러나 이 아이디어는 핵 이론 연구자들에 의해 금방 거부되었다.

스콧은 1937년에 갑자기 죽었고, 복사에 대한 연구는 미완성으로 남았다. 그의 마지막 논문은 사후에 발표되었다. 스콧은 양자론에 마지막까지 대항한 위대한 반대자였다. 압도적인 실험적 증거가 모든 합당한 의심을 뭉개 버리기 전에 양자론의 가정에 반대한 마지막 사람이었다. 왕립학회에 실린 부고 기사에서 알 수 있듯이, 스콧 자신은 그의 연구를 통해 호의적으로 기억되고 존경받았다. "엄청난 수학적 난관을 뚫고 수치적 결과를 얻어

내는 기술에서 스콧은 최고의 경지에 이르렀다. 죽음을 앞둔 영웅적인 수비수가 보여 준 최고의 공격이라고 할 수 있다. 패배했다고? 누가 이렇게 말할 수 있을까? 미래에 모든 이론의 길을 가로막는 난제가 나타나면, 이를 타개하는 영감을 얻기 위해 언제나 스콧의 연구를 참고하게 될 것이다."[18]

현대에 스콧의 논문을 읽는 나도 맥스웰 방정식을 조작하여 아름다운 결과를 만들어 낸 능력에 경외감을 느낀다. 스콧은 전자기파 이론의 진정한 예술가였다.

그 후 몇십 년 동안 다른 연구자들이 스콧의 비복사 궤도를 독립적으로 재발견했고, 스콧과 마찬가지로 이 매력적인 결과의 용도를 찾기 위해 고투했다. 1948년 양자물리학자인 데이비드 봄David Bohm과 마빈 와인스타인Marvin Weinstein은 더 일반적인 유형의 비복사 궤도를 발견했고, 심지어 이러한 비복사 전하 분포 중 일부가 외부에서 힘을 가하지 않아도 스스로 진동할 수 있음을 보여 주었다.[19] 이러한 자체 진동 시스템 중 하나로 물로 채워진 공을 상상할 수 있다. 여기서 공은 전하의 구형 껍질이고 물은 전하의 전자기 에너지다. 물이 든 공을 흔들면 진동이 일어나고, 물의 내부 운동이 공의 외부 운동과 균형을 이룰 수 있다. 이와 유사하게, 봄과 와인스타인은 껍질의 운동과 껍질 내부의 전자기 에너지의 운동이 서로 균형을 이루는 것을 상상했다.

봄과 와인스타인이 이 이론을 내놓은 시기에는 중성자의 이론이 이미 상당히 잘 정립되어 있었고, 설명이 필요한 새롭고 흥미로운 입자가 발견되었다. 1947년 세실 파월Cecil Powell, 세자르라테스César Lattes, 주세페 오키알리니Giuseppe Occhialini가 중간자meson라는 입자를 발견했는데, 이는 1934년 일본의 물리학자 유카와 히데키湯川秀樹가 존재할 거라고 예측했던 입자였다. 봄과 와인스타인은 이 발견을 기회로 삼아 중간자가 보통의 전자가 들뜬 상태며, 자신의 전기장 속에서 자체 진동한다는 가설을 제안했다. 하지만 들뜬 전자 모형과 모순되는 중간자의 특성이 더 많이 발견되면서 이 가설은 곧 폐기되었다.

1964년 뉴멕시코주립대학교의 조지 괴데케George Goedecke 교수는 봄과 와인스타인의 연구를 더 일반화했고, 비복사 운동으로 "하나의 '자연에 대한 이론'을 만들 수 있으며, 이 이론에서 모든 안정된 입자(또는 그 응집체)는 비복사 전하-전류 분포일 뿐이고, 그것들의 역학적 성질은 전자기적 성질에서 온다."라고 과감하게 제안했다.[20] 현대 입자물리학의 발견으로 물리학의 기본 법칙이 단순한 전자기 이론이 설명하는 것보다 더 복잡하다고 (게다가 더 이상하기까지 하다고) 밝혀지면서 이 가설도 과학계에서 주목을 받지 못했다.

이제까지 살펴본 예는 20세기 중반에 이르러 비복사 운동이 문제에 대한 연구에서 해결책이 되었음을 보여 준다. 수많은 연구자가 이러한 전하 분포의 놀라운 특성을 보고 자연계에 **무언가** 대응되는 것이 있어야 한다고 생각했고, 이를 물리학에 응용할 방법을 찾기 위해 노력했다.

괴데케가 이 문제로 고심할 무렵, 다른 연구자들은 '보이지 않는' 전하 분포가 상당히 다른 맥락에서 중요해지는 새로운 기술을 개발하고 있었다.

11

내부 들여다보기

CT와 MRI, 몸속을 보다

블랜드 씨가 저지른 약간의 실수를 변명하자면, 그는 해골이 될 의도
나 성향이 전혀 없었다는 점을 기록해야 한다. 그런 야심 찬 계획이
그의 머릿속에 떠오른 적은 없었다. 말하자면 끔찍한 숫자의 뼈들이
그에게 밀려들었다. 또는 반대로, 살이 제거되기도 했다. 결국 변화
가 어떻게 일어났는지는 거의 상관이 없다. 블랜드 씨는 갑자기 자신
이 해골로 변한 것을 발견하고 당혹스러워했다. 또한 해골을 사회적
으로 동등하거나 바람직한 동반자로 여기는 사람은 드물다는 사실
도 알게 되었다.

— 손 스미스Thorne Smith, 『피부와 뼈Skin and Bones』(1933)

1895년 엑스선의 발견은 경외감과 경이로움뿐만 아니라 많은
혼란과 공황을 불러일으켰다. 엑스선의 힘을 둘러싼 황당한 헛
소문에 대해 언론이 나서서 틀렸다고 지적해야 할 만큼 공황이
심각했다. 예를 들어 1896년 '엑스선 방지 속옷과 여러 가지 엉
터리'를 설명하는 기사는 다음과 같은 설명으로 엑스선의 한계
를 지적했다. "흥분한 대중은 조금 신중해야 할 필요가 있다. 에
디슨 씨뿐만 아니라 그 누구도 폐와 간을 볼 수 없다. 기껏해야 손
이나 발에 있는 뼈의 그림자를 볼 수 있다. 이 정도로도 충분히 만
족스럽지 않은가? 이마저도 특별한 조건에서만 가능하다."[1]

여기에 나오는 '에디슨 씨'는 유명한 발명가 토머스 에디슨 Thomas Edison이다. 엑스선이 발견되자 에디슨도 잠시 엑스선에 열광했고, 심지어는 별 근거도 없이 엑스선이 실명을 치료할 수 있을 것이라고 추측하기도 했다.[2] 뢴트겐의 발견 직후 에디슨은 조수 클래런스 매디슨 댈리 Clarence Madison Dally에게 엑스선 기술을 연구하게 했다. 댈리는 1902년에 심각한 방사선 중독 상태가 되었고, 결국 1904년에 사망했다. 그는 방사선 실험으로 사망한 최초의 인물로 알려져 있다. 댈리의 사고로 에디슨은 엑스선 연구를 그만두기로 결심했고, 1903년에 이렇게 말했다. "내게 엑스선에 대해 말하지 마라. 나는 엑스선이 두렵다."[3]

한계와 위험성에도 불구하고 20세기로 넘어와서 한참이 지날 때까지도 사람들은 엑스선이 보이지 않음과 연결된다고 생각했고, SF와 대중 과학 작가 모두 관심을 끌기 위해 엑스선을 이용했다. 예를 들어 손 스미스의 소설 『피부와 뼈』(1933)는 한 남자가 엑스선 사진에 사용되는 형광 화학 물질을 실험하다가 실수로 해골로 변해 버린다는 내용의 희극이다. "어떤 화학 물질의 조합이 블랜드 씨의 신체 구성에 놀라운 변화를 일으켰는지는 확실히 알 수 없다. 아마도 그가 만든 이상한 혼합물에다 거르지 않은 술을 많이 마시고, 아스피린까지 과다 복용했으니 형광 투시 필름이 아니라 형광 투시 인간이 탄생하기에 충분했을 것이다."[4]

대중 과학 분야에서는 잡지 『과학과 발명 Science and Invention』 1921년 2월호 표지에 "사람을 보이지 않게 할 수 있을까?"라는 도발적인 질문과 함께 한 과학자가 음극선관처럼 생긴 장치를 사용하여 여성의 신체 일부를 보이지 않게 하는 그림을 실었다 (그림 28).

이 기사를 쓴 사람은 휴고 건스백Hugo Gernsback이었다. 그는 룩셈부르크 출신의 미국 작가이자 발명가, 잡지 발행인으로, 오늘날에는 1926년 최초의 SF 잡지 『어메이징 스토리Amazing Stories』를 창간한 것으로 가장 유명하다. SF의 영향을 많이 받은 건스백은 보이지 않음에 관한 기사에서 엑스선의 한계를 뛰어넘어 뼈뿐만 아니라 인체의 모든 부위와 조직을 촬영할 수 있는 미래의 장치를 상상했다.

> 작가가 '트랜스패러스코프Transparascope'(투과해서 비춘다는 뜻의 transparent와 본다는 뜻의 scope를 합친 말이다)라고 이름 붙인 이 미래의 기계는 어떤 실용성이 있을까? 그림에서 볼 수 있듯이 이 기계는 의학 분야에서 헤아릴 수 없는 가치를 지니게 될 것이다. 이 기술을 통해 우리 몸의 내부 장기를 실제 색상과 모양 그대로 볼 수 있게 될 것이다. 예를 들어 우리는 심장 박동을 볼 수 있고 의사는 심장 박동 소리를 듣는 대신 어떤 이상이 있는지 볼 수 있다. 의사는 폐를 검사할 수 있게 되고, 어디가 아픈지 알기 위해 손으로 가슴을 두드려 볼 필요가 없다. 의사는 수술하기 전에 내장의 어떤 부분이 어떻게 잘못되었는지 확실히 알 수 있어서 불필요한 수술을 하지 않아도 되고, 문제를

그림 28

『과학과 발명』 1921년 2월호 표지

확인하기 위해 환자의 배를 가르는 일은 없어질 것이다.[5]

건스백의 이 말은 오싹할 정도로 앞을 잘 내다보았다. 불과 수십 년 안에 폐나 간과 같은 장기를 포함한 인체 내부를 3차원으로 촬영하는 새로운 기술이 등장했고, 의사들은 건스백이 예측한 대로 이러한 영상의 도움을 받아 치료법을 결정하게 되었다. 건스백은 이러한 영상 촬영은 엑스선으로는 불가능하고 신비한 형태의 새로운 광선이 필요하다고 상상했다. 그러나 실제로 새로운 의료 영상 촬영을 처음 시도한 연구자들은 보통의 엑스선을 그대로 사용했고, 다만 이전에는 상상할 수 없었던 방식으로 엑스선을 활용했다. 새로운 의료 영상에 필요한 것은 엑스선보다 더 뛰어난 미지의 광선이 아니라 컴퓨터라는 것이 밝혀졌다. 컴퓨터를 사용하면 여러 장의 엑스선 사진에서 얻은 데이터를 결합하여 놀라운 해상도의 3차원 영상을 만들어 낼 수 있다. 이 새로운 기술을 처음에는 컴퓨터 축 단층촬영, 즉 CAT(computerized axial tomography) 스캔이라고 불렀고, 요즘은 간략하게 CT(computed tomography)라고 부른다.

건스백은 또한 놀랍도록 기민하게 새로운 형태의 의료 영상과 보이지 않음을 연결했다. CAT 스캔과 다른 영상 기술이 개발되면서 보이지 않는 물체에 대한 질문은 예상치 못한 새로운 방식으로 등장하게 된다.

컴퓨터 단층촬영의 이야기는 한 장의 사직서에서 시작된다. 1955년 남아프리카공화국의 물리학자 앨런 매클라우드 코맥

Allan MacLeod Cormack(1924~1998)이 케이프타운대학교 강사로 있을 때, 인근 그루트슈어 병원의 의료물리학자가 사직서를 제출했다. 이 병원은 암 치료를 위해 방사성 동위원소를 사용하고 있었는데(방사선 요법이라고 부른다), 이 나라에서 방사성 물질을 사용하려면 자격을 갖춘 물리학자가 감독해야 한다고 법으로 정해져 있었다. 코맥은 1956년 한 해 동안 일주일에 하루 반나절 동안 병원에서 근무하기로 했다.

방사선 요법에서는 엑스선을 쬐어 종양을 손상시키거나 파괴한다. 에디슨의 조수 댈리가 겪었던 것과 같은 엑스선의 유해한 효과를 이용해 암세포를 박멸하는 것이다. 그러나 종양 조직에 적절한 양의 엑스선을 쬐려면 엑스선이 종양에 도달할 때까지 거쳐 가는 조직들이 엑스선을 얼마나 흡수하는지 정확히 알아야 한다. 엑스선이 얼마나 잘 흡수되는지는 조직마다 다르다. 예를 들어 뼈는 다른 조직보다 엑스선을 더 많이 흡수하며, 그렇기 때문에 보통의 엑스선 사진에 뼈의 그림자가 나타난다. 코맥이 일하던 시절에는 시행착오를 통해 적절한 조사량을 결정해야 했고, 엑스선이 종양 조직에 도달하는 경로에서 어떤 조직들이 중간에 있는지 대략의 추정에 의존해야 했다. 코맥은 이 한계를 보면서 새로운 접근법을 고안했다. "치료 계획을 개선하기 위해서는 인체 조직의 감쇠 계수 분포를 알아야 하고, 이 분포는 인체 외부에서 측정하여 찾아야 한다는 생각이 들었다."[6] 코맥은 수학 문제를 풀기 시작했다. 여러 방향에서 인체의 엑스선 영상을 촬영하고 그 정보를 종합하여 인체의 전체적인 3차원 구조를 재구성할 수 있을까? 코맥의 연구는 빠르게 진전되었고, 1957년에는 판자로 둥글게 감싼 알루미늄 원통의 내부 구조를 측정하는 실험을 수행했다. 이 실험에서 알루미늄 원통의 가운데 부분이 다른 부분보다 엑스선 흡수 계수가 낮다는 예상하지 못한 결과가 나왔다. 알루미늄 원통을 제작한 기계공들은 중심부가 약간 다른 재질로 제작되었음을 확인했고, 이는 코맥의 기술이 실제로 대상 물체의 내부에서 알려지지 않은 구조를 발견할 수 있다는 것을 보여 주었다.

코맥은 1957년에 매사추세츠의 터프츠대학교로 자리를 옮겼지만, 그 뒤로도 틈날 때마다 이 문제를 연구했다. 1963년에는 원통과 달리 대칭이 아닌 금속 물체의 구조를 알아내는 연구를 시작했고, 학부생 한 사람을 뽑아 복잡한 데이터를 분석할 수 있는 컴퓨터 프로그램을 작성하게 했다. 그 결과는 엑스선 측정을 여러 번 하면 복잡한 물체의 내부 구조를 파악할 수 있다는 것을 분명하게 보여 주었다. 그럼에도 불구하고 코맥은 자신의 업적에 대한 초기 반응이 전혀 감동적이지 않았다고 회상했다. "논문은 1963년과 1964년에 발표되었다. 사실상 아무런 반응이 없었다. 논문을 보내 달라는 요청 중에 가장 흥미로운 것은 스위스 눈사태 연구센터에서 보내온 편지였다. 이 방법을 산에 쌓인 눈에도 적용할 수 있다. 쌓인 눈 아래에 탐지기나 방출원을 둘 수만 있다면 말이다!"[7]

그러나 과학에서 자주 그렇듯이, 비슷한 시기에 다른 연구자들도 비슷한 생각을 하고 있었다. 그중 한 연구자는 이 복잡한 연구에 특별히 적합한 사람이었다. 영국의 전기 기술자 고드프리 하운스필드Godfrey Hounsfield(1919~2004)는 영국 공군에서 자원 예비군으로 근무하면서 전자공학과 레이더의 기초를 배웠다. 하운스필드는 1949년에 영국 미들섹스에 있는 EMI(Electric and Musical Industries)에 입사했고, 유도 무기 시스템과 레이더에 대한 연구를 계속했다.[8] 당시에 컴퓨터가 비약적으로 발전했고, 1947년 트랜지스터가 발명되면서 진공관 기술을 기반으로 하던 구형 컴퓨터를 대체하는 최초의 트랜지스터 컴퓨터가 개발되었다. 하운스필드는 영국에서 최초로 완전히 트랜지스터로 이루어진 상용 컴퓨터인 EMIDEC 1100을 개발하는 EMI의 프로젝트를 이끌었다.

1960년대 후반, 하운스필드는 필기, 지문, 얼굴 식별과 같은 패턴 인식에 컴퓨터를 사용하는 문제를 연구했다. 이 모든 문제는 다음과 같은 질문으로 통일되었다. 수집된 복잡한 데이터 집합과 거기에서 추출하려고 하는 핵심 정보 사이의 관계는 무엇인가? 이 문제를 고심하던 중 그는 엑스선 영상에 대해 생각하기 시작했고, 여러 각도에서 촬영한 엑스선 사진의 정보를 종합하여 구조물의 내부에 대해 자세한 정보를 얻을 수 있다는, 코맥이 수년 전에 도달한 것과 같은 결론에 도달했다. 그는 숨겨진 물체가 들어 있는 '블랙박스'의 컴퓨터 시뮬레이션을 설정했고, 여러 방향에서 엑스선을 쬘 때 나올 수 있는 영상을 시뮬레이션으로 재구성했다. 그는 이 정보를 통해 숨겨진 (시뮬레이션된) 물체의 이미지를 재구성할 수 있었다. 이 고무적인 결과를 바탕으로 하운스필드는 실험용 프로토타입 연구를 시작했다.

잠시 시간을 내어 이 기술이 어떻게 작동하는지 간략하게 살펴보자. 하운스필드의 시뮬레이션과 마찬가지로, 미지의 물체가 들어 있는 닫힌 상자가 있다고 하고, 이 물체가 그 안에 들어오는 모든 엑스선을 흡수한다고 하자. 왼쪽에서 이 물체에 엑스선을 비추고 오른쪽에서 엑스선의 밝기를 기록한다(그림 29). 이 단일 영상은 보통의 엑스선 사진으로, 물체가 드리운 그림자를 통해 물체에 대한 정보를 조금 알 수 있기 때문에 섀도그램 shadowgram이라고도 한다. 그러나 그림에서 보듯이 여러 물체가 정사각형, 직사각형, 원, 삼각형 같은 동일한 그림자를 만들 수 있다. 이 그림자를 얻은 다음 아래에서 엑스선을 비추면 그림자가 좁게 드리워져 직사각형이 아니라는 것을 알 수 있지만, 여전히 다른 도형일 가능성이 있다. 다음으로 비스듬한 각도에서 엑스선을 비추면 더 넓은 그림자가 드리워지므로, 원일 가능성이 없어진다. 아직 물체의 정확한 모양은 알 수 없지만, 점점 더 많은 방향에서 섀도그램을 촬영하면 물체의 모양에 대한 정보를 더 많이 얻을 수 있다. 수많은 섀도그램의 정보를 사용하여 물체의 모양을 매우 정확하게 파악할 수 있다는 것이 컴퓨터 단층촬영의 핵심이다.

하운스필드는 첫 번째 프로토타입 스캐너에 방사성 감마선 방출원을 사용하여 영상을 촬영했다. 감마선은 엑스선보다 훨씬 높은 에너지의 전자기파이며, 하운스필드는 실험실에 감마선 방출원이 갖춰져 있었기 때문에 사용했을 것이다. 그는 물체의 영상

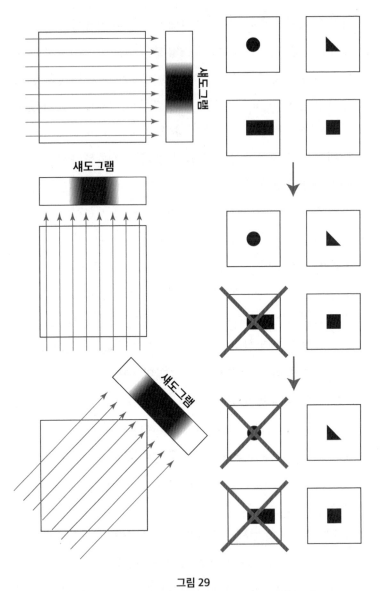

그림 29

엑스선 흡수 측정을 여러 번 수행하면 물체에 대해 점점 더 많은 것을 알 수 있고,
물체의 모양이 가질 수 있는 가능성을 좁힐 수 있다.

을 얻을 수 있었지만, 사용한 감마선이 너무 약해서 영상을 재구성하는 데 필요한 2만 8천 개의 측정값을 수집하는 데 9일이 걸렸다. 긍정적인 결과에 고무된 하운스필드는 감마선을 엑스선 튜브로 교체하여 측정 시간을 아홉 시간으로 단축할 수 있었다.

첫 번째 테스트는 인체의 일부를 조잡하게 모방한 플라스틱 모형을 대상으로 수행했으며, 이 테스트가 성공하자 그는 지역 병원에 보존된 인간 뇌 표본으로 넘어갔다. 촬영된 뇌 표본의 영상은 훌륭했지만, 뇌를 보존하는 데 사용된 화학 물질 때문에 살아 있는 환자보다 보존 처리된 뇌의 영상이 더 잘 찍힌다는 것을 금방 알게 되었다. 하운스필드는 더 현실적인 대안으로 금방 도살된 황소의 뇌를 구입하여 지하철을 타고 연구실로 가져왔다. 황소의 뇌를 촬영했을 때 보존된 뇌의 영상만큼 선명하지는 않았지만, 중요한 해부학적 세부 사항이 보인다는 것을 확인했다. 그러나 측정이 너무 오래 걸려서 뇌가 계속 부패했기 때문에 좋은 영상을 얻을 수 없었다.

이러한 노력 끝에 1972년 최초의 임상용 기계가 제작되어 테스트에 들어갔다(그림 30). 첫 번째 환자는 뇌 병변이 의심되는 여성이었는데, 컴퓨터로 촬영한 영상에서 뇌의 낭종이 선명하게 보였다. 이 결정적인 실험으로 새로운 기술이 질병을 발견하고 진단하는 데 실질적인 가치가 있다는 것이 분명해졌다.

1973년 하운스필드는 '컴퓨터 횡축 스캔(단층촬영)Compu-terized Transverse Axial Scanning(Tomography)'이라는 기술에 관한 첫 번째 논문을 발표했다.[9] '단층촬영'이라는 용어는 그리스어

211

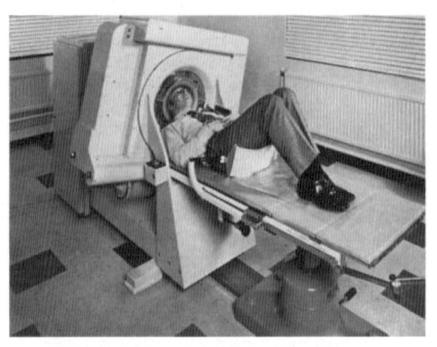

그림 30

최초의 임상용 엑스선 컴퓨터 단층촬영기

tomos(얇은 조각)와 graphy(쓰기)에서 유래한 것으로, 기계가 일련의 2차원 이미지를 케이크의 층처럼 쌓아 인체의 3차원 이미지를 얻는 방법을 가리키는 용어다. 이 용어는 하운스필드가 지어낸 것이 아니다. 이 용어는 엑스선 방출원과 검출기가 환자를 가운데에 두고 양쪽에서 원형으로 돌면서 인체 영상을 여러 겹의 얇은 층으로 얻는 엑스선 기술을 부르는 이름이었다. 이 기법으로 얻은 섀도그램은 방출원과 검출기 사이에 놓인 인체의 얇은 층만 선명하게 보이고, 이를 제외한 다른 모든 부분은 흐리게 보인다. 그러나 하운스필드의 새로운 단층촬영은 이전의 기술과 달리 본질적으로 정확했다. 흐린 부분과 선명한 부분을 구별할 필요도 없고, 인체의 각 부위에서 엑스선이 어떻게 흡수되는지 정량적으로 알 수 있다.

컴퓨터 단층촬영은 거의 곧바로 의학의 표준 도구가 되었고, 코맥과 하운스필드는 "컴퓨터 보조 단층촬영을 개발한 공로"로 1979년 노벨 생리의학상을 공동 수상했다.

하운스필드가 컴퓨터 단층촬영을 개발하던 때와 거의 같은 시기에 또 다른 중요한 의료 영상 도구인 자기 공명 영상Magnetic Resonance Imaging, MRI을 개발하는 연구자들이 있었다. 이 기술에서는 강력한 자기장으로 환자의 몸을 이루는 원자핵을 들뜨게 한다. 들뜬 핵이 진동하면서 방출하는 전파를 측정하고 단층촬영과 마찬가지로 컴퓨터로 데이터를 처리하여 몸속의 영상을 생성한다. 사람을 대상으로 한 최초의 MRI 스캔은 1977년에 이루어졌고, 최초의 임상용 스캐너는 1980년에 설치되었다. 10년 사이에 의학에 혁명을 일으킨 두 가지 새로운 영상 기술인 CAT와 MRI가 개발된 것이다.

새로운 영상 획득 기술이 나오고 빠르고 광범위하게 보급되자, 수십 년 동안 성장해 온 역문제inverse problems라는 수학적 연구 분야도 엄청난 추진력을 얻었다. 대부분의 전통적인 물리학 문제에서는 '원인'에서 '결과'를 추론한다. 예를 들어 기초 물리학을 배우는 학생이 공중에 던진 공의 궤적을 계산하는 것은 원인(중력과 공을 던질 때의 조건)으로부터 결과(공의 경로)를 결정하는 것이다. 좀 더 관련이 큰 예를 들면, 일련의 진동하는 전하와 전류에 의해 생성되는 전자기 복사를 계산하는 것은 원인(진동하는 전하와 전류)으로부터 결과(모든 방향에서 측정된 복사. 복사 패턴이라고 부른다)를 결정하는 것이다.

역문제는 이 절차를 반대로 하여 '결과'에서 '원인'을 추론하려고 시도한다. 던진 공의 경우, 공의 궤적(결과)을 사용하여 공이 어떻게 던져졌는지(원인)를 정확히 알아내는 것이 목표다. 복사의 예에서 역문제는 측정된 복사 패턴(결과)을 사용하여 진동하는 전하와 전류의 구조(원인)를 알아내는 것이다. 이 특정한 역문제를 역방출원 문제inverse source problem라고 하는데, 이는 복사 방출원의 구조를 알아내려는 시도다. 일반적인 시각도 역방출원 문제라고 할 수 있다. 우리의 뇌는 눈으로 수집한 빛을 해석해서 주변 세계의 그림을 얻기 때문이다.

역문제의 초기 사례는 그것이 역문제라고 분명히 의식되기도 전에 나온 것으로, 1846년 존 쿠치 애덤스John Couch Adams와 위르뱅 르베리에Urbain Le Verrier가 해왕성을 발견한 일이다. 천왕성의 궤도가 예상 경로에서 벗어난다는 사실은 이미 알려져 있었고, 애덤스와 르베리에는 알려지지 않은 행성 때문이라고 각각 독립적으로 추측했다. 그들은 이 행성이 천왕성에 미치는 영향(결과)으로부터 이 새로운 행성의 위치, 질량, 운동(원인)을 예측하는 계산을 수행했고, 그 후 계산으로 찾아낸 위치에서 행성이 관측되었다.

역문제는 원인에서 결과로 향하는 일반적인 문제 해결 방향과 반대이기 때문에 수학적으로 여러 가지 난점이 있다. 물리학 밖의 역문제를 생각해 보면 왜 이런 문제가 어려운지 이해하기 쉽다. 고전적인 셜록 홈스 이야기처럼 범죄 현장에 남겨진 증거를 바탕으로 살인범을 찾는다고 하자. 한 가지 주요 난점은 수학적으로 비연속성이라고 알려진 것이다. 데이터의 작은 부정확성(노이즈)만 있어도 완전히 잘못된 해답이 나올 수 있다. 범죄 수사의 예에서는 무고한 사람이 범행 몇 시간 전에 피해자와 함께 술을 마시고 현장에 지문을 남길 수 있고, 수사관이 그 사람을 범인으로 오인할 수 있다. 수집된 데이터에는 항상 무작위 노이즈가 포함되어 있기 때문에, 연속성이 없는 역문제는 이러한 특성에 맞는 수학적 기법을 사용하지 않는 한 말도 안 되는 결론으로 이어질 수 있다.

또 다른 주요 난점은 비유일성이다. 단순히 데이터가 충분하지 않아서 유일한 답을 찾지 못할 수 있다. 다시 범죄의 비유를 보면, '완전 범죄'가 있을 수 있다. 범인이 현장에 꼬리를 밟힐 만

215

한 증거를 전혀 남기지 않을 수도 있고, 반대로 용의자를 가리키는 증거가 너무 많아서 어느 쪽인지 확실히 밝힐 수 없는 상황일 수도 있다. 두 경우 모두 범죄 현장의 정보만으로는 사건을 해결하기에 불충분하다. 다시 말해 살인범은 범죄 현장 수사관에게 사실상 **보이지 않는다**는 뜻이다.

비연속성과 비유일성의 문제를 해결하는 한 가지 방법은 사전 지식을 사용하는 것이다. 이는 데이터와 무관하게 문제 해결에 도움이 되는 정보다. 예를 들어 범죄 수사의 비유에서 수사관은 현장의 증거에만 의존하지 않고 용의자와의 면담, 금융 기록 등 여러 가지 정보를 종합적으로 고려하여 용의자의 범위를 좁힐 수 있다. 영상을 얻는 문제에서는 물체의 대략적인 크기만 알고 있어도 사전 정보로 충분하다. 이 정보를 알면 예상보다 훨씬 크거나 작게 재구성된 이미지를 배제할 수 있다.

수학 연구 분야로서 역문제의 시작은 1911년에 발표된 독일 수학자 헤르만 바일Hermann Weyl의 논문으로 거슬러 올라간다.[10] 바일은 본질적으로 다음과 같은 질문에 대한 답을 얻으려고 했다. "소리만 듣고 북의 모양을 알 수 있을까?" 토머스 영과 다른 사람들은 오르간 파이프의 공명음(소리의 진동수)이 파이프의 길이와 지름에 따라 달라진다는 점에 주목했다. 마찬가지로 북소리의 진동수는 북의 크기와 모양에 따라 달라진다. 바일은 이를 역문제로 만들었다. 북이 울릴 때의 진동수를 알면 북의 모양을 알아낼 수 있을까? (이 문제는 훨씬 나중에 불가능하다고 밝혀졌다. 역문제에서는 유일한 답이 나오지 않을 수 있다는 것이다.)

양자물리학이 발견되고 발전하면서 원자에 대해 비슷한 문제가 제기되었다. 원자는 고유 진동수에서 빛을 내는데, 원자가 방출하는 빛의 진동수를 알면 그 원자의 구조에 대해 말할 수 있을까? 1929년 소련-아르메니아 천문학자 빅토르 암바르추미안 Viktor Ambartsumian이 독일의 『물리학 저널 Zeitschrift für Physik』에 이 주제의 중요한 논문을 발표했지만, 오랫동안 주목받지 못한 채 묻혀 있었다. 나중에 암바르추미안이 말했듯이, "천문학자가 수학적 개념을 다룬 논문을 물리학 학술지에 발표할 때 가장 가능성이 높은 일은 잊히는 것이다."[11] 그러나 제2차 세계대전 이후 암바르추미안의 연구는 재발견되었고, 역문제 이론의 기초 논문이 되었다.

컴퓨터 단층촬영과 자기 공명 영상이 등장하기 전에도 많은 연구자가 앞에서 살펴본 것과 같은 역문제, 즉 파동을 측정하여 그 파동의 방출원에 대해 알아내는 문제를 연구해 왔다. 이 문제의 해결은 여러 종류의 파동과 응용 분야에서 중요하다고 여겨졌다. 1974년 노먼 블라이스타인 Norman Bleistein과 노버트 보자르스키 Norbert Bojarski가 쓴 보고서에 가능한 응용의 목록이 나와 있는데, 그 일부만 살펴보자.

- 종양의 영상 획득
- 지하자원의 확인과 채굴을 위한 지층 분석
- 번개가 친 위치를 확인하여 폭풍우를 분석하고, 폭풍우 자체의 특징적인 패턴을 파악해 태풍을 예측

- 매장된 시체의 위치 추적—법 집행에서 중요한 문제
- 비행기, 미사일, 선박, 잠수함의 영상 획득
- 지뢰 탐지[12]

이 모든 응용에서 방출원이 복사를 방출하고, 대상 물체를 통과하거나 반사하면서 영향을 받아 복사가 교란된다. 파동의 교란을 측정하면 이를테면 종양이나 매장된 시체같이 파동을 교란한 물체를 파악할 수 있다는 것이 아이디어의 핵심이다.

같은 연구에서, 블라이스타인과 보자르스키는 역방출원 문제의 유일한 解를 얻을 수 있다고 제안했다. 그러나 뉴욕대학교의 해리 모세스Harry Moses는 1959년에 이미 "일반적으로 방출원을 유일하게 확정할 수 없다"고 결론 내렸다.[13] 1977년, 유일한 해를 얻을 수 있다고 주장했던 노먼 블라이스타인은 동료 잭 코언Jack Cohen과 함께 쓴 「음향 및 전자기에서 역방출원 문제의 비유일성」이라는 논문에서 반대의 주장을 했다.[14] 블라이스타인은 새로운 정보를 알게 되어 자신의 과학적 견해를 번복한 것이다. 더 나아가 블라이스타인과 코언은 중요한 이론적 발견을 했다. 그들은 역방출원 문제의 비유일성이 앞에서 우리가 자세히 살펴본 비복사 방출원의 존재와 직접적으로 연관되어 있다고 논증했다.

돌이켜 보면 여기에는 명백한 연관성이 있다. 역방출원 문제는 방출원이 생성하는 복사의 측정값을 통해 방출원의 구조를 알아내려는 시도다. 복사를 전혀 방출하지 않는 방출원이라면 전혀 감지할 수 없고, 그 구조도 알아낼 수 없다. 역방출원은 보이지 않는다. 보이지 않는 물체는 분명히 감지할 수 없지만, 블라이스타인과 코언은 더 강력한 주장을 펼쳤다. 비복사 방출원이 **이론적으로** 존재할 수만 있으면, 역방출원 문제는 유일한 해를 얻을 수 없다는 것이다. 비복사 방출원이 측정 장치에 포착되어야 문제의 해를 얻을 수 없게 되는 것이 아니다. 비복사 방출원이 존재할 가능성이 있다는 것만으로도 문제의 유일한 해가 없음을 증명할 수 있다.

이 발견은 역방출원 문제 해결에 상당한 시간과 에너지를 쏟았던 많은 연구자에게는 허탈한 소식이었다. 1981년 노버트 보자르스키는 비복사 방출원에 대한 우려를 일축하고 유일한 해가 있다는 견해를 발표했다.[15] 같은 해에 W. 로스 스톤 W. Ross Stone은 비복사 방출원은 존재하지 않는다고 주장했다.[16] 스톤은 가능한 유일한 비복사 방출원은 무한한 크기이고, 무한한 크기의 방출원은 존재하지 않으므로 비복사 방출원도 존재하지 않으며, 따라서 역방출원 문제에 대해 유일한 해를 얻을 수 있다고 잘못된 주장을 했다. 스톤은 1910년에 발표된 에렌페스트의 논문을 읽지 못했을 수도 있다. 에렌페스트는 이 논쟁을 예상하고 부풀었다 줄었다 하는 구의 예를 들면서 유한한 크기의 비복사 방출원이 적어도 하나 이상 존재함을 입증했다.

보자르스키와 스톤에 대한 반박으로 MIT 소속 연구소인 슐럼버거-돌 리서치 Schlumberger-Doll Research의 앤서니 데버니 Anthony Devaney와 조지 셔먼 George Sherman은 「역방출원 및 산란 문제의 비유일성」이라는 제목의 논문을 발표하여 비복사 방출원이 존재할 수 있으며, 이러한 방출원의 존재 때문에 역문제의 유일한 해를 구할 수 없게 된다고 확실하게 지적했다.[17] 그 뒤로 유일한 해를 구할 수 있다고 주장하는 스톤과 보자르스키와 이에 반대하는 데버니와 셔먼 사이에 열띤 공방전이 인쇄 매체를 통해 펼쳐졌다. 데버니와 셔먼이 스톤에게 보낸 공개 답변서를 보면 논의가 얼마나 답답하게 꼬여 있는지 본능적으로 느낄 수 있다. "먼저, 스톤 자신이 '비복사 방출원에 의해 생성된 장이 방출원이 0이 아닌 비동차inhomogeneous 파동 방정식에 대해 해를 갖지 않는다는 **귀류법적 증명**'을 제시했다고 주장한다는 점에 주목할 필요가 있다. 계속해서 스톤은 자신이 수행한 증명을 '의도적으로' 출판하지 않았다고 말했다. 이 '증명'이라는 것을 자세히 들여다보면 그가 왜 출판을 하지 않았는지 알 수 있다. 틀렸기 때문이다." 데버니와 셔먼은 다음과 같이 충격적인 말로 답변서를 마감했다. "만약 [참고 문헌 12에] 제시된 자료와 위의 반례에도 불구하고 스톤이 여전히 역방출원 문제에 유일한 해가 있다고 주장한다면, 더 이상의 논의는 무의미하다."[18]

물론 이처럼 열띤 과학적 논쟁은 드문 일이 아니며, 과학적 과정의 일부로 자주 일어나기도 한다. 각 연구자는 자신의 주장에 대한 가장 강력한 논거를 제시하고, 그 타당성을 판단하는 것은 검토하는 과학자들의 몫이다. 그러나 데버니와 셔먼은 비복사 방출원의 존재에 대해 결코 모호하지 않은 증거를 제시했기 때문에 이 경우에 특히 좌절감을 느꼈다.

인쇄 매체를 통해 오간 이 논쟁에서 비유일성의 문제는 해결되지 않았지만, 대부분의 연구자는 역방출원 문제를 풀 수 없다고 확신하게 되었다. 그러나 이는 곧 새로운 형태의 3차원 컴퓨터 영상 기술에 대한 의문으로 이어졌다. 계산된 이미지가 실제로 거기에 있는 모든 것이라고 어떻게 확신할 수 있을까? 의료 영상에서 이것은 생사의 문제가 될 수 있다. 종양이 '보이지 않는다'면, 종양을 발견하고 치료할 수 없기 때문이다. 연구자들이 컴퓨터 단층촬영과 자기 공명 영상을 넘어 새로운 유형의 영상 기술을 도입하기 시작하면서, 비유일성과 보이지 않음에 대한 질문은 대답해야 할 근본적인 질문으로 떠오른다.

12

사냥에 나선 늑대

보이지 않는 물체 연구

짐승이 점점 더 가까이 다가왔다. 짐승은 이제 개울 이쪽 편에서 조
용하지만 민첩하게 앞뒤로 휩쓸면서 지나갔다. 짐승은 분명히 칼을
겨냥하고 있었고, 칼이 달아날 만한 길을 가로막았다. 앞으로 뒤로,
앞으로 뒤로, 짐승이 휙휙 지나갔다. 나는 무엇이든 간에 막을 수도
없고 도망칠 수도 없는 상태로 짐승이 오기를 기다릴 때보다 더 끔찍
하고 역겨운 긴장감을 느낀 적이 없었다.

짐승이 점점 더 가까이 다가왔고, 이제 그 형상을 분명히 구분할 수
있었다. 짐승의 덩치는 엄청나게 크고 위압적이었다. 어쩌면 어렴풋
한 달빛 때문이거나 지나치게 흥분한 나의 착각일 수도 있다. 그러나
그것은 단지 늑대, 고독한 늑대일 뿐이었다!

"용기를 내!" 나는 칼에게 속삭였다. "늑대 한 마리일 뿐이야. 우리는
둘이야. 감히 우리를 공격하지 못할 거야."

"감히!" 그가 대답했다. "저 늑대가 누군지 알아? 바로 그야! 프리츠야!"

— F. 스칼릿 포터 F. Scarlett Potter,
「그렌델월드의 늑대 The Were-Wolf of the Grendelwold」(1882)

1975년, 진정으로 보이지 않는 물체에 관한 최초의 과학 논문이
『미국 광학회 저널 Journal of the Optical Society of America』에 발표되
었다. 밀턴 커커 Milton Kerker가 쓴 「보이지 않는 물체」라는 제목
의 이 논문은 전자기파를 비춰도 산란되지 않는 물체를 소개했
는데, 전자기파는 물체를 통과한 후 마치 아무것도 만나지 않은

것처럼 계속 진행한다.[1]

물리학계에서 나온 이 발견은 언론의 관심을 끌지 못했지만, 그 이유는 이해할 만하다. 커커가 이론적으로 설명한 물체는 먼지, 미세한 물방울, 작은 모래알처럼 빛의 파장보다 훨씬 작은 알갱이였기 때문이다. 커커는 작은 입자에 의한 빛의 산란 분야에서 확실한 전문가였고, 이러한 형태의 보이지 않음은 그의 전문적인 연구에서 자연스럽게 확장된 것이었다.

커커의 보이지 않는 물체는 빛의 산란에 관련된 기본 물리학을 바탕으로 한다. 빛이 물체를 비추면 전자기파가 물체 내의 전자를 진동시키고 그 과정에서 에너지의 일부가 전자로 전달된다. 이제 전자가 가속 운동을 하면서 전자기파를 생성하는데, 이것이 바로 산란광이다. 커커는 내부의 핵과 외부의 껍질로 이루어진 공 모양의 알갱이가 물과 같은 액체에 떠다니는 것을 상상했다. 그런 다음 그는 알갱이에서 핵의 굴절률이 액체보다 낮고 껍질의 굴절률은 액체보다 높은 경우를 고려했다. 이 상황에서는 핵의 전자가 위쪽으로 가속 운동을 할 때 껍질의 전자는 아래쪽으로 가속 운동을 하고 그 반대의 경우도 마찬가지가 된다. 이는 핵과 껍질에서 생성되는 전자기파의 위상이 정반대로 되어 완전한 상쇄 간섭이 일어남을 의미한다. 산란되는 파동이 없으면, 입사하는 파동은 알갱이를 감지하지 못하고 그대로 통과해 버린다. 따라서 알갱이가 보이지 않는다(그림 31).

어떤 종류든 작은 입자가 하나만 있을 때는 이미 보이지 않는다는 점에 유의해야 한다. 너무 적은 양의 빛을 산란시키기 때문

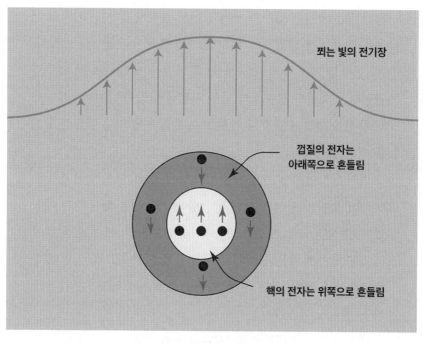

그림 31

커커의 보이지 않는 물체와 그 원리

쬐는 빛의 전기장

껍질의 전자는
아래쪽으로 흔들림

핵의 전자는 위쪽으로 흔들림

에 보이지 않는 것이다. 그러나 물안개나 먼지구름처럼 많은 입자가 함께 모여 있으면, 모든 입자의 산란이 합쳐져 통과하는 빛을 차단한다. 우유가 뿌옇게 불투명한 것도 같은 이유다. 물에 떠 있는 우유의 지방 분자가 빛을 산란시키기 때문이다. 그러나 커커의 보이지 않는 물체는 모든 개별 입자가 완벽하게 보이지 않기 때문에 많은 입자가 모여 있어도 보이지 않는다. 커커의 연구는 논문에서 밝혔듯이 특이한 기관에서 자금을 지원받았다. "이 연구는 미소 공극microvoid의 은폐 능력에 대한 수치 연구와 관련하여 페인트 연구소의 일부 지원을 받았다." 커커는 페인트의 특성을 연구하던 중 우연히 보이지 않음에 대해 중요한 발견을 해낸 것이다.

커커가 보이지 않는 물체를 발표할 무렵, 또 다른 연구자가 비복사 방출원의 형태로 보이지 않음의 가능성을 탐구하기 시작했다. 이 연구자는 에밀 울프Emil Wolf 교수였고, 그는 결국 일반적으로 보이지 않는 물체의 존재 여부에 대한 최초의 의미 있는 증명을 시도했다. 작은 알갱이는 눈에 보이지 않을 수 있지만, 더 큰 물체도 마찬가지일까?

에밀 울프는 1922년 체코슬로바키아 프라하에서 유럽의 격동기가 시작되던 시기에 태어났다. 유대인이었던 울프는 10대 때인, 독일이 체코를 점령한 1930년대 후반에 체코를 탈출했고, 이탈리아를 거쳐 프랑스로 갔다. 그는 파리에서 활동하던 체코 망명 정부에서 일자리를 구했고, 처음에는 자전거 배달원으로 일했다. 울프는 파리의 혼잡한 교통 때문에 매우 힘들어했지만,

다행히도 망명 정부가 그를 좋아해서 다른 일을 찾아 주었다.[2]

독일군이 프랑스를 침공하자 울프는 배를 타고 영국으로 피난했다. 놀라운 우연의 일치로 그는 이 배에서 침략자들과 맞서 싸우는 체코 군대에 복무 중이던 친형을 만났다. 울프는 이 우연한 만남이 아니었다면 전쟁이 끝난 뒤에 형을 다시 만나지 못했을 수도 있다면서 이 행운에 감탄하곤 했다.[3] 형제는 평생 연락을 주고받았다.

울프는 영국 브리스톨대학교에 입학하여 1945년 이학사 학위를 받았다. 이후 광학에 정통한 수학자인 에드워드 린풋Edward Linfoot의 지도를 받으며 대학원에 다녔다. 울프는 1948년 수학 박사 학위를 받았다. 거의 같은 시기에 린풋이 케임브리지대학교 천문대 부소장으로 임명되었고, 울프에게 조교 자리를 제안했다. 울프는 이 제안을 수락하고 2년 동안 케임브리지에서 근무했다.

이 기간에 울프는 자주 런던으로 출장을 가서 주로 임페리얼 칼리지에서 열리는 영국물리학회 광학 분과 모임에 참석했다. 이 모임에 늘 참석하는 사람 중에는 홀로그래피라고 부르는 3차원 영상 기록 기술을 발명한 데니스 가보르Dennis Gabor도 있었다. 보통의 사진에서는 필름에 빛의 밝기(세기)만 기록하여 2차원 영상을 만든다. 홀로그래피에서는 필름에 두 파동의 간섭 패턴을 기록한다. 하나는 영상으로 기록할 물체에서 산란된 파동이고 다른 하나는 '기준' 파동이다. 간섭 패턴은 파동의 세기뿐만 아니라 위상도 함께 기록하며, 이를 통해 원근감이 느껴지는

3차원 영상을 얻을 수 있다. 가보르는 1971년 "홀로그래피를 발명하고 개발한 공로"로 노벨 물리학상을 수상하게 된다.

울프와 가보르는 금방 친해졌고, 물리학회 모임이 끝난 뒤에 자주 가보르가 울프를 자기 연구실로 데려가서 연구에 대해 대화했다. 울프는 가보르를 통해 20세기의 위대한 물리학자 중 한 명인 독일의 양자 이론가 막스 보른Max Born과 협업하는 특별한 기회를 얻었다. 보른은 양자역학의 초기 발전에 활발하게 참여했고, 양자 입자의 파동이 "도대체 무엇의 파동인가?"라는 질문에 답한 것으로 가장 잘 알려져 있다. 전자기파에서 이동하는 것은 전기장과 자기장의 파동이라고 알려져 있었지만, 전자와 같은 양자 입자의 경우 전자가 가진 파동의 성질을 어떻게 해석해야 할지 처음에는 불분명했다. 보른은 양자 파동 함수에 대한 확률론적 해석을 제안했다. 여기서 파동은 공간의 특정 지점에서 입자를 찾을 **가능성**이라는 것이다. 전자로 영의 두 바늘구멍 실험을 수행했을 때 격막에 나타나는 밝은 부분은 전자가 발견될 가능성이 높은 위치에 해당하고, 어두운 부분은 전자가 발견될 가능성이 낮은 위치에 해당한다. 보른은 1954년 "양자역학, 특히 파동 함수의 통계적 해석에 관한 기초 연구"로 노벨 물리학상을 받게 된다. 이와 동일한 통계적 해석이 광자가 가진 전자기파로서의 특성에도 적용될 수 있다는 점은 주목할 가치가 있다.

1950년 보른은 67세의 나이로 은퇴를 앞두고 있었다. 그는 1933년에 독일어로 광학에 관한 책을 썼는데, 책 제목은 단순히 『광학Optik』이었다. 그는 당시까지의 발전을 반영하여 이 책을 영어로 출판하고 싶어 했다.[4] 가보르는 울프를 조교로 추천했고, 가보르의 강력한 추천이 큰 힘이 되어 보른은 그를 고용했다. 울프는 책의 집필을 돕기 위해 1951년 1월 에든버러로 이주했다. 울프는 보른보다 40세나 어렸는데, 훗날 사람들은 울프에게 보른과 함께 책을 쓴 에밀 울프의 아들이 아니냐고 묻곤 했다. 울프의 회고에 따르면, 어떤 편지에 울프가 자신이 저자라고 밝히자 다음과 같이 조롱하는 답장이 왔다고 한다. "축하합니다! 당신은 아마 100세가 넘으셨겠군요!"[5]

이 책은 나중에 『광학의 원리 Principles of Optics』라는 제목으로 출판되었고, 결국 두 저자가 의도했던 것보다 훨씬 더 오랜 시간이 걸려 약 8년 만에 완성되었다. 이 과정에서 울프는 빛의 통계적 성질에 대한 연구를 시작하여 현재 결맞음 이론 coherence theory으로 알려진 광학 분야를 정립했다. 모든 광원에는 고유한 무작위성이 내재해 있으며, 이러한 무작위성은 방출되는 광파에 전달되어 무작위적 변동으로 나타난다. 결맞음 이론은 다음과 같은 질문과 관련이 있다. 빛의 무작위적 변동(통계적 성질)은 관찰되거나 측정되는 빛의 성질에 어떤 영향을 미칠까? 결맞음 이론은 본질적으로 빛의 물리학과 통계학이 얽혀 있는 이론이다.

1950년대 중반, 울프는 중대한 돌파구를 찾아냈다. 빛의 이동에 관련된 통계적 성질이 파동으로 퍼져 나가는 방식이, 빛 자체가 파동으로 퍼져 나가는 방식과 유사함을 깨달은 것이다. 그 결과로 나온 수학 방정식을 오늘날 흔히 울프 방정식이라고 부르며, 이것이 결맞음 이론의 기초가 된다.[6] 울프의 아이디어는 처음에 약간의 저항에 부딪혔다. 보른에게 자신의 결과를 설명하자, 보른은 울프의 어깨에 팔을 얹고 이렇게 말했다. "울프, 자네는 항상 현명한 친구였는데 이제 완전히 미쳤군!"[7] 다행히도 보른은 뛰어난 이론가답게 울프의 결론을 더 깊이 생각해 보았고, 며칠 후 그의 의견에 동의했다.

『광학의 원리』의 저술 작업은 다소 늦어졌는데, 울프가 결맞음 이론에 대한 장을 마무리해서 책에 넣으려고 했기 때문이다. 울프는 이 책을 결맞음 이론을 설명한 최초의 교과서로 만들려고 했다. 보른은 이 장 때문에 늦어지고 있다는 사정을 알게 되자 울프에게 대략 다음과 같은 내용의 편지를 보냈다. "자네 말고 누가 부분 결맞음에 관심이 있겠나? 그 장은 빼고 나머지 원고를 출판사에 보내게."[8] 그러나 울프는 끝내 이 장을 완성하여 1959년에 출판된 책에 포함했다. 운명의 장난처럼 1960년에 최초의 작동 가능한 레이저가 발표되었다. 이 새롭고 강력한 광원은 특이한 통계적 성질을 지녔기 때문에 레이저의 동작을 이해하기 위해서는 결맞음 이론에 대한 이해가 필요했다. 이로 인해 『광학의 원리』는 거의 모든 광학 연구자들의 필독서가 되었고, 이후 여러 차례 증쇄와 수정을 거쳐 1999년에 7판까지 나왔다. 또한 『광학의 원리』는 홀로그래피에 대한 설명을 담은 최초의 교과서이기도 했다. 이에 고마움을 느낀 데니스 가보르는 나중에 울프에게 "교수님은 저에게 최고의 선지자입니다!"라는 헌사와 함께 홀로그래피 논문의 사본을 보냈다.[9]

1959년 울프는 뉴욕의 로체스터대학교에서 교수직을 수락하고 그곳에서 평생을 살며 연구했다. 그는 500여 편의 연구 논문과 광학과 결맞음에 관한 세 권의 주요 저서를 출판하는 등 놀랍도록 생산적인 경력을 쌓았다. 평생 약 30명의 대학원생을 지도했으며, 이들 중 다수가 각자의 연구 분야에서 리더가 되었다.

울프는 결맞음을 넘어 이론 광학의 여러 주제를 연구했고, 그 이전의 막스 보른과 마찬가지로 빛의 산란에 대해 연구하기 시작했다. 특히 울프는 역산란inverse scattering 문제에 관심을 가졌다. 여러 방향에서 물체에 빛을 비추고 각각의 경우에 물체에서 산란되는 빛을 측정하면 물체의 구조를 알아낼 수 있을까? 1969년 울프는 보른의 산란 이론과 가보르의 홀로그램 아이디어를 결합하여 「홀로그램 데이터를 이용한 반투명 물체의 3차원 구조 결정」이라는 논문을 발표했다.[10] 이 연구는 하운스필드의 컴퓨터 단층촬영보다 몇 년 앞섰지만, 수학적 유사성이 강하여 나중에 회절 단층촬영diffraction tomography으로 알려지게 된다. 엑스선을 사용하는 컴퓨터 단층촬영은 빛의 파동적 성질을 무시하고 전적으로 엑스선 흡수 측정을 통해 구조를 결정한다. 회절 단층촬영은 이름에서 알 수 있듯이 빛의 파동적 성질을 이용하여 산란하는 물체에 의한 빛의 회절을 고려한다.

울프는 회절 단층촬영과 같은 역문제를 연구하면서 보이지 않음의 문제를 탐구하게 되었다. 이 연구를 하다가 어느 시점에 그는 비복사 방출원에 대한 초기 연구를 잘 알게 된다.[11] 1973년, 그는 학위를 받은 지 얼마 지나지 않은 제자 앤서니 데버니와 함께 「복사 및 비복사성 고전 전류 분포와 그것들이 생성하는 장」 이라는 주제로 첫 번째 논문을 발표했다.[12] 그 후 울프는 주로 비복사 방출원을 연구하면서 흥미롭고 종종 역설적으로 보이는 특성을 밝혔다.[13]

내가 에밀 울프와 인연을 맺게 된 것도 비복사 방출원을 통해서였다. 박사 과정 3년째 되던 해, 연구 분야를 바꾸고 싶었던 나는 타코벨에서 점심을 먹다가 같은 학과의 친구 스콧 카니에게 울프가 대학원 연구 조교를 구한다는 소식을 들었다. 당시 나는 25세였고 울프는 74세였는데, 우리의 나이 차이는 울프가 보른과 함께 일하기 시작했을 때보다 훨씬 더 컸다. 첫 만남에서 울프 교수는 가장 먼저 이렇게 말했다. "나는 늙어서 언제 죽을지 모른다는 점을 자네는 알아야 해. 하지만 의사들은 내가 건강하다고 말하고, 나는 여전히 많은 연구를 하고 있네." 그런 다음 그는 내 무릎에 자신이 발표한 논문 더미를 내려놓으며 읽어 보라고 했다. 나는 그 논문들이 모두 지난 5년 동안 발표된 것임을 깨달았다. 그가 좋은 지도 교수라고 확신한 나는 즉시 그와 함께 연구하기 시작했다.

울프가 나에게 제안한 연구는 비복사 방출원 이론과 결맞음 이론을 섞은 것이었다. 비복사 방출원은 앞에서 보았듯이 방출원에서 나오는 파동이 완전한 상쇄 간섭을 일으키기 때문에 존재하는데, 당시에는 무작위 변동을 가진 방출원(부분적인 결맞음이 있다고 말한다)이 여전히 비복사성일 수 있다는 것이 완전히 명확하지 않았다. 내가 이 주제에 대해 1997년에 처음 발표한 논문은 무작위성이 많은 방출원도 비복사성일 수 있다는 것을 보여 주었다.[14] 이후 나의 박사 학위 논문은 비복사 현상에 대한 일반적인 연구로 발전하여 2001년에 「비복사 방출원과 역방출원 문제」라는 제목으로 발표되었다.[15]

울프 교수와 함께 연구했던 몇 년은 내 인생에서 가장 즐거웠던 시기다. 울프 교수는 활발한 연구 그룹을 유지했고, 우리는 종종 점심을 먹으며 과학적 아이디어에 대해 토론했다. 논쟁은 꽤 격렬해져서 때로는 거의 고함을 지를 정도였지만, 울프는 우리가 의견이 다르더라도 토론이 끝나면 친구가 될 것이라고 언제나 강조했다. 그는 학생들을 진심으로 가족처럼 여겼고, 학생들은 아내인 말리스가 직접 만든 식사와 디저트를 자주 대접받았다. 나는 『광학의 원리』 7판의 색인 개정 작업을 도와주면서 그런 식사를 여러 번 함께했다(그림 32).

에밀 울프는 젊은 시절부터 구식 교수의 여러 가지 면모를 거의 그대로 고수했다. 우리는 모두 친구였지만, 그는 적어도 동등한 위치의 연구자로 인정받는 단계에 이르기 전까지는 제자들에게 자신을 '울프 교수' 또는 '울프 박사'라고 부르도록 했다. 나는 2006년경 당시 여자 친구와 함께 로체스터대학교를 방문했을 때 이런 순간을 맞았다. 우리는 멋진 이탈리아식 저녁을 먹고 있었고, 베스는 '울프 교수'와 이야기를 나누고 있었다. 그때 울프 교수가 베스에게 이렇게 말했다. "울프 교수님은 너무 딱딱한 것 같으니 에밀이라고 불러요." 그런 다음 울프 교수는 식탁 건너편에 있는 나를 바라보며 이렇게 말했다. "이제 시간이 되었

그림 32

1999년에 『광학의 원리』 7판의 완성을 축하하는 에밀 울프(왼쪽)와 그레고리 그버

네. 자네도 나를 에밀이라고 부르게!" 그래서 베스는 30분쯤 대화를 나눈 다음에 나보다 먼저 에밀이라고 부르게 되었다. 한번 에밀이라고 이름을 부르게 한 다음에 그는 결코 잊지 않았다. 그를 다시 "울프 교수님"이라고 부르면 그렇게 부르지 말라고 가차 없이 지적했다.

울프가 비복사 방출원에 관심을 갖게 된 것은 역문제와 산란 문제 사이의 밀접한 관계에서 비롯되었다. 방출원 문제(복사 문제라고도 부른다)에서 진동하는 전하의 집합은 전자기파, 즉 '복사'를 생성한다. 산란 문제에서는 광파가 산란하는 물체를 비추고, 이 광파는 산란하는 물체의 전자를 진동시켜 전자기파, 즉 '산란광'을 생성하게 한다. 방출원 문제에서는 전하가 운동한다고 가정하지만 왜 운동하는지는 고려하지 않는다. 하지만 산란 문제에서는 입사하는 광파에 의해 전하가 운동한다고 가정한다. 수학적으로, 한 방향에서만 물체에 빛을 쬔다면 방출원 문제는 산란 문제와 동일하다(그림 33).

따라서 비복사 방출원이 존재한다는 것은 한 방향에서 빛을 비출 때 전혀 보이지 않는 산란체가 존재한다는 것을 의미한다. 이는 다시 말해, 한 방향에서 빛을 쬐고 산란된 장을 측정해서는 역산란 문제를 해결할 수 없고, 산란체의 구조를 파악할 수 없다는 것을 의미한다. 이는 컴퓨터 단층촬영과 일치한다. 엑스선 섀도그램 한 장만으로는 신체의 3차원 구조를 파악하기에 충분하지 않으며, 여러 장의 섀도그램이 있어야 한다.

하지만 얼마나 많이 측정해야 할까? 즉 물체의 3차원 영상

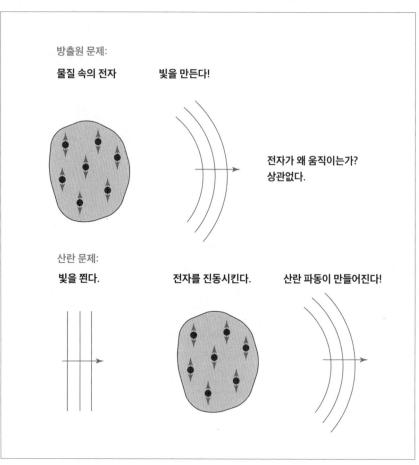

그림 33

방출원 문제와 산란 문제의 배경이 되는 물리학

을 재구성하기 위해 얼마나 많은 방향에서 빛을 쬐어야 할까? 1978년 데버니는 **무한히 여러 방향으로 빛을 쬐지 않는 한** 언제나 전혀 보이지 않는 물체가 있을 수 있음을 이론적으로 증명했다. 이것은 역산란 문제에 유일한 해가 없다는 심각한 우려를 낳았다.[16] 이러한 보이지 않는 물체에는 '비산란 산란체nonscattering scatterer'라는 어처구니없는 이름이 붙었고, 비산란 산란체의 존재 여부는 대답해야 할 중요한 질문이 되었다.

이 질문은 울프와 그의 동료들을 괴롭혔지만, 마침내 1993년 울프와 타렉 하바시Tarek Habashy는 적어도 약한 산란을 일으키는 물체의 경우 **무한히** 여러 방향으로 산란을 측정하면 역산란 문제에 유일한 해가 있다는 것을 이론적으로 증명했다.[17] 그보다 몇 년 전에 수학자 에이드리언 나흐만Adrian Nachman은 거의 모든 산란체에 대한 역산란 문제에 유일한 해가 있다는 일반적인 수학적 증명을 해냈다.[18]

무한한 수의 측정을 할 수는 없으므로, 이 결과는 큰 의미가 없다고 볼 수도 있다. 그러나 울프, 하바시, 나흐만이 보여 준 것은 역산란 문제가 앞에서 설명한 컴퓨터 단층촬영과 유사한 소거 과정이라는 것이었다. 물체에 더 많은 각도로 빛을 쬐면서 측정하면 할수록 물체가 가질 수 있는 구조의 수는 점점 더 줄어든다. 구조를 완벽하게 알 수는 없지만 충분히 여러 번 측정하면 원하는 만큼 실제 구조의 정확한 근사치를 결정할 수 있다.

나는 1996년부터 울프의 지도를 받으며 박사 학위 연구를 시작했을 때, 비산란 산란체에 대한 그의 연구를 통해 완전히 보이지 않는다는 것은 불가능하다고 확신하게 되었다. 그의 이론적 연구는 정확했지만, 내가 깨닫지 못했던 것은 그것이 특정 종류의 산란체에만 적용된다는 것이었다. 이 종류의 산란체에는 자연에서 발견되는 거의 모든 재료로 제작된 물체가 포함되지만, 자연에는 없는 재료로 보이지 않는 물체를 만들려고 하면 어떻게 될까? 이것이 바로 투명 망토의 도입과 그에 따른 활발한 연구로 이어진 통찰이었다.

나는 박사 학위를 받은 뒤에도 울프와 계속 공동 연구를 하고 그를 방문했으며, 2004년에 마지막 공동 논문을 발표했다. 울프는 막스 보른과의 공동 연구에 대해 이렇게 말했다. "매일 보른을 만나고 대화할 수 있었기 때문에 보른과의 작업은 설명할 수 없을 정도로 소중했다."[19] 울프는 보른이 알베르트 아인슈타인과의 공동 연구에 대해 했던 말을 그대로 따라 했다. 이번에는 내가 이 말을 할 차례다. 나에게는 울프와 함께 연구했던 시간이 말로 표현할 수 없을 정도로 소중했다.

13

자연에 없는 물질
특수 물질 개발

"커크는 항상 가족들 중에서 가장 탐미적이었어요. 그는 공공 구조
물의 보기 흉한 부분을 화학 물질로 칠할 수 있다고 생각했어요. 다
리 같은 것들을 더 아름답게 보이게 할 수 있다고 했지요."
"무슨 말인지요?"
"설파보르고늄은 탈색제이면서 광선을 완전히 차단하기 때문에 이
런 흉한 부분을 보이지 않게 할 수 있죠. 하지만 저는 그렇게 생각하
지 않아요."
"잠깐만요. 저 모퉁이를 다시 돌아보시겠습니까, 박사님?"
"뭐라고요?"
"지금 **보이지 않는다**고 말했나요?"

— 헨리 슬레서Henry Slesar,
「투명 인간 살인 사건The Invisible Man Murder Case」(1958)

1890년 독일의 물리학자 오토 비너Otto Wiener는 빛 연구에 이정
표가 될 실험을 수행했다. 1862년 제임스 클러크 맥스웰은 빛이
전자기파라는 가설을 세웠고, 1889년 하인리히 헤르츠는 전자
기파가 전파의 형태로 존재한다는 사실을 입증했다. 당시에는
빛이 전자기파라는 사실에 대한 의심은 거의 사라졌지만, 이를
확인하기 위한 실험은 거의 이루어지지 않고 있었다.

헤르츠는 전파를 거울에 반사해 전파의 정상파가 존재한다고

입증했다. 비너는 빛에 대해서도 이와 유사한 실험을 준비했지만, 빛의 파장이 전파보다 훨씬 짧다는 것이 문제였다. 예를 들어 파란빛의 파장은 약 10억분의 1미터로, 파란빛을 사용한 간섭 실험에서는 맨눈으로 관찰할 수 없는 10억분의 1미터 간격의 밝은 선과 어두운 선이 만들어진다. 비너는 매우 얇은 사진 필름을 유리판에 입히고 거울에 대해 유리판을 약간 기울이는 간단하고 기발한 방법을 고안했다. 이렇게 기울이면 간섭 패턴이 필름의 길이 방향으로 늘어나서 측정할 수 있을 만큼 폭이 넓어진다(그림 34).

이 실험의 목적은 맥스웰의 방정식에서 나온 몇 가지 미묘한 예측을 검증하는 것이었다. 맥스웰은 전기장과 자기장의 정상파가 서로 다른 위치에서 나타난다고 예측했다. 전기장의 밝은 점은 거울 표면에서 4분의 1 파장 떨어진 곳에서 시작하여 반 파장만큼 떨어진 곳마다 나타난다. 그러나 자기장의 밝은 점은 거울 표면에서 시작하여 반 파장마다 나타난다. 실험을 수행하면서 비너는 거울 표면이 바로 시작하는 부분에서는 사진 필름에 밝은 반점이 나타나지 않은 것을 발견했다. 이는 사진 필름의 밝은 점이 광파의 전기장에 의해 형성되었다는 뜻이다. 그는 다음과 같이 결론지었다. "전기장의 마디에서는 화학적 효과가 가장 작고, 배에서는 화학적 효과가 가장 커진다.• 또는 광파의 화학적 효과는 자기장이 아니라 전기장의 진동에 의해 발생한다."[1]

• 진폭이 가장 작은 부분을 '마디', 진폭이 최대인 부분을 '배'라고 한다.

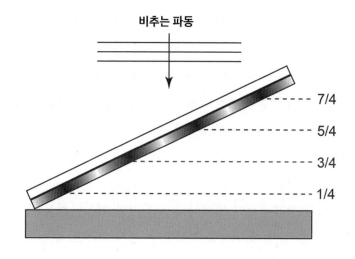

그림 34

비너의 실험.
사진 필름에 빛이 노출되면 1/4파장 위치에서 시작해서
1/2파장마다 계속해서 검은 반점이 나타난다.

당시에는 이 실험의 의미가 분명히 드러나지 않았을지 모르지만, 비너는 빛의 '활성 성분'이 전기장이라고 밝힌 것이었다. 이는 대부분의 천연 물질이 가시광선에 노출되었을 때 옳다는 것이 나중에 알려졌다. 물질은 전자기파에서 자기장이 아니라 전기장에 반응한다는 것이다.

그러나 자기장과도 상호 작용하는 물질은 매우 다르게 행동하며, 매우 유익한 특성을 가질 수 있다. 전기장에만 반응하는 일반 물질의 경우 맥스웰의 이론에 따르면 거의 항상 반사파가 있을 것으로 예측된다. 그러나 맥스웰의 이론은 또한 전기적 반응과 자기적 반응이 적절히 조합된 물질은 반사가 없을 수 있다고 예측한다. 본질적으로 물질의 전기적 반응과 자기적 반응에 의해 생성된 반사파가 상쇄될 수 있다. 반사된 파동들이 상쇄 간섭을 일으키는 것이다.

제2차 세계대전이 일어나자 과학자와 엔지니어들은 군사적 응용을 위해 이 현상을 검토했다. 현재 위대한 광학 연구자로 인정받고 있는 독일의 물리학자 아르놀트 조머펠트Arnold Sommerfeld는 나중에 이 분야에 대한 자신의 연구를 이렇게 회상했다. "전쟁 중에 연합군 레이더에 대한 대응책으로 두께가 얇고 거의 반사되지 않는('검은') 표면층을 찾는 문제가 제기되었다. 이 층은 특히 레이더 전파가 수직 또는 거의 수직으로 입사할 때 반사되지 않아야 했다."[2] 레이더는 하인리히 헤르츠의 전파 발견으로 탄생한 또 다른 기술이다. 레이더는 '전파 탐지 및 거리 측정RAdio Detection And Ranging'을 줄인 말이며, 박쥐가 메아리를 이용하는 것과 유사한 방식으로 전파를 사용하여 물체를 탐지한다. 레이더 안테나는 공중으로 신호를 보내고, 적의 항공기에서 반사되어 돌아오는 전파를 찾는다.

조머펠트와 그의 동료들은 본질적으로 레이더파를 반사하지 않는 새로운 물질, 즉 전기와 자기의 반응을 결합하여 반사를 억제하는 물질을 찾거나 만들려고 했다. 이 목표에 큰 진전이 있었는지는 확실하지 않지만, 미국 B-2 스피릿 스텔스 폭격기의 설계에도 유사한 접근 방식이 사용되었다. 이 폭격기는 모양과 재질이라는 설계상의 두 가지 주요 선택을 통해 레이더에 탐지될 가능성을 줄였다. 레이더는 능동 감지 시스템으로, 안테나에서 레이더 펄스 pulse*를 보낸 다음 표적에서 반사되는 신호를 찾는다. 보통의 비행기는 몸체가 둥글게 만들어져 있어서 레이더 전파를 모든 방향으로 반사하며, 일부가 레이더 안테나로 되돌아가 탐지될 수 있다. 스텔스 폭격기는 바닥이 평평하기 때문에 반사 법칙에 따라 레이더 전파가 주로 한 방향으로만 반사된다. 한 방향으로만 반사된 전파는 지상의 레이더 안테나에 탐지될 가능성이 적다.

스텔스 폭격기의 소재는 탄소-흑연 복합재로, 입사하는 레이더 에너지를 상당히 흡수한다. 날개 길이 52.5미터, 동체 길이 21미터인 스텔스 폭격기의 레이더 반사 면적은 대략 0.09제곱미터로, 레이더 탐지에 관한 한 사실상 농구공만 한 크기다.** 현대

• 매우 짧은 시간 동안 큰 진폭을 내는 전압이나 전류 또는 교란
•• 레이더 반사 면적은 완전히 반사되는 금속 구체의 면적으로 환산한 값이다. 이 예에서 스텔스 폭격기는 농구공 크기의 금속 공과 동등한 정도로 탐지된다는 뜻이다.

의 스텔스 폭격기는 조머펠트가 꿈꿨던, 레이더에 탐지되지 않는다는 목표를 거의 달성했다.

이로써 마침내 현대적인 보이지 않음의 물리학의 기원이자 완전히 새로운 광학 분야가 탄생했다. 1990년대 중반, 영국에 본사를 둔 GEC-마르코니의 연구원들은 구조물의 레이더 반사 면적을 줄이는 기술을 연구하던 중 레이더파를 매우 잘 흡수하는 탄소 기반 소재를 개발했다. 하지만 이 소재가 왜 그렇게 효과적인지 그 이유를 알지 못했다. 연구팀은 런던 임페리얼칼리지의 이론물리학 교수인 존 펜드리에게 이 수수께끼를 풀 수 있는지 물어보았다.

이 소재는 매우 얇은 탄소 섬유가 서로 겹쳐진 매우 작은 크기로 구성되었는데, 이 구조는 밴타블랙 페인트를 극단적으로 검게 만드는 탄소 섬유의 '숲'을 연상시킨다. 펜드리는 이 회사가 만든 소재의 특이한 레이더 흡수 특성이 바로 이 구조에서 비롯된다는 사실을 깨달았다.

이 관찰은 중요한 발견이었다. 광학의 역사에서 연구자들은 오랫동안 화학을 통해 물질에서 빛의 거동을 조작해 왔다. 적절한 화학적 특성을 가진 물질을 선택하면 원하는 광학 결과를 얻을 수 있다. 그러나 GEC-마르코니의 물질은 파장보다 더 작은 규모에서 물질의 구조를 바꾸면 광학적 성질을 바꿀 수도 있다는 것을 보여 주었다. 이렇게 물질의 구조를 조작하면 이론상 자연에서 전혀 발견되지 않는 광학적 성질을 가진 물질을 설계할 수 있다.

펜드리와 GEC-마르코니의 동료들은 그 뒤로 몇 년 동안 이

가능성을 탐구했다. 1996년, 그들은 금속을 매우 가는 와이어의 주기적 구조로 배열하면 금속의 광학적 성질이 극적으로 바뀔 수 있음을 이론적으로 보여 주었다. 즉 금속의 흥미로운 광학적 성질을 가시광선 범위에서 벗어나 적외선 범위에서 나타나게 할 수 있음을 보여 주었다.[3]

다음으로 펜드리와 마르코니 연구진은 약 50년 전에 조머펠트를 괴롭혔던 것과 같은 종류의 문제, 즉 전기적 반응뿐만 아니라 자기적 반응도 갖는 물질을 설계하기 위해 노력했다. 1999년에 그들은 첫 번째 이론적 결과를 「도체의 자성과 비선형 현상의 강화」라는 제목으로 발표했다.[4] 이 논문에서 그들은 분할 링 공명기split ring resonator라고 부르는 광학적 구조를 처음으로 소개했다. 이 구조는 갈라진 부분이 있는 금속 원통 두 개가 겹쳐져 있다(그림 35). 파장보다 작은 크기의 구조물이 아주 많이 모여서 전체 인공 물질을 이룬다. 이러한 분할 링 공명기는 어떤 의미에서 빛의 오르간 파이프처럼 작동한다. 원통의 크기, 간격, 재료를 적절히 선택하면 주어진 진동수에서 원하는 전기와 자기 반응을 끌어낼 수 있다. 공명기를 작게 만들 수만 있다면 원리적으로 가시광선의 진동수에서도 효과를 얻을 수 있다. 즉 분할 링을 원하는 주파수에서 '공명'시킬 수 있다.

펜드리는 1999년 캘리포니아 라구나비치에서 열린 광자 및 전자기 결정 구조Photonic and Electromagnetic Crystal Structures, PECS 컨퍼런스에서 분할 링 공명기에 대한 결과를 발표했다. 그는 자연에서 볼 수 없는 광학적 성질을 가진 이 새로운 인공 재료를

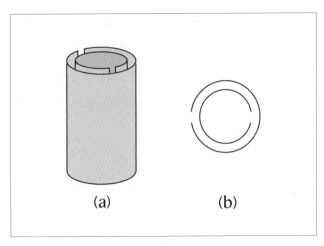

그림 35

분할 링 공명기의 옆면(a)과 윗면(b)

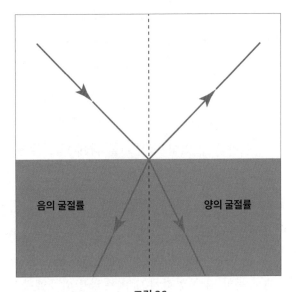

음의 굴절률

양의 굴절률

그림 36

굴절률이 양수일 때와 음수일 때의 굴절

246

메타 물질metamaterial이라고 소개했다. 메타meta는 그리스어로 '너머beyond'를 의미하므로 메타 물질은 자연에서 발견되는 것을 '넘어서는' 특성을 가진 물질을 의미한다. 특히 펜드리는 광학적 성질이 물질의 화학적 성질이 아니라 **구조**에 의해 결정되는 물질을 설명했다.

라구나비치 회의에는 캘리포니아대학교 샌디에이고 캠퍼스 물리학과의 데이비드 스미스와 셸던 슐츠Sheldon Schultz가 참석했다. 물리학자들은 펜드리의 연구에서 놀라운 시사점을 발견했다. 분할 링 공명기를 사용하면 다양한 자기 및 전기 반응을 가진 물질을 만들 수 있을 뿐만 아니라 빛의 굴절률을 **음수**로 만드는 방식으로 이러한 특성을 조정할 수 있다는 것이었다. 보통의 매질에서 음의 매질로 진행하는 빛은 표면에 세운 수직선에서 **반대쪽**으로 굴절된다(그림 36). 스미스와 슐츠는 라구나비치 회의에서 펜드리와 이 문제를 비롯한 여러 가지 흥미로운 광학적 가능성에 대해 이야기를 나누었고, 그 뒤로 오랫동안 협동 연구를 수행했다.

스미스와 슐츠는 샌디에이고의 다른 동료들과 함께 이론적으로 음의 굴절률을 갖는 매질을 구현하는 방법을 논의하는 여러 논문을 썼고, 2001년에 처음으로 음의 굴절률을 갖는 물질을 실험적으로 증명했다.[5] 이 물질은 마이크로파용으로 설계되었으며, 파장의 중앙값은 3센티미터였다. 이 규모에서 분할 링 구조물의 크기는 5밀리미터쯤 되므로 어렵지 않게 제작할 수 있다(가시광선은 파장이 10억분의 1미터이므로, 분할 링 구조물이

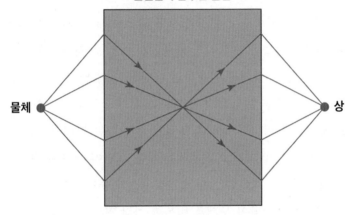

굴절률이 음수인 물질

물체

상

그림 37
굴절률이 음수(n=-1)인 렌즈가 공기(공기의 굴절률은 +1이다) 중에 있으면
볼록렌즈와 같은 역할을 하게 된다.
빛은 두 번 굴절하여 렌즈의 반대쪽에서 상이 맺힌다.

100억분의 1미터 정도여야 한다).

굴절률이 음수인 물질은 과학적으로 흥미로울 뿐만 아니라 실용적 관심사이기도 했다. 1967년 소련의 물리학자 빅토르 베살라고Victor Vesalago는 굴절률이 음수인 물질이 물리적으로 가능하다는 이론적 논문을 발표했고, 이런 물질의 의미를 설명했다. 베살라고는 여러 가지 흥미로운 결과 중에서 음의 굴절률을 가진 평평한 판이 렌즈 역할을 할 수 있으며, 보통 렌즈와 달리 빛의 초점을 맞추기 위해 표면이 굽어 있을 필요가 없다는 점을 지적했다(그림 37). 베살라고의 논문은 발표 당시에는 크게 주목받지 못했지만, 샌디에이고의 연구원들이 이 논문을 재발견하여 굴절률이 음수인 물질에 대한 연구의 출발점으로 삼았다.[6]

보통의 렌즈는 빛의 파동 특성으로 인해 해상도가 제한적이다. 빛의 파동은 항상 퍼져 나가기 때문에 일반적으로 파장보다 더 작은 영역에 빛을 집중시킬 수 없다. 즉 보통의 렌즈로 얻은 영상에서 가시광선의 파장보다 더 가까운 두 점은 번져서 구분할 수 없게 된다. 이는 빛의 파동 이론이 등장한 이래로 광학 영상 시스템의 근본적인 한계로 여겨져 왔다.

하지만 2000년에 존 펜드리는 베살라고 평면 렌즈의 해상도에 흥미를 가졌고, 파동 광학 계산을 통해 해상도를 알아냈다. 놀랍게도 그는 이러한 렌즈가 원리적으로 완벽하다는 것을 발견했다. 이 렌즈로 점의 영상을 얻으면 정확히 점의 영상이 만들어진다. 20세기 초에 원자 구조를 연구할 때는 보통의 현미경으로 원자를 볼 수 없다는 한계가 있었다. 그러나 베살라고의 렌즈는 아무리 작은 물체라도 완벽한 광학 영상을 만들어 낼 수 있는 것으로 보였다.

펜드리는 2000년에 「음의 굴절률로 완벽한 렌즈를 만들다」라는 도발적인 제목의 논문을 발표했다.[7] 이 논문으로 과학계에서 엄청난 소란이 일어났다고 말하면 너무 온건하게 표현한 것이다. 연구자들은 펜드리가 틀렸다고 증명하기 위해 서로 치고 받느라 거의 난장판이 되었다. 당시 나는 아직 박사 과정 학생이었다. 에밀 울프는 펜드리의 연구 결과에 반대하기 위해 급하게 작성된 논문의 공동 저자가 되어 달라는 요청을 한 번 이상 받았지만, 현명하게도 미끼를 물지 않았다.

오늘날에는 펜드리의 계산이 정확하다는 데 모두가 동의한다. 그러나 여전히 이 렌즈는 완벽하지 않다. 렌즈가 빛을 흡수한다든지 하는 실용적인 고려 사항을 살펴보면, 기존 렌즈의 해상도 한계를 넘어서면 완전함을 저해하는 다른 한계가 있다는 것을 알 수 있다. 베살라고의 렌즈는 여전히 원자의 영상을 얻을 수 없지만, 보통의 렌즈보다 더 나은 해상도를 제공할 수 있다.

베살라고 렌즈의 '초해상도'는 여러 실험에서 확인되었다. 2004년 토론토대학교의 연구진은 마이크로파용 슈퍼렌즈를 설계하여 일반 렌즈보다 해상도가 뛰어나다는 것을 확인했다.[8] 가시광선에서 사용할 수 있는 슈퍼렌즈는 파장이 훨씬 짧기 때문에 만들기가 매우 어렵다. 그러나 2005년에 캘리포니아대학교 버클리 캠퍼스의 연구원들은 단순한 얇은 은판이 베살라고

렌즈와 유사하게 작동하며 초해상도를 제공할 수 있음을 보여
주었다.[9]

가시광선 영역의 진동수에서는 메타 물질을 만들기가 매우
어렵다. 완벽한 렌즈나 음의 굴절률을 가진 물질을 만들기 위해
서는 파장보다 작은 규모로 물질의 구조를 3차원으로 제어할 수
있어야 한다. 메타 물질의 기본 단위인 '메타 원자'를 한 변의 크
기가 100억분의 1미터인 장난감 조립 블록으로 상상해 보면 그
어려움을 이해할 수 있다. 이 초소형 블록을 전체 길이가 수 센
티미터인 구조로 완벽하게 조립하는 것이 과제다. 현재로서는
아직 효율적이고 비용이 적게 드는 방법이 없지만, 이제까지의
과학 발전을 고려할 때 불가능하다고 가정하면 실수일 가능성
이 매우 크다.

완벽한 렌즈의 발표는 광학물리학의 완전히 새로운 시대를
연다고 할 수 있다. 자연 탐구의 역사 내내 과학자와 자연철학자
들은 "빛이란 무엇인가?", "빛은 무엇을 할 수 있는가?"라는 질문
을 던져 왔다. 메타 물질이 등장하면서 연구자들은 이제 "어떻게
하면 원하는 대로 빛을 조작할 수 있을까?"라는 질문을 던진다.

광학 연구자들은 오랫동안 여러 가지 규칙을 지키면서 연구
해 왔지만, 이제 이런 규칙들은 지침 정도로 격하되었다. 이에
따라 많은 연구자는 자연스럽게 다음과 같은 질문을 품게 되었
다. 이러한 물질로 무엇을 할 수 있을까? 그 대답 중 하나가 바로
투명 망토를 설계하는 것이다.

14

투명 망토의 등장

변환광학의 진화

보이지 않는 무기의 운반체는 사실 0.5톤에 달하는 크기였다. 내부에는 엔진과 광 증폭기의 전원 공급 장치와 함께 사람과 핵융합 폭탄이 들어갈 수 있을 정도로 컸다. 본체는 유연한 플라스틱 광전도성 막대로 이루어진 뻣뻣한 매트로 덮여 있었고, 막대의 끝부분은 상상할 수 있는 모든 방향에서 바깥쪽을 향해 조밀한 모자이크처럼 모여 있어 빛을 본체 주위로 굴절시키도록 설계되어 있었다.

— 앨지스 버드리스Algis Budrys, 「사랑을 위하여For Love」(1962)

베살라고와 펜드리의 완벽한 렌즈는 어떤 의미에서 너무 완벽했다. 렌즈가 만들어 내는 영상은 촬영 대상과 정확히 같은 크기였다. 이로 인해 현미경 같은 응용이 불가능했다. 기존 현미경에서는 영상을 매우 크게 확대해서 맨눈으로 보거나 기록한다. 완벽한 렌즈를 사용하여 맨눈으로 보이지 않을 만큼 작은 물체의 영상을 얻으면 그대로 맨눈으로 볼 수 없는 작은 영상만 나온다!

펜드리는 2000년에 완벽한 렌즈에 대한 논문을 발표한 직후, 이 렌즈를 수정하여 확대 영상을 얻을 수 있는 방법을 찾기 시작했다. 렌즈의 완전성을 조금 희생시키고 실용성을 얻으려는 시도였다. 2002년과 2003년에 펜드리는 확대할 수 있는 렌즈의 새로운 설계를 선보였다. 그는 이 설계에서 1990년대 중반부터 자신이 개발해 온 새로운 수학적 도구를 사용했는데, 요즘은 이를 변환광학이라고 부른다.[1]

물리학과 광학에서 풀어야 할 문제가 점점 더 복잡해지면서 연구자들은 컴퓨터 시뮬레이션에 점점 더 의존했다. 광학에서는 컴퓨터를 사용하여 맥스웰 방정식을 푼다. 그러나 빛이 매우 복잡한 구조에서 전파되는 경우 이러한 계산은 준비하기가 어렵고 값을 얻는 데도 매우 오랜 시간이 걸릴 수 있다. 이러한 계산은 이산 메시discrete mesh로 공간을 표현하고 메시(그물망)의 교차점에서 전자기장의 값을 얻는 방식으로 수행된다. 1996년 펜드리와 그의 제자 앤드루 워드Andrew Ward는 연구할 실제의 광학적 구조와 더 잘 일치하도록 메시에 수학적 왜곡을 수행하여 많은 계산을 단순화할 수 있음을 보여 주었다(그림 38).[2]

펜드리와 워드는 맥스웰 방정식의 흥미로운 성질을 발견했다. 적어도 원리적으로는 원하는 공간의 왜곡처럼 작동하는 광학 재료를 항상 찾을 수 있다는 것이다. 여기서 새로운 전략이 제시되었다. 특정 방식으로 빛을 조작하는 재료를 설계하려면 먼저 그 조작을 생성할 수 있는 공간의 왜곡을 결정해야 한다는 것이다. 왜곡이 알려지면, 맥스웰 방정식을 사용하여 해당 광학 효과를 생성할 재료 구조를 결정할 수 있다.

변환광학은 알베르트 아인슈타인이 일반 상대성 이론을 개발할 때 사용한 것과 똑같은 수학을 사용하지만 해석은 매우 다르

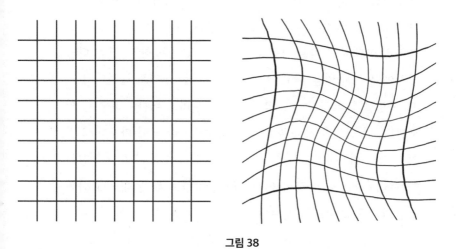

그림 38

변환광학용 이산 메시의 뒤틀림.

왼쪽이 원래의 메시고, 오른쪽이 뒤틀린 메시다.

다. 아인슈타인의 중력 개념에 따르면 거대한 물체는 그 주변의 공간과 시간을 뒤틀어 그 공간을 통과하는 물질과 빛의 경로에 영향을 준다. 변환광학은 똑같이 왜곡된 공간의 수학을 사용하지만, 광학 장치를 설계하는 도구로 사용한다.

이를 염두에 두면, 빛이 공간의 가운데에 숨겨진 영역을 우회하여 마치 아무것도 만나지 않은 것처럼 지나가도록 공간을 왜곡한다는 상상은 얼마든지 나올 수 있다. 이것이 바로 투명 망토다(그림 39). 먼저 보통의 공간이 있다고 하고, 이 공간의 두 점 사이의 상대적 거리를 나타내는 격자가 있다고 하자. 그런 다음 공간에 작은 구멍을 뚫고, 이 구멍을 유한한 크기로 늘린다고 하자. 구멍을 늘리면서 주변의 공간을 구부리고 뒤틀어 자리를 확보한다. 이 영역을 통과하는 빛의 경로도 왜곡되어 가운데의 가려진 영역 밖으로 지나간다. 원하는 대로 수학적 왜곡을 구현한 다음에는 맥스웰 방정식을 사용하여 이와 똑같은 왜곡 효과를 일으키는 물질 구조를 찾는다.

2005년에 펜드리는 변환광학을 사용하여 망토를 만드는 방법에 대한 좋은 아이디어를 얻었다. 그해 4월, 텍사스주 샌안토니오에서 메타 물질에 관한 회의를 주최한 미국 방위고등연구계획국Defense Advanced Research Projects Agency, DARPA의 발레리 브라우닝Valerie Browning은 펜드리에게 발표를 해 달라고 요청했다. 그녀는 펜드리에게 사람들의 관심을 끌 만한 색다른 내용을 넣어 달라고 꼭 짚어 요청했고, 펜드리는 당시 과학계에서는 거의 알려지지 않았던 변환광학의 유용성을 입증할 방법으로 클

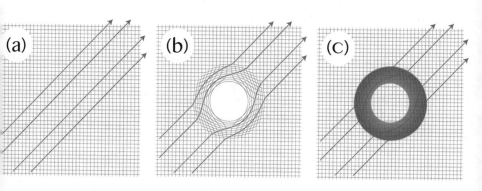

그림 39

투명 망토로 작동하는 공간 왜곡과 이 투명 망토에 상응하는 물질 구조.
대각선으로 통과하는 광선의 경로는 공간과
똑같이 왜곡되어 물체를 우회하여 지나간다.

로킹 cloaking*의 가능성에 대해 발표하기로 결정했다. 펜드리는 당시 상황을 이렇게 설명했다.

> 나는 그때 변환광학의 이론을 연구하고 있었는데, 이는 내가 개발한 매우 강력한 전자기 설계 도구였다. 나는 이 발표에서 물체가 전자기파에 탐지되지 않게 하는 방법을 다루면 좋은 농담이 되겠다고 생각했다. 아내는 내가 해리 포터를 언급하면 좋겠다고 말했다. 나는 해리 포터가 누군지 몰랐지만 망토와 관계가 있는 것 같았다. 그런데 이 농담이 너무 진지하게 받아들여졌고, 그때 이후로 투명 망토가 메타 물질 연구자들 사이에서 주요 주제가 되었다.[3]

현재 듀크대학교에 재직 중인 데이비드 스미스는 샌안토니오 회의에는 참석하지 못했지만, 클로킹 연구를 추진한다는 소식을 듣자마자 실험 설계에 참여하겠다고 제안했다. 이렇게 해서 그의 연구 그룹은 투명 망토에 관한 첫 번째 공식 이론 논문이 발표되기 전에 투명 망토를 만드는 데 유리한 고지를 선점할 수 있었다.

하지만 과학에서 흔히 그렇듯이, 투명 망토의 가능성을 진지하게 고려한 사람은 펜드리뿐만이 아니었다. 2002년 7월, 당시

• 첨단 기술로 특정 물체를 보이지 않게 하는 것

세인트앤드루스대학교에 재직 중이던 울프 레온하르트는 캘리포니아 샌타바버라에 있는 카블리 이론물리학연구소에서 열린 양자광학 미니프로그램Miniprogram on Quantum Optics에 참석했다. 토론 주제로 메타 물질과 음의 굴절이 포함되었으며, 존 펜드리와 데이비드 스미스도 참석하여 자신들의 음의 굴절 연구에 대해 강연했다.

레온하르트는 광학과 아인슈타인의 일반 상대성 이론 사이의 관계에 오랫동안 관심을 가져 왔으며, 1999년에 이 주제에 관한 첫 번째 논문을 발표하여 특정한 움직이는 광학 시스템이 블랙홀의 동작을 모방할 수 있음을 보여 주었다.[4] 레온하르트는 컨퍼런스에서 메타 물질에 대한 토론을 들었던 경험을 이렇게 회고했다. "데이비드 스미스와 존 펜드리의 강연을 비롯해 음의 굴절을 지지하고 반대하는 주장을 들었고, 메타 물질의 개념과 그 실험적 증명에 대해 배웠다. 이 분야의 다음 주제는 투명 망토가 될 것임이 내게는 아주 명백해 보였다."[5] 샌타바버라 회의에서 레온하르트와 펜드리는 물리학에 대해 많은 토론을 했다. 레온하르트는 중력과 광학의 유사성에 대해 알려 주었고, 펜드리는 메타 물질의 통찰에 대해 말했다. 두 사람은 투명 망토의 가능성은 언급하지 않았고, 서로가 상대방이 그런 것을 생각하고 있는지 눈치채지 못했다.

레온하르트의 망토 설계 기법은 펜드리의 기법과 유사했다. 망토 역할을 하는 공간의 수학적 왜곡을 만든 다음, 그 왜곡을 모방할 재료 구조를 결정하는 것이었다. 원리는 단순했지만 구현하기는 쉽지 않았고, 레온하르트는 그 후 몇 년 동안 클로킹의 수학을 연구하는 데 어려움을 겪었다. 마침내 레온하르트는 2005년 9월 멕시코로 출장을 떠나는 비행기에서 클로킹의 구현에서 빠진 조각을 찾아냈고, 즉시 결과를 발표하기 위해 논문을 쓰기 시작했다.[6]

논문을 출판하는 것은 클로킹 문제를 해결하는 것만큼이나 어려웠다. 레온하르트는 저명한 학술지 『네이처Nature』에 논문을 보냈지만 거절당했고, 『네이처 피직스Nature Physics』에도 보냈지만 이틀 만에 거절당했다. 이어서 그는 또 다른 권위 있는 학술지인 『사이언스』에도 논문을 제출했지만 2주 만에 거절당했다.[7]

2006년 초에는 물리학 분야의 최고 학술지로 꼽히는 『피지컬 리뷰 레터스Physical Review Letters』에 논문을 보냈지만 역시 결과가 좋지 않았다. 그런데 심사자 중 한 명은 자기가 최근에 참석한 학회에서 투명 망토에 대한 펜드리의 발표(아직 출판되지 않았다)를 보았고, 레온하르트의 연구는 새롭지 않으므로 게재할 수 없다고 주장했다! 논문을 거부하는 이유로는 터무니없는 주장이었다. 출판되지 않은 연구는 다른 연구의 출판 여부와 관련이 없다. 레온하르트는 이것을 근거로 『피지컬 리뷰 레터스』에 항의했다.

하지만 이때 그는 예상치 못한 행운을 얻게 된다. 『사이언스』에서 레온하르트에게 연락이 왔다. 마침 펜드리, 슈리그, 스미스가 투명 망토에 관한 논문을 『사이언스』에 투고했는데, 두 논문의 클로킹 전략과 수학이 매우 유사하여 편집자는 두 논문을 함께 게재하기로 결정했던 것이다. 이렇게 해서 2006년 5월 『사이언스』에 두 논문이 나란히 게재되었다(그림 40).[8]

두 논문이 나오자 즉각적으로 전 세계의 관심이 쏠렸고, 저자들에게 이 장치의 작동 방식과 용도를 설명해 달라는 요청이 쇄도했다. 레온하르트와 펜드리 팀은 모두 같은 비유를 사용하여 망토의 작동 방식을 설명했다. "강에서 물이 바위를 휘감으면서 흐르는 것처럼, 빛을 구멍 주위로 우회하도록 유도하여 그 안의 물체가 보이지 않게 할 수 있다."[9] 신기하게도 이 설명은 수십 년 전에 한 SF 작가가 예상했던 것이었다. 작가 에이브러햄 메릿Abraham Merritt(1884~1943)은 SF와 판타지 고전 소설을 여러 편 썼으며, 오늘날에는 유명하지 않지만 당대에는 큰 성공을 거두었다. 메릿의 소설 「심연의 얼굴The Face in the Abyss」(1931)에서 그레이던이라는 미국인은 남미에서 잉카의 보물을 찾다가 잃어버린 문명과 거대한 바위 얼굴에 갇힌 사악한 신을 발견한다. 또한 마음대로 나타났다가 사라지고 날개가 달린 '뱀의 어머니Snake Mother'의 하인들을 만나게 된다. 그레이던은 그들의 초자연적인 능력을 다음과 같이 설명한다.

> 날개 달린 뱀들—전령傳令일까? 사실 이는 과학적 사실 위에 굳건히 발을 딛고 있다. 앰브로즈 비어스는 「요물」이라는 소설에서 그런 것이 있을 수 있다고 추론했다. 허버트 조지 웰스도 『투명 인간』에서 같은 아이디어를 사

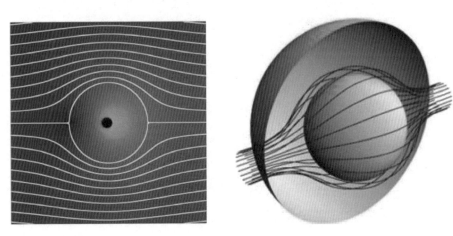

그림 40

레온하르트의 망토(왼쪽)와 펜드리, 슈리그, 스미스의 망토(오른쪽)

용했다. 모파상은 미쳐 버리기 직전에 「오를라」라는 유령 이야기에서 이 아이디어를 사용했다. 과학은 이 일이 가능하다는 것을 알고 있었고, 전 세계의 과학자들은 전쟁에 사용하기 위해 이 비밀을 알아내려고 노력했다. 그렇다. 보이지 않는 전령은 쉽게 설명할 수 있다. 빛을 흡수하지도 되돌려 보내지도 않는 무언가를 생각해 보자. 그런 경우 광선은 빠른 시냇물이 잠긴 바위 위로 흐르듯이 물체 위로 흐른다. 바위는 보이지 않는다. 광선이 지나간 물체도 보이지 않을 것이다. 광선은 그 위로 휘어져 관찰자의 눈에 그 뒤쪽에 있는 이미지를 전달할 것이다. 중간에 있는 물체는 보이지 않게 된다. 빛을 흡수하지도 반사하지도 않기 때문이다.[10]

에이브러햄 메릿은 앰브로즈 비어스, 허버트 조지 웰스, 기 드 모파상의 작품을 바탕으로 적어도 유비를 통해 진정한 투명함이 어떻게 작동할 수 있는지 정확하게 상상해 냈다!

다른 SF 작가들도 보이지 않음에 대해 비슷한 설명을 내놓았다. 아마도 기술적으로 가장 정확한 설명이 나온 것은 앨지스 버드리스의 1962년 단편 소설 「사랑을 위하여」에서 인류가 보이지 않는 무기 운반체를 만들어 지구를 점령하고 인류를 괴롭히는 외계 우주선을 핵융합 폭탄으로 공격하는 장면일 것이다. 이 무기 운반체는 광섬유 케이블 네트워크(물질 구조다)를 사용하여 운반체 주위로 빛을 유도한다.

나는 레온하르트, 펜드리와 동료들의 보이지 않음에 관한 새로운 논문을 처음 읽었을 때, 즉시 "왜 불가능하지 않은가?"라는 질문으로 돌아갔다. 울프, 하바시, 나흐만은 10년 전에 진정한 보이지 않음은 달성할 수 없다는 증명을 제시했다.

두 연구 그룹은 이 질문에 대해 서로 다른 답을 내놓았다. 나는 2003년 키이우에서 열린 회의에서 울프 레온하르트의 답을 처음 알게 되었다. 내가 "완벽하게 보이지 않도록 만들기는 불가능하다."라고 말하자, 그는 반드시 완벽해야 할 필요는 없다고 대답했다. 예를 들어 80퍼센트나 90퍼센트쯤 투명해도 여전히 엄청난 이점이 될 수 있다. 영화 〈프레데터Predator〉(1987)에서 프레데터는 완전히 투명하지 않아서 움직일 때 감지되지만, 특수부대를 전멸시키고 아널드 슈워제네거만 살아남는다. 레온하르트는 단순한 변환광학 장치를 적용하여 완벽하지는 않지만 펜드리, 슈리그, 스미스의 망토보다 원리적으로 훨씬 쉽게 제작할 수 있는 망토를 설계했다.[11]

그러나 펜드리, 슈리그, 스미스의 설계는 정교한 변환광학 장치를 적용하여 원리적으로 '완벽'하다. 그러나 이 결과는 울프, 하바시, 나흐만의 증명과 상충하지 않는다. 이 증명은 일반 물질에만 적용되며, 펜드리, 슈리그, 스미스의 망토는 자연에서 발견되지 않는 메타 물질을 사용하기 때문이다.

특히 울프, 하바시, 나흐만의 증명은 자성이 없는 물질에만 적용되었다. 펜드리, 슈리그, 스미스의 설계에서는 자기 반응이 있는 물질로 망토를 만들어야 한다. 또한 200년 전쯤에 토머스 영이 빛이 횡파라고 증명할 때 사용한 광학 방해석과 같은 복굴절을 일으키는 물질을 사용해야 한다. 울프, 하바시, 나흐만의 증명은 방해석과 같은 이방성 물질에는 적용되지 않는다.

앞에서 설명한 비복사 방출원과 비산란 산란체와 마찬가지로, 투명 망토의 원리도 완전한 상쇄 간섭으로 설명된다. 투명 망토에서 산란된 장은 상쇄 간섭 때문에 망토에서 아주 가까운 영역을 벗어나지 못한다. 다시 한번, 망토의 여러 부분에서 산란된 전기장과 자기장 성분이 각각 완전히 상쇄된다고 상상할 수 있다. 그러나 투명 망토 논문에서 밝혀진 많은 사실 중 하나는, 보이지 않는 물체를 설계하는 데는 변환광학이 훨씬 더 좋은 기술이라는 것이다.

투명 망토에 대한 이론 논문이 발표된 지 불과 6개월 후인 2006년 11월, 데이비드 스미스와 듀크대학교의 공동 연구자들은 투명 망토의 첫 번째 프로토타입을 제작했다.[12] 음의 굴절률을 보인 이전의 소재와 마찬가지로 이 투명 망토는 마이크로파 파장에서 작동하도록 설계되었으며, 두 개의 금속판 사이에 끼워진 평평한 망토였다(그림 41). 이 실험용 투명 망토는 제조하기 쉬운 단순화된 설계였고 '완벽한' 클로킹 기능을 제공하지는 못했다. 그러나 이론이 예측한 대로 가운데의 숨겨야 할 영역 주위로 빛을 유도할 수 있음을 보여 주었다.

2006년, 메타 물질과 투명 망토는 대중과 과학계 모두의 의식 속에 완전히 침투했다. 모든 사람의 머릿속에는 두 가지 큰 의문이 있었다. 어떻게 하면 가시광선을 차단하는 투명 망토, 즉

그림 41
최초의 실험용 마이크로파 투명 망토

정말로 보이지 않는 물체를 만들 수 있을까? 그리고 이런 투명 장치는 어디에 사용할 수 있을까? 당시에는 거의 모든 것이 가능해 보였다. 예를 들어 데이비드 슈리그는 이렇게 말했다. "해변의 전망을 가리고 있는 정유 공장을 보이지 않게 할 수 있을 것이다." 이는 1958년 헨리 슬레서가 단편 소설 「투명 인간 살인 사건」에서 구상한 투명 페인트 설파보르고늄과 매우 흡사한 용도였다.[13] 이후 10년 동안 두 질문에 답하기 위한 많은 시도가 있었고, 여러 가지 놀라운 결과가 나왔다.

15

점점 더 신기해지는 상황

투명 망토 구현의 여러 가능성

상자를 열자 폭이 60, 길이가 90, 높이가 45센티미터 크기의 공간이 드러났다. 상자 한쪽에 작은 배터리 케이스 20개가 가지런히 정리되어 있었다. 배터리에는 스프링처럼 돌돌 말려 있는 유연한 케이블로 헤드셋이 연결되어 있었고, 헤드셋에는 신기할 정도로 복잡한 고글이 달려 있었다. 상자 안은 거의 텅 비어 있었다. 사령관은 손을 뻗어 능숙하게 고글과 배터리 케이스를 꺼내 넘겨주었다. 그런 다음 그녀는 상자 속으로 더 조심스럽게 손을 뻗었다. 뻗은 손이 사라졌다. 기괴하게도 사령관의 몸이 한 부분씩 사라져 갔고, 한 쌍의 발만 남아 점점 멀어져 갔다. 보이지 않는 장화와 함께 걸어가던 발도 결국 사라져 버렸다.

— 존 W. 캠벨John W. Campbell(돈 A. 스튜어트Don A. Stuart라는
필명으로 발표), 「아이시르의 망토Cloak of Aesir」(1939)

2006년에 발표된 망토 설계는 SF 작가들이 꿈꾸던 대로 원리적으로 '완벽하게' 보이지 않게 할 수 있다는 점에서 주목할 만했다. 완벽한 투명 망토는 망토 안의 물체를 숨길 수 있고, 망토 중앙의 영역을 우회하여 빛을 완벽하게 유도할 수 있으며, 유도된 빛은 전혀 왜곡되지 않고 그대로 전달된다.

클로킹에 관한 논문은 획기적이었지만, 초기 설계에는 여러 가지 중요한 한계가 있다는 것을 모두가 알고 있었다. 예를 들어

이러한 망토는 최소한 약간의 그림자를 드리우게 된다. 자연 상태의 모든 물질은 빛을 어느 정도 흡수하며, 매우 투명한 물질도 마찬가지다. 예를 들어 깊은 우물의 바닥에서는 붉은빛이 더 많이 흡수되어 모든 것이 파랗게 보이고, 바닷속 깊은 곳은 바닷물을 통과하는 햇빛이 모두 흡수되어 완전한 어둠의 세계다. 2006년에 설명된 망토는 수동적 광학 장치로, 시스템에 에너지를 추가하지 않고 망토 영역을 우회하여 빛을 유도하므로 어쩔 수 없이 통과하는 빛 중 일부가 흡수된다. 이러한 수동 망토는 잭 런던의 소설 「그림자와 섬광」에 등장하는 인물처럼 최소한 희미한 그림자를 드리우므로 원리적으로 감지할 수 있다.

또한 이러한 클로킹으로 은폐 영역을 숨기려면 부피 전체에 걸쳐 굴절률의 변화가 극심해야 하며, 이방성이 극도로 높아야 한다. 이렇게 성질이 극단적으로 변하는 물질은 제조하기 어렵다. 가시광선 영역의 메타 물질 제작은 그렇지 않아도 어렵고 해결되지 않은 문제투성이인데, 이런 점 때문에 한층 더 어려워진다.

2006년에 나온 최초의 망토 설계에서 세 번째 난점은 망토가 실제로 완벽하게 작동한다면 아무도 망토를 볼 수 없지만, 마찬가지로 망토에 숨어 있는 사람 역시 아무것도 볼 수 없다는 것이다! 망토는 원리적으로 모든 빛을 차단하기 때문에 스파이 활동에는 적합하지 않다. SF 작가들도 이 점을 분명히 알고 있었다. 존 W. 캠벨이 쓴 소설 「아이시르의 망토」에서는 산Sarn이라는 외계인이 인류를 정복하지만, 어둠의 망토를 가진 아이시르라는 강력한 존재에 맞서게 된다. 산은 아이시르를 가두기 위해 자외선을 볼 수 있는 고글이 장착된 투명 망토를 사용한다. 이 망토는 가시광선을 굴절시키지만 자외선을 그대로 통과시킬 수 있기 때문에, 망토를 착용한 사람이 외부를 볼 수 있다. 보이지 않게 하는 능력을 실용화하려면 망토를 쓴 물체가 외부 세계를 감지할 수 있는 메커니즘이 있어야 한다.

최초의 망토 설계에서 가장 큰 난점은 빛의 속도와 관련될 것이다. 망토를 직접 때리는 광선은 망토 바깥에서 직선으로 통과하는 광선보다 더 먼 거리를 빙 돌아서 가야 한다. 그러나 이 광선이 실제로 감지되지 않으려면 다른 거리를 이동하는 두 광선이 같은 시간에 도착해야 한다. 그렇지 않으면 빛이 해당 영역을 통과하는 데 걸리는 시간을 측정하여 망토의 존재를 감지할 수 있다. 따라서 망토를 우회하는 빛은 공기 중에서 이동하는 빛보다 빨라야 하는 것이다(그림 42). 그러나 공기 중에서 빛의 속도는 우주의 속도 한계인 진공 상태에서의 빛과 거의 동일하다. 알베르트 아인슈타인이 1905년에 발표한 특수 상대성 이론에서 처음 주장했던 대로, 진공 중의 빛보다 빠르게 달릴 수 있는 것은 없다.

그러나 빛이 물질 속에서 이동할 때는 상황이 살짝 달라진다. 단일 파장이거나 좁은 범위의 파장을 가진 빛은 아인슈타인의 상대성 이론을 위반하지 않고도 물질 속에서 진공일 때보다 더 빨리 달릴 수 있다. 그러나 이 파장 범위는 망토가 커질수록 감소한다는 것이 알려졌다. 파장 범위가 제한된다는 것 외에 또 다른 문제가 있다. 다른 연구에 따르면 클로킹을 하면 파장 범위

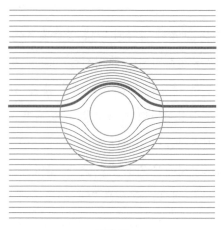

그림 42

클로킹 장치의 상대론적 한계. 중심 근처를 통과하는 광선은
은폐 장치 바깥으로 이동하는 광선보다 더 먼 거리를 이동해야 한다.

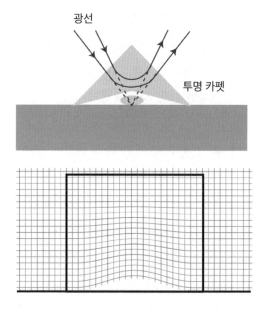

그림 43

투명 카펫.
위: 평평한 표면에서 직접 반사된 것처럼 광선이 휜다.
아래: 투명 카펫을 구현하는 기하학적 변환

밖의 빛을 더 강하게 산란시킨다고 한다. 본질적으로, 미세 입자보다 큰 모든 클로킹 장치는 빨간색이나 파란색의 특정 색조에서는 보이지 않게 만들 수 있지만 다른 색상에서는 완전히 보이거나 심지어 더 잘 보일 수 있다.[1]

이런 한계 때문에 클로킹에 대한 2006년 이후의 연구는 완벽하지는 않지만 최초 설계보다 나은 망토의 설계에 중점을 두었다. 이러한 설계 중 하나는 2008년에 젠슨 리Jensen Li와 존 펜드리가 소개했으며, 이 새로운 접근 방식을 "카펫 아래에 숨기기"라고 불렀다.[2] 투명 망토의 최초 설계에서는 공간의 한 점을 부피를 가진 구멍으로 늘려서 빛이 이 구멍을 우회해서 지나가도록 하는 공간적 왜곡을 변환광학의 수학으로 계산해 냈다. 투명 카펫에서는, 변환광학으로 2차원 표면을 위쪽으로 늘린다. 망토와 숨기려는 물체를 평평한 반사 표면에 놓으면, 빛이 평평한 표면에서 반사되는 것처럼 진행하여 물체가 보이지 않게 된다(그림 43). 카펫의 영역은 아래에 숨겨져 있는 물체 때문에 부풀어 오른 것처럼 보인다.

투명 카펫은 실용적인 투명함을 달성하기 위해 연구자들이 절충을 시도한 좋은 사례다. 투명 카펫은 평평한 반사 표면 위에 놓인 것만 숨길 수 있다는 점에서 완벽하지 않다. 그러나 모든 방향에서 물체를 숨길 필요가 없어서 굴절률이 극단적으로 변하지 않아도 되고 이방성도 적기 때문에, 원래의 클로킹 설계보다 원리적으로 훨씬 쉽게 구현할 수 있다. 굴절률의 변화가 덜 극단적이기 때문에 더 넓은 파장 범위를 처리할 수 있다는 장점도 있다.

연구자들은 빠르게 투명 카펫의 프로토타입을 제작하기 시작했다. 첫 번째는 듀크대학교의 데이비드 스미스 그룹이 제작했으며, 파장이 약 2밀리미터인 마이크로파에서 작동하도록 설계되었다.[3] 은폐 영역은 폭 100밀리미터, 높이 10밀리미터로 솟아오른 영역이었다. 얼마 지나지 않아 캘리포니아대학교 버클리 캠퍼스의 연구자들은 약 1,400나노미터의 가시광선에 가까운 파장에서 작동할 수 있는 투명 카펫을 개발했다.[4] 이 장치가 가릴 수 있는 범위는 폭이 약 4,000나노미터, 높이가 400나노미터였다. 처음 나온 것으로는 좋은 성과였지만, 사람을 숨길 수 있을 정도로 크지는 않았다. 2010년, 존 펜드리도 독일 카를스루에의 연구원들과 협력하여 약 1,400나노미터 근처의 파장 범위에서 작동하는 장치를 만들었는데, 숨길 수 있는 높이는 약 1,000나노미터였다.[5]

하지만 더 큰 물체를 숨기는 것은 어떨까? 여기서 자연은 예상치 못한 도움을 주었다. 광학 방해석(토머스 영이 빛이 횡파라고 올바른 결론을 내릴 수 있게 해 준 이방성 결정)은 조잡한 투명 카펫을 만드는 데 사용하기에 적합한 이방성을 가지고 있다. 실제로 방해석 두 조각을 적절히 자르고 붙이기만 하면 투명 카펫을 만들 수 있다. 방해석으로 만든 투명 카펫은 매우 특정한 시야각에서만 물체를 숨길 수 있고 카펫 자체는 숨길 수 없다. 하지만 적은 비용으로도 비교적 쉽게 만들 수 있으며, 더 큰 카펫을 제작하기도 어렵지 않다.

이 아이디어는 두 개의 연구 그룹이 거의 동시에 독립적으로 시도한 것으로 보인다. 2011년 1월, 싱가포르-MIT 연합의 바일리 장Baile Zhang과 조지 바바스타티스George Barbastathis가 이끄는 공동 연구팀이 「가시광선용 거시적 투명 망토」라는 논문을 『피지컬 리뷰 레터스』에 발표했다.[6] 이들은 방해석 두 개로 2밀리미터 높이의 영역을 가릴 수 있는 투명 카펫을 제작했다. 사람 크기의 기준으로는 아직 너무 작지만, 맨눈으로 클로킹 효과를 확인하기에는 충분한 크기였다. 또한 이 투명 카펫은 모든 색의 가시광선에 대해 잘 작동하여 지금까지 구현된 것 중 '완전한 투명함'에 가장 가까웠다. 불과 한 달 후, 영국과 덴마크의 연구자들이 존 펜드리와 협력하여 비슷한 방해석 투명 카펫을 선보였는데, 이 카펫이 덮을 수 있는 높이도 1밀리미터쯤이었다.[7]

투명 망토에 대해 매우 유사한 두 논문이 거의 동시에 독립적으로 발표된 것은 2006년 최초의 투명 망토 논문이 공동으로 발표된 것을 연상시킨다. 두 사례는 모두 때가 무르익으면 과학의 아이디어가 독립적으로 동시에 발견되는 경우가 많다는 것을 보여 준다. 유명한 예로는 1711년 아이작 뉴턴과 독일 수학자 고트프리트 빌헬름 라이프니츠Gottfried Wilhelm Leibniz 사이에 벌어진 불화가 있다. 두 사람은 오늘날 미적분학으로 알려진 수학을 발전시켰지만, 누가 먼저 발견했는지를 놓고 공개적으로 치열한 논쟁을 벌였다. 뉴턴의 지지자들은 라이프니츠가 뉴턴의 아이디어를 표절했다고 비난하기까지 했다. 그러나 현대의 역사가들은 뉴턴과 라이프니츠가 미적분을 독립적으로 발견했다는 데 동의한다. 마찬가지로 최초의 방해석 투명 카펫도 연구자들이 모든 적절한 지식을 이용할 수 있었기 때문에 독립적으로 만들어졌다. 다행히도 두 연구 그룹은 뉴턴과 라이프니츠처럼 충돌하지 않았다.

현재 싱가포르 난양공과대학교에 있는 바일리 장은 계속해서 방해석을 사용하여 더 큰 투명 카펫을 만들었다. 2013년에는 캘리포니아 롱비치에서 열린 테드TED 강연에서 밝은 분홍색 포스트잇 메모지를 숨길 수 있는 더 큰 망토를 소개하여 청중을 놀라게 했다. 앞으로의 계획이 무엇이냐는 질문에 그는 망토를 더 크게 만들겠다고 답했다. "가능한 한 크게 만들겠다."[8]

이 말은 농담이 아니었다. 같은 해, 바일리 장과 중국의 동료들은 물체의 위쪽이 아닌 측면으로 빛을 굴절시키는 방해석 투명 망토의 수정 버전을 공개했다.[9] 그들은 어항 속 금붕어나 고양이를 공중에서 숨길 수 있을 정도로 장치를 크게 만들었다 (그림 44).

원래의 투명 망토와 투명 카펫은 모두 빛이 외부 영역을 통과하는 시간과 은폐 영역을 통과하는 시간이 같도록 설계되었다. 장의 새로운 '광선 망토'는 이 요건을 제거하여 더 넓은 파장 범위에서 작동하는 더 큰 장치를 만들 수 있게 했다. 이렇게 하면서 희생시킨 것이 있다. 빛이 투명 망토를 통과한 뒤 아래로 가면서 결국 이 시간 지연으로 인해 이미지가 왜곡되며, 투명 망토 자체가 보이게 된다. 하지만 장의 연구팀은 완벽한 투명화를 목표로 하지 않았다. 그들은 보안과 감시 용도로 사용할 수 있는

그림 44
고양이를 숨기는 광선 망토

투명 망토를 상상했다. "비어 있는 것처럼 보이는 유리 용기 속에 관찰자를 숨기는 것을 상상할 수 있다."[10] 이러한 광선 망토는 관찰 가능한 모든 방향에서 보이지 않는 것이 아니기 때문에, 연구진은 능동적 장치를 추가하여 개선할 수 있다고 제안했다. 즉 관찰자의 위치를 추적해서 그 방향으로는 계속 보이지 않도록 조정하는 장치를 추가할 수 있다.

클로킹이 전 세계적으로 과학계를 비롯해 광범위하게 주목을 받자 많은 연구자들은 물체를 보이지 않게 만드는 다른 방법을 찾기 시작했고, 심지어 이전의 아이디어를 재검토하기도 했다. 유명한 클로킹 논문이 발표되기 전인 2005년에 펜실베이니아 대학교의 안드레아 알루Andrea Alù와 네이더 엥게타Nader Engheta 교수는 공 모양의 물체 표면에 얇은 메타 물질을 입혀서 보이지 않게 만들 수 있는 가능성을 연구했다.[11] 다층 구조를 사용하여 물체에서 산란되는 빛을 줄이는 이들의 접근 방식은 1975년에 밀턴 커커가 제안한 미세한 '투명 물체'와 유사하다. 알루와 엥게타는 커커의 연구를 일반화하여 메타 물질을 입혀서 훨씬 더 큰 물체를 투명하게 만들 수 있는 방법을 고려했다.

알루와 엥게타가 제안한 투명화는 「센서의 클로킹」(2009)이라는 제목의 논문에서 논의했듯이 2006년의 설계보다 큰 이점이 있다.[12] 알루와 엥게타가 설계한 구조는 중앙 영역으로 들어오는 빛을 차단하지 않고, 상쇄 간섭을 사용하여 산란된 빛이 그 영역을 벗어나지 못하도록 한다. 센서가 구조의 중앙에 배치되고 구조가 센서에서 산란되는 빛을 차단하도록 특별히 설계된 경우, 센서는 거의 감지되지 않으면서 정보를 수신할 수 있다. 따라서 은폐형 센서는 "투명 인간이 어떻게 볼 수 있는가?"라는 문제를 해결할 수도 있다.

알루와 엥게타의 연구는 특정 물체를 숨길 수 있는 맞춤형 망토를 만들면 장점이 있다는 것을 보여 주었다. 홍콩 연구진이 이론적으로 입증한 또 다른 놀라운 장점은 숨길 물체를 실제로 둘러싸지 않는 클로킹 장치를 만들 수 있다는 것이다.[13] 이 경우 클로킹 장치는 숨겨진 물체 옆에 있도록 설계되며, 장치의 구조 속에 물체에서 산란되는 모든 빛을 상쇄하는 '반反물체'가 포함된다. 이것은 마치 망토를 벗어 옷걸이에 걸어도 계속 내가 보이지 않는 마법의 투명 망토를 상상하는 것만큼이나 특이하다.

첫 번째 투명 망토의 도입은 훨씬 더 색다른 가능성으로 이어질 것이다. 지금까지 살펴보았듯이, 보이지 않는 물체가 존재한다는 것은 역산란 문제에 유일한 해가 없다는 것을 암시한다. 즉 일반적으로 산란된 장을 측정해서 물체의 구조를 결정하는 것은 불가능하다. 이는 메타 물질을 사용하여 다른 물체처럼 보이는 물체를 만들 수 있다는 것을 의미하며, 투명 망토가 존재한다는 것만으로도 완벽한 3차원 환영을 만들 수 있다는 것을 의미한다. 나는 그동안 역문제를 연구한 경험으로 2006년에 논문이 나온 순간 이런 가능성을 알아차렸지만, 이 아이디어에 뛰어들 기회가 없었던 것이 과학자로서 대단히 아쉽다! 2009년에 외부 클로킹을 시연했던 홍콩의 연구자들이 '환영 광학illusion optics'의 가능성을 보여 주는 첫 번째 시뮬레이션을 수행했다.[14]

첫 번째 시연에서는 숟가락이 컵처럼 보이는 환영을 만들었다(그림 45). 가장 왼쪽 그림에서는 파동이 왼쪽에서 이동하면서 숟가락에 부딪혀 산란되며, 오른쪽 그림에서는 파동이 컵에 부딪혀 산란된다. 가운데 그림에서는 숟가락 위에 환영을 생성하는 장치를 배치하여 산란된 빛의 파동 전체가 컵처럼 보이게 한다. 환영을 생성하는 장치에는 컵의 이미지와 숟가락의 반대 이미지가 모두 포함되어 있어 숟가락의 산란을 상쇄한다.

이 연구자들은 더욱 극적인 시연을 선보였다. 환영을 생성하는 장치는 주변을 둘러싸지 않고 물체 옆에 놓을 수 있기 때문에, 단단한 벽 옆에 놓으면 벽에 구멍이 뚫린 것 같은 착각을 일으켜 빛이 단단한 벽을 자유롭게 통과하도록 하는 장치를 만들 수 있다.

누군가가 벽을 통해 직접 들여다볼지도 모른다고 염려할 수 있지만, 그런 걱정은 너무 이르다. 원래의 망토와 마찬가지로 환영을 일으키는 장치는 매우 작은 파장 범위에서만 작동하므로 좁은 범위의 빨간색 빛만 벽을 통과할 수 있을 뿐 그 외에는 아무것도 통과하지 못한다. 또한 시뮬레이션에 사용된 벽은 약 한 파장 두께였다. 가시광선의 파장은 약 100만분의 1미터이므로 집의 벽이 그만큼 얇지 않다면 이런 장치는 문제가 되지 않는다.

벽에 구멍이 뚫린 듯한 환영을 일으킬 수 있다면, 반대로 구멍이 벽으로 가로막힌 듯한 환영도 일으킬 수 있을까? 같은 해인 2009년에 상하이와 홍콩의 연구진이 공동으로 진행한 연구에서 원리적으로 가능하다는 사실이 밝혀졌다.[15] 이 논문에서는

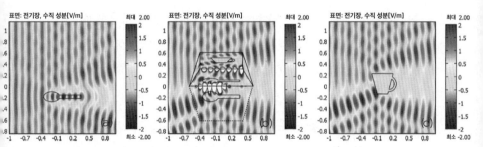

그림 45

숟가락이 컵처럼 보이는 환영을 만드는 시뮬레이션

실제보다 훨씬 크게 보이는 환영을 일으키는 물체인 '초산란체 superscatterer'라는 개념을 도입했다. 큰 구멍에 작은 초산란체를 두면 구멍이 단단한 벽처럼 보이게 할 수 있다. 말하자면 광학적 비밀 문이 되는 것이다.

변환광학과 아인슈타인의 일반 상대성 이론에서 공간의 뒤틀림 사이의 유비를 더 탐구하면 다른 이상한 장치도 만들 수 있다. 예를 들어 아인슈타인의 이론에서는 시간과 공간을 조작하여 시공간적으로 멀리 떨어진 곳을 연결하는 터널인 '웜홀wormhole'을 만들 수 있다는 가설이 있다. 웜홀이라고 부르는 이유는, 벌레가 사과의 한쪽에서 반대쪽까지 지름길을 만들며 관통하는 구멍과 비슷하기 때문이다. 2007년에 앨런 그린리프Allan Greenleaf, 야로슬라프 쿠릴레프Yaroslav Kurylev, 마티 라사스Matti Lassas, 군터 울만Gunther Uhlmann은 변환광학을 사용하여 광학적 웜홀을 만들 수 있는 가능성을 이론적으로 증명했다.[16] 이러한 광학적 웜홀은 일반 상대성 이론의 웜홀처럼 공간을 통과하는 실제의 터널이 아니라 광파가 통과할 수 있는 통로지만 나머지 구조물은 보이지 않게 한다.

그린리프, 라사스, 울만은 보이지 않음의 물리학에 영향을 주기에 유리한 입장이었다. 이 세 사람은 중요한 클로킹 논문이 발표되기 몇 년 전인 2003년에 이방성 물질 때문에 특정 종류의 역문제에 유일한 해가 없으며, 잠재적으로 보이지 않는 물체로 이어질 수 있음을 보여 주는 논문을 발표했다.[17] 이 연구는 비록 나중의 시점에 이루어지긴 했지만, 완벽하게 보이지 않는 물체는 존재할 수 없다는 나흐만, 하바시, 울프의 증명에 잠재적인 허점이 있음을 보여 주었다.

광학적 웜홀은 SF에 나오는 먼 미래의 꿈처럼 보이지만, 원리는 이미 제한적으로 입증되었다. 2015년에 스페인 바르셀로나 대학교 연구진은 막대자석에서 생성되는 것과 같은 정지한 자기장에 대해 웜홀처럼 작동하는 장치를 만들었다.[18] 막대자석의 N극을 장치에 넣으면 자석이 늘어나는 것과 같은 효과를 일으켜 N극이 구조물의 먼 쪽에서 나오는 것처럼 보인다. 이 장치는 자성 메타 물질과 초전도체 조합을 사용하여 이런 효과를 구현한다.

자석이 늘어나는 메타 물질의 생성에는 기초 물리학에 관한 흥미로운 함의가 있다. 자연에 존재하는 모든 자석은 N극과 S극을 가지고 있으며, 고립된 N극과 S극은 존재하지 않는다. 막대자석을 반으로 쪼개면 두 극이 나눠지는 것이 아니라 쪼개진 두 조각이 다시 각각 N극과 S극을 가진 막대자석이 된다.[19] 1931년 저명한 양자물리학자 P. A. M. 디랙P.A.M.Dirac은 다음과 같은 이론적인 질문을 던졌다. 만약 고립된 자극, 즉 홀극이 존재한다면 어떻게 될까?[20] 디랙은 맥스웰 방정식과 양자물리학을 결합하여 우주에 단 하나의 자기 홀극이 존재하기 위해서는 모든 전하가 띄엄띄엄하게 양자화된 조각으로 존재해야 한다는 것을 보여 주었다. 물론 우리는 이미 전하가 불연속적인 양으로 존재하며, 전자가 가장 작은 전하량을 가진다는 것을 알고 있다. 이 때문에 많은 연구자는 자기 홀극이 반드시 존재한다고 추측했고,

홀극을 찾기 위한 광범위한 실험이 있었다.[21]

디랙은 수학적으로 막대자석을 '늘려서' 한 극은 고정하고 다른 극을 무한히 멀리 보내서 홀극을 만들었다. 그린리프와 공동 연구진이 이론화한 자기 웜홀과 바르셀로나 그룹이 실험적으로 구축한 웜홀은 본질적으로 같은 일을 한다. 막대자석의 한쪽 끝을 웜홀에 넣으면 자석(또는 자기장)이 웜홀의 반대쪽 끝으로 늘어난다. 이런 방법으로는 자연에 진정한 자기 홀극이 존재한다는 것을 증명하지 못하지만, 자기 홀극이라는 개념이 생각만큼 억지스럽지는 않다는 것을 보여 준다.

클로킹과 관련된 또 하나의 흥미로운 결과도 있다. 2008년 상하이와 홍콩의 과학자들은 '반反망토'도 만들 수 있다고 입증했다.[22] 연구원 C. T. 챈 C. T. Chan과 동료들은 시뮬레이션을 통해 클로킹 장치의 숨겨진 영역에 반망토를 배치하면 클로킹의 효과를 상쇄하고 전체 구조물을 볼 수 있다는 것을 보여 주었다. 이 결과는 '완벽한' 클로킹 장치도 한계가 있으며 예기치 않은 상황에서 무력해질 수 있음을 보여 주었다.

시간이 지나면서 클로킹과 보이지 않는 능력에 대한 초기의 열광은 어느 정도 수그러들었다. 연구자들은 여전히 이 장에서 언급한 SF 같은 장치를 구현하는 데 필요한 3차원 메타 물질을 구성하는 방법을 찾지 못했다. 또한 언급된 대부분의 장치는 매우 작은 파장 범위에서만 작동할 수 있다는 한계를 가지고 있다.

하지만 이 후자의 한계는 앞으로 바뀔 수 있다. 2019년 스위스 연구원 하티스 알투그Hatice Altug가 이끄는 국제 연구팀은 저명한 학술지 『네이처 커뮤니케이션스Nature Communications』에 「고속광 망토를 이용한 초광대역 3차원 투명화」라는 도발적인 제목의 논문을 발표했다.[23] 이 책에서 소개한 대부분의 장치는 광파에 에너지를 추가하지 않고 클로킹된 영역 주변으로만 빛을 유도하는 **수동형** 장치였다. 반면 알투그의 망토는 **능동형** 장치다. 망토의 원자가 에너지를 저장할 수 있고, 입사한 빛이 통과할 때 에너지를 전달할 수 있다. 이를 통해 빛이 진공일 때보다 더 빠르게 이동하는 것처럼 보이게 하여 수동형 망토의 파장 한계를 극복할 수 있다. 연구진은 이러한 능동형 투명화 방식으로 가시광선 스펙트럼의 모든 영역에서 작동하는 망토를 시뮬레이션했다.

능동형 매질을 통과하는 빛이 아인슈타인의 상대성 이론에 위배되지 않고 어떻게 진공을 통과하는 빛보다 빠르게 달리는 것처럼 보일 수 있을까? 버스에 탄 승객들이 버스의 가운데에 있다고 상상해 보자. 버스가 멈출 때마다 새로운 승객이 앞문으로 타고 원래의 승객은 뒷문으로 내린다. 새 승객이 버스 앞쪽 근처에 머무르면, 승객들 전체의 질량은 앞으로 조금 이동한 것과 같다. 승객들의 질량 중심을 고려하면, 질량이 버스 자체보다 약간 빠르게 이동한다는 것을 알 수 있다!

이와 유사하게 버스가 능동형 매질을 통과하는 빛의 펄스라고 상상해 볼 수 있다. 이 펄스는 원자를 만나면 그 원자의 에너지 일부를 흡수하고(버스 앞문으로 타는 승객), 이 에너지를 이미

고갈된 원자에게 준다(버스 뒷문으로 나가는 승객). 펄스 자체(버스)는 이전보다 더 빠르게 움직이지 않지만, 펄스의 에너지가 앞으로 이동하므로 진공 상태의 빛보다 더 빠르게 움직이는 것처럼 보인다.

망토를 적절한 재료로 만들면 광범위한 진동수 영역에서 작동할 수 있다. 망토는 여전히 완벽하지 않지만(진공 속의 빛보다 빠르게 이동할 수 있는 것은 없기 때문에, 매우 짧은 펄스에서도 빛이 망토를 통과할 때와 망토 외부를 통과할 때 시간 지연이 있다), 일반적인 조건에서는 거의 감지되지 않을 수 있다.

그렇다고 투명 망토가 금방 실현될 것 같지는 않다. 알투그의 논문은 실험이 아닌 시뮬레이션만 다루고 있으며, 실용적인 크기의 3차원 메타 물질 망토를 실제로 제작하는 데는 여전히 많은 어려움이 있다. 하지만 알투그와 공동 연구자들이 수행한 연구는 보이지 않음의 물리학이 여전히 놀라운 가능성을 열어 두고 있음을 보여 준다.

16
숨기기 그 이상

투명화 기술이 만들어 낸 또 다른 가능성

몸을 숙이고 있던 그는 갑자기 현기증을 느꼈고, 발밑에서 땅이 미친 듯이 흔들리는 것 같았다. 그는 균형을 잃었고, 비틀거리며 앞으로 쓰러졌다.

반쯤 실신한 그는 7미터 아래로 떨어지면서 눈을 감았다. 그는 순식간에 바닥에 부딪힌 것 같았다. 놀라고 얼떨떨한 가운데 정신을 차려 보니, 그는 딱딱하고 평평하며 보이지 않는 어떤 것에 걸려 엎드린 채 떠 있었다. 손을 뻗자 얼음처럼 차갑고 대리석처럼 매끄러운 무언가가 만져졌다. 엎드린 채 골짜기를 내려다보던 그는 옷을 통해 차가운 기운이 스며드는 것을 느꼈다. 떨어질 때 놓친 소총은 그의 옆에 놓여 있었다.

그는 놀란 랭글리의 비명을 들었고, 그제야 랭글리가 자기 발목을 붙잡고 절벽으로 끌어당기고 있다는 걸 깨달았다. 그는 콘크리트 포장 도로처럼 평평하고 유리처럼 매끈하면서 보이지 않는 표면 위에서 자기 몸이 미끄러지는 것을 느꼈다. 그때 랭글리가 그를 일으켜 세웠다. 두 사람은 서로 다투고 있었다는 것을 잠시 잊었다.

"내가 미쳤다고?" 랭글리가 외쳤다. "난 자네가 넘어졌을 때 죽은 줄 알았어. 그런데 우리가 어디에 걸려 넘어진 거지?"

"걸려 넘어진 건 잘된 일이야." 퍼넘이 무슨 일이 일어났는지 되짚어 생각하면서 말했다. "저 골짜기 아래에는 단단하면서도 공기처럼 투명한 무언가가 깔려 있어. 하지만 지질학자나 화학자들에게는 알려지지 않은 알 수 없는 것이야. 그것이 무엇인지, 어디서 왔는지, 누가 거기에 두었는지 아무도 몰라."

— 클라크 애슈턴 스미스Clark Ashton Smith,
「보이지 않는 도시 The Invisible City」(1932)

물리학이라고 하면, 대개 실험실에서 신중하게 여러 번 실험을 되풀이하면서 자연에 대해 새로운 통찰을 얻는 것이라고 생각한다. 하지만 때로는 가장 특이하고 예상치 못한 곳에서 중요한 발견이 이루어지기도 한다.

1995년에 그런 일이 일어났다. 노르웨이 남단에서 남서쪽으로 약 160킬로미터 떨어진 북해에서 특이한 사건이 발생했다. 1984년에 드라우프너 플랫폼으로 알려진 천연가스 플랫폼이 그 위치에 건설되었고, 이 플랫폼은 노르웨이의 수많은 해상 파이프라인에서 나오는 천연가스의 흐름을 모니터링하는 주요 허브다. 처음 건설된 플랫폼은 드라우프너 S라고 부르며, 운전원이 근무하는 시설이다. 1994년에는 드라우프너 E라고 부르는 무인 플랫폼이 추가되어 두 플랫폼이 금속 다리로 연결되었다.

드라우프너 E는 그 자체로 약간의 실험이었다. 이 플랫폼은 버킷 토대를 채택한 최초의 해양 구조물이었고, 해저에 강철 버킷을 박은 다음 그 위에 구조물이 세워졌다. 새로운 지지대를 사용했기 때문에, 구조물의 움직임과 힘을 지속해서 측정하고 북해의 격렬한 겨울 폭풍이 몰아치는 동안에도 구조물이 안정적으로 유지되는지 확인할 수 있도록 수많은 센서가 장착되었다.

1995년 새해 첫날, 드라우프너 E는 누구도 상상하지 못했던 혹독한 시험대에 올랐다. 오후 3시, 폭풍이 몰아치는 가운데 플랫폼은 상상을 초월하는 크기의 괴물 파도를 맞았다. 플랫폼에 설치된 레이저 거리 측정기로 측정한 파도의 높이는 25.6미터나 되었고, 반면에 폭풍이 몰아치는 동안 몰려온 다른 큰 파도는 높이가 12미터로, 괴물의 절반에도 미치지 못했다. 괴물 파도의 엄청난 크기와 위력은 다른 측정 장치에 기록되어 전례 없는 엄청난 힘이 플랫폼을 강타했음을 확인했다. 다행히 플랫폼 자체는 물의 공격으로 경미한 손상만 입었고, 운전원들은 당시 드라우프너 S 내부의 안전한 구역에 머물렀기 때문에 큰일이 벌어졌다는 사실조차 알지 못했다.

수 세기 동안 선원들은 비교적 잔잔한 날에도 갑자기 나타나는 괴물 파도에 대해 보고했다. 말 그대로 배를 산산조각 낼 수 있는 물의 벽이 갑자기 들이닥친다는 것이었다. 이러한 보고는 대개 무시되었다. 아이러니하게도 파도에 대한 과학적 이해가 높아지면서 기존 이론에서는 이러한 파도가 발생할 가능성은 있지만 실제로는 거의 볼 수 없을 정도로 발생 가능성이 낮다고 생각했다. 드라우프너에 밀려온 파도는 파도의 물리학에 혁명을 일으켰다. 과학자들은 현재 거대 파도rogue wave 또는 기형 파도freak wave라고 부르는 것의 기원을 이해하기 위해 경쟁적으로 연구에 뛰어들었고, 본질적으로 완전히 새로운 파도 연구 분야를 창설했다.

오늘날에는 여러 가지 요인으로 거대 파도가 일어날 수 있다고 인정된다. 렌즈에 빛이 집중되는 것처럼 파도에 초점이 맞춰지면 파도가 커질 수 있다.[1] 서로 반대되는 해류가 충돌하는 지역에서 파도 높이가 크게 증폭될 수 있는 것이다. 예를 들어 아프리카 남단에서 서쪽으로 향하는 아굴라스 해류가 대서양에서 동쪽으로 향하는 해류와 부딪히는데, 이 지역은 현재 거대 파도가 어느 정도 규칙적으로 나타난다고 알려진 곳이기도 하다. 그러나 가장 큰 원인은 비선형 효과로 알려진 것일 가능성이 높다. 즉 큰 파도가 작은 파도 여러 개를 '먹어 치우는' 상황이 발생할 수 있으며, '먹어 치울 때마다' 덩치가 커져 정말로 괴물처럼 커질 수 있다.

거대 파도는 이제 해양 운송과 선박에 탑승한 사람들의 안전에 대한 진정한 위협으로 인식되고 있으며, 1969년부터 1994년 사이에 이러한 파도로 인해 스물두 척 이상의 초대형 운반선이 손실된 것으로 추정된다.[2] 거대 파도를 고려하지 않더라도 보통의 파도는 해상 플랫폼과 부표에 피해를 주므로 이러한 피해를 최소화하는 전략은 큰 도움이 될 것이다.

2012년 버클리 캘리포니아대학교의 모하마드-레자 알람 Mohammad-Reza Alam은 파도에 대한 투명 망토라는 새로운 해결책을 제안했다(그림 46). 알람의 전략은 수면 아래에서 발생할 수 있는 내부파internal waves의 존재를 활용한다. 내부파는 물의 밀도가 일정한 값에서 다른 값으로 급격하게 변하는 깊이에서 발생할 수 있다.

수심이 충분히 얕으면 표면파가 해저의 구조물과 상호 작용할 수 있는데, 이를 '해양 메타 물질'이라고 부른다. 이러한 구조물은 표면파를 내부파로 또는 그 반대로 결합하도록 설계할 수 있다. 그 결과 클로킹된 영역에 접근하는 파도가 해당 영역 **아래**로 이동하여 표면은 상대적으로 평온한 상태로 유지된다.

알람이 설명한 결과는 이론적이고 계산적인 결과지만, 클로

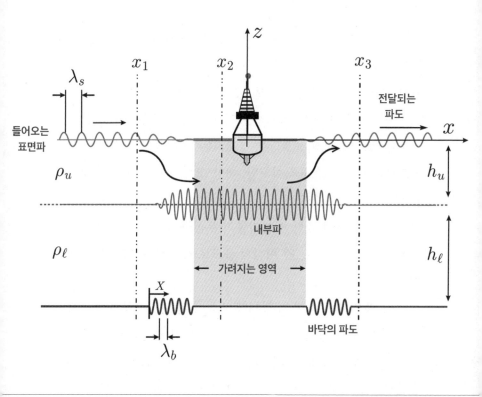

그림 46

해양 클로킹의 개념

킹이 단순히 무언가를 보이지 않게 하는 것 이상으로 물체를 보호하는 데 사용될 수 있다는 것을 강조한다. 알람은 이렇게 말했다. "특히 해양 분야에서 클로킹은 흔적을 보이지 않게 하기보다 강력한 파도로부터 해양 물체를 보호하는 데 더 중요하다는 점에 주목한다."[3]

따라서 클로킹 기술의 미래에는 단순히 물체를 숨기는 것 이상의 의미가 있다. 또한 다른 유형의 파도에 의해 물체가 손상되지 않도록 보호하는 방법으로서의 가능성도 있다. 시설물을 보호하는 것은 보이지 않게 하는 것보다 훨씬 더 겸손하고 달성 가능한 목표다. 50퍼센트만 투명해지는 투명 장치는 숨기는 방법으로는 매우 비효율적이지만, 해양 망토가 파도의 50퍼센트를 튕겨 낸다면 파괴될 구조물이 온전히 살아남을 수 있다. 보이지 않음의 역사에 대한 이야기를 마무리하면서 투명화 기술이 어떻게 사물을 숨기는 것 이상의 용도로 사용될 수 있는지 살펴보자.[4]

먼저, 투명 망토의 초기 설계에 핵심이 된 변환광학의 수학으로 새로운 광학 장치를 설계할 수 있다는 점에 주목하자. 예를 들어 2008년에 권도훈*과 더글러스 H. 워너Douglas H. Werner는 변환광학을 이용해 90도로 급격히 꺾이는 광섬유 케이블을 설계할 수 있음을 입증했다.[5] 광섬유 케이블은 통신 인프라의 핵

---

* 1994년 한국과학기술원(KAIST)에서 학사 학위를 받고 미국 오하이오주립대학교에서 박사 학위를 받았으며, 삼성전자를 거쳐 현재 애머스트 매사추세츠대학교 교수로 재직하고 있다.

심이며, 빛의 펄스를 통해 정보를 전송할 수 있는 길고 가는 유리 케이블을 말한다. 그러나 이 케이블이 급격하게 휘어지면 빛이 '누설'되어 신호가 손실된다. 권도훈과 워너는 변환광학을 사용하여 빛이 새지 않는 새로운 유형의 휜 광섬유를 설계할 수 있다는 것을 보여 주었다. 광섬유를 급격하게 굽힐 수 있으면 설치 공간을 크게 줄일 수 있다.

이러한 설계 과정이 어떻게 진행되는지 상상할 수 있다. 변환광학의 장점 중 하나는 약간의 상상력만으로 새로운 장치를 발명할 수 있다는 것이다. 이번에는 평평한 공간에 보통의 곧은 광섬유를 통과시켜 수학적으로 공간을 자르고, 잘라 낸 공간의 왼쪽 중앙을 시계 방향으로 감싼다(그림 47). 이렇게 하면 안쪽에 90도로 꺾인 영역이 생기며, 이를 통해 공간의 휘어짐과 동일한 효과를 낼 수 있는 재료 구조의 유형을 결정할 수 있다.

같은 저자들은 또한 변환광학을 사용하여 서로 다른 방향으로 이동하는 광파를 모아 모두 같은 방향으로 보내는 파동 조준기collimator를 설계했고, 광파를 집중시키는 새로운 유형의 평면 렌즈도 설계했다. 같은 해 듀크대학교와 임페리얼칼리지의 연구진은 변환광학을 사용하여 광선 하나를 반사 없이 둘로 똑같이 분할하는 완벽한 빔분할기beamsplitter를 만드는 방법을 보여 주었다. 2012년 밴더빌트대학교의 연구원들은 변환광학을 이용하여 빛을 광섬유에서 실리콘 칩으로 전달할 때 손실을 최소화하는 장치를 설계할 수 있음을 보여 주었다. 우리는 미래에 변환광학이 통신 기술을 변화시키는 모습을 보게 될 것이다.[6]

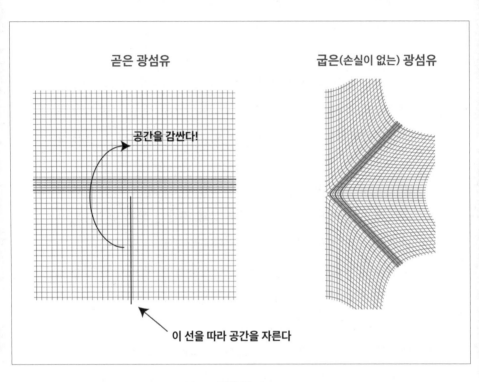

그림 47
광케이블 굴곡을 설계하기 위해 변환광학을 사용하는 방법(저자의 연구)

그러나 변환광학의 가장 흥미로운 용도는 다른 유형의 파동과 장에 대한 클로킹 연구다. 빛은 전자기파이며, 전기장과 자기장이 함께 매우 빠르게 진동한다. 빛에 대한 투명 망토가 도입된 직후, 연구자들은 **정전기와 정지해 있는 자기장**, 즉 시간에 따라 변하지 않는 장으로부터 물체를 숨길 수 있는 망토를 만들 수 있는지 연구하기 시작했다. 이런 망토가 있다면 예를 들어 강력한 축전기에서 생성되는 전기장과 강력한 영구 자석에서 생성되는 자기장으로부터 숨을 수 있다.

2007년에 벤 우드Ben Wood와 존 펜드리는 정적인 자기장에 사용할 수 있는 최초의 메타 물질을 설계했다. 이 설계에서는 전기 저항이 0인 초전도체를 사용하여 일련의 판을 만든 다음 특별한 방식으로 조립하여 자석 망토로 만든다. 이듬해 우드, 펜드리와 공동 연구진은 이러한 초전도 메타 물질이 이론적으로 예측한 대로 작동한다는 것을 입증했지만, 실제로 망토를 만들지는 못했다.[7]

2009년에는 스페인의 연구진이 얇은 초전도 판으로 구성된 자성磁性 메타 물질에 대한 추가 시뮬레이션을 수행했는데, 그들은 나중에 '자기 웜홀' 이론을 구성하기도 했다. 2012년 스페인 연구진은 슬로바키아 연구진과 협력하여 더 단순한 자기 망토 설계를 도입했으며, 예측대로 작동한다는 것을 실험으로 입증했다. 이는 초전도 고리를 둘러싸고 있는 강자성強磁性 철 고리로 구성된 단순하고 아름다운 기술이다. 철 고리는 자기력선을 끌어당기고 초전도 고리는 밀어내는 역할을 한다. 철 고리의 두께를 적절히 선택하면 결합된 시스템은 은폐 영역에서 자기력선을 밀어내면서도 장치 외부의 자기장을 왜곡하지 않는다.[8]

또한 2012년 중국 란저우와 난징의 연구원들은 정전기장으로부터 보호하는 클로킹 장치를 실험적으로 시연했다.[9]

이러한 정전기장 클로킹의 응용 분야는 무엇일까? 최신 컴퓨터 시스템은 정전기 방전으로 인한 손상에 매우 민감할 수 있으며, 강력한 전기 장치 근처에 배치해야 하는 전자 기기는 정전기 클로킹을 사용하여 차폐할 수 있다. 자기 공명 영상에는 강력한 자석이 사용되며 주변에 강한 힘을 생성하므로 작업자는 철제 물품을 가까이 가져가지 않도록 주의해야 한다. 자기 망토를 사용하면 전자기기를 MRI 장치에 더 가깝게 배치할 수 있다.

변환광학은 훨씬 더 생소한 망토를 설계하는 데도 사용되었다. 2012년에 프랑스 연구자들은 파동이 아닌 열의 흐름을 제어하기 위해 변환 기술을 사용하는 '변환 열역학'이라는 개념을 도입했다.[10] 보통의 열은 본질적으로 분자의 무작위 운동이며, 파동처럼 이동하지 않고 영역 전체로 퍼져 나간다. 열을 한 영역에 완전히 가둬 두기는 불가능하다. 더운 날 차가운 플라스크는 충분한 시간이 주어지면 외부 온도에 맞게 더워진다. 그러나 연구진은 변환 열역학을 사용하여 클로킹된 영역으로 열이 흘러가는 것을 늦출 수 있음을 보여 주었다. 기존의 단열재와 열 망토를 함께 사용하면 열을 아주 잘 차단할 수 있다.

음파를 차단하기 위한 음파 망토에 대한 이론과 시뮬레이션도 등장했다. 2008년에는 국제 공동 연구팀이 이러한 3차원 음향 클로킹 구조를 연구했다. 음향 클로킹은 빛의 클로킹과 달리 상대성 이론의 제약을 받지 않기 때문에 넓은 음역에서 음향 클로킹을 구현하기가 훨씬 더 쉽다. 2011년에 일리노이대학교 어배너-샘페인 캠퍼스의 연구진은 초음파 대역의 음향 클로킹 설계를 성공적으로 해냈고, 실험에도 성공했다.[11]

'음파'라고 하면 사람들은 대개 공기 중에서 전달되는 음파를 떠올리지만, 고체 물질에서도 음파가 전달된다. 음향 클로킹에 대한 연구는 자연스럽게 지진파로부터 보호하는 지진파 클로킹이라는 더욱 흥미로운 가능성으로 이어졌다. 이러한 가능성에 대한 초기 언급은 프랑스 마르세유와 영국 리버풀의 연구진이 『피지컬 리뷰 레터스』에 발표한 논문에서 나왔다.[12] 연구진은 얇고 평평한 판 속의 일부 영역을 판의 진동으로부터 클로킹할 수 있음을 계산으로 입증했다. 연구진은 이 기술의 몇 가지 응용 가능성을 제시했다. 자동차의 섬세한 부품을 주행 시의 진동으로부터 보호하고 훨씬 더 큰 규모의 지진파로부터 구조물을 보호할 수 있다는 것이다.

지진파는 전자기파보다 훨씬 더 복잡하며, 크게 네 가지 유형으로 나뉜다. P파, S파, 레일리파, 러브파가 그것이다. 레일리파와 러브파는 표면파이며, 대부분의 지진 활동이 지표면에 국한된다. 반면에 P파와 S파는 지구 깊숙한 곳까지 도달한다. P파('1차파primary wave')는 지진파 중 가장 빠른 종파이며 지진 발생 시 가장 먼저 감지되는 파동이다. S파('2차파secondary wave')는 위아래로 진동하는 횡파이며, P파보다 느리게 이동한다. 1885년 레일리 경이 처음 예측한 레일리파는 표면에서 전달되는 종파다. 레일리파는 땅이 구르는 현상을 일으키며, 물에서 파도가 위아래로 움직이는 것과 매우 비슷하다. 러브파는 수평 방향의 횡파이며, 이동하면서 지면을 좌우로 흔든다.

지진파는 다양한 파동이 넓은 범위의 파장으로 이동하기 때문에, 모든 지진파로부터 구조물을 철저히 보호하는 것은 불가능할 수 있다. 그러나 지진파의 상당 부분을 차단하는 지진파 망토는 기존의 내진 구조물을 보완하여 지진 발생 시 구조물을 더욱 안정적으로 만들 수 있다.

지진파에는 또 다른 문제가 있다. 지진파가 구조물을 우회해서 주변으로 가도록 유도하는 지진파 망토를 설계하는 것은 실용성이 없거나 도덕적으로도 옳은 일이 아닐 수 있다. 지진파 망토가 설치된 건물 바로 뒤에 있는 건물 소유주는 오히려 불만을 가질 수 있다. 2012년에 한국과 오스트레일리아의 연구진이 약간 다른 접근 방식을 취하는 지진파 망토에 대한 구체적인 제안을 최초로 내놓았다.[13] 지진파 메타 물질은 보호하려는 건물 주변의 땅속에 묻힌 수많은 메타 구조물로 구성되며, 파동을 다른 곳으로 보내는 것이 아니라 파동 에너지를 소리와 열로 변환하여 엄청난 굉음을 내지만 중앙에 있는 건물을 보호할 수 있다. 지진파의 파장이 길기 때문에 개별 메타 구조물은 수 미터 높이의 원통 모양으로 구상되었다.

하지만 한국과 오스트레일리아의 연구는 순전히 이론적인 연구였다. 지진파 망토가 실제로 작동할 수 있을까? 또한 2012년 독일 연구진은 마르세유-리버풀 음향 망토의 프로토타입을 제작하고 시험하여 그 가능성을 확인했다. 이 장치는 지름이 수 센티미터에 불과했지만, 저자들은 지진을 막을 수 있는 크기로 설계를 확장할 수 있다고 제안했다.[14]

곧 더 인상적인 시연이 이어졌다. 2012년 마르세유 연구진은 프랑스 그르노블시 외곽에서 지진파 메타 물질에 대한 실제 시험을 최초로 실시했다(그리고 성공했다).[15] 그들은 5미터 깊이의 구멍 여러 개를 뚫어 메타 물질을 형성했다. 시뮬레이션을 기반으로 이 구멍들은 '진동 탐침'에서 발생하는 지진파를 차단하도록 설계되었다. 메타 물질의 반대편에 센서 여러 개를 배치하여 파동이 구조물을 관통할 수 있는지 확인했다(그림 48). 그 결과 메타 물질이 진동 탐침에서 발생하는 파동을 상당히 차단하고 감쇠하는 것으로 나타났다.

그런데 지진파 메타 물질이 실제 지진에 효과가 있을까? 자연은 이미 몇 가지 긍정적인 힌트를 제공했다. 2016년 영국과 프랑스의 연구자들은 숲이 지진 활동을 막는 데 얼마나 효과적인지 조사했다. 연구진은 주변의 지진 소음을 발생원으로 삼아 그르노블의 숲 안과 숲 바로 밖에서 지진 활동을 측정했다. 그 결과 광범위한 파장에 걸쳐 숲 내부에서 레일리파가 차단되는 것을 발견했다. 더 나아가 일부 연구자들은 특정 종류의 지진파를 차단하도록 숲을 설계할 수 있는지에 대해 질문했다. 시뮬레이션을 통해 연구진은 적절하게 설계된 숲이 러브파를 차단할 수 있을 뿐만 아니라 러브파를 다른 지진파로 변환하여 땅속으로

| 세 축으로 구성된
민감한 속도계(녹색 격자) | 5미터 깊이의
320밀리미터 구멍 | 진동 탐침:
- 진동수: 50헤르츠
- 수평 변위: 14밀리미터 |

그림 48
2012년 프랑스 그르노블 인근에서 수행된 지진파 메타 물질 시험

피해 없이 흘려보낼 수 있다고 판단했다. 이 후자의 전략은 바다의 표면파를 깊은 바닷속으로 전달되는 파도로 변환하기 위해 고안된 모하마드-레자 알람의 해양 망토를 연상시킨다.[16]

적절한 위치에 심어진 나무가 지진파를 억제할 수 있다면, 건물도 같은 목적을 달성할 수 있다. 지진파가 도시 지역에서 다르게 이동하고 억제될 수 있다는 사실은 오래전부터 알려졌다. 마르세유 연구 그룹은 이 아이디어를 확장하여 내진 거대 구조, 즉 한 지역에서 여러 건물이 파동을 차단하는 지진파 메타 물질로 함께 작용하도록 특별히 설계되고 배치된 시스템을 구상했다. 사실상 지진파에게 보이지 않는 도시, 즉 지진파가 감지할 수 없는 도시를 상상한 것이다.

마르세유 연구진은 한 가지 더 놀라운 사실을 발견했다. 지진파 메타 물질에 대한 리뷰 기사를 작성하기 위해 연구를 수행하던 중 투명 망토의 메타 물질 설계와 고대 갈로-로마 극장의 토대 구조가 놀랍도록 유사하다는 사실을 발견했다(그림 49).[17] 이 극장은 지진파 망토로 설계되지 않았지만 설계상 의도치 않게 지진파 망토 역할을 했을 수 있다. 이 리뷰 기사의 저자들은 이러한 우연한 지진파 메타 물질 구조 덕분에 많은 지진으로 다른 건물들이 파괴될 때도 이 극장은 무너지지 않았을 것이라고 추측했다.

이 책의 마지막 장에서 투명 망토의 미래를 조사하면서 우리는 다시 원점으로 돌아왔다. 페르세우스가 고대 그리스 조파시의 원형 극장에서 제우스에게 투명 투구를 받았을 때, 그는 지진

그림 49

프랑스 라 제네토예의 오퇭에 위치한 갈로-로마 극장 유적의
지하 자기 경사도 지도와 메타 물질 투명 망토 구조의 비교

파 투명 망토 안에 서 있었을지도 모른다!

투명화와 클로킹 설계가 실제로 사용되는 것을 볼 수 있을까? 다양한 파동에 대한 클로킹을 구현하려면 극복해야 할 과제가 매우 많으며, 완전히 극복되지 않을 수도 있다. 그러나 2006년에 최초의 클로킹 실험이 언제쯤 성공할지에 대해 내가 내놓은 예측이 크게 빗나갔듯이, 보이지 않음의 미래를 예측하기는 대단히 어렵다.

부록 1

나만의 투명 장치 만드는 법

그들이 보이지 않는 비밀은 우리의 피부에 해당하는 그들의 표피에 있다. 표피는 인간이 볼 수 있는 스펙트럼인 자외선과 적외선 사이의 모든 빛을 **굴절**시킨다. 이렇게 해서 빛이 표피를 우회하며, 우리 눈에 완벽히 투명하게 보인다. 나는 굴절 프리즘 세트로 같은 일을 해냈다.

— 아서 레오 저갯 Arthur Leo Zagat,
「스펙트럼 너머 Beyond the Spectrum」(1934)

※ 주의: 아래의 실험 중 일부에는 유해 물질 또는 부적절하게 다루면 위험해질 수 있는 물질이 포함되어 있다. 이런 실험을 수행하는 독자는 본인의 책임하에 실험을 해야 한다. 저자와 발행인은 이러한 절차를 사용하는 개인의 안전을 보증하거나 보장하지 않으며, 이 부록에 포함된 정보의 사용 또는 적용으로 인해 직간접적으로 발생하는 일에 대한 책임을 지지 않는다는 점을 명백히 밝힌다. 이러한 실험을 시도하려는 경우 적절한 안전 예방 조치를 숙지하고 위험을 이해해야 한다.

지금까지 살펴보았듯이 진정한 투명 망토를 만들려면 매우 복잡한 재료와 제작 과정이 필요하며, 투명 망토가 실제로 등장하기까지는 오랜 시간이 걸릴 수 있다. 하지만 집에서도 투명 망토를 재미있게 만들어 보는 방법은 여러 가지가 있다. 그중 몇 가지를 소개한다.

가장 쉽게 시연할 수 있고 눈길을 사로잡는 기법은 '굴절률 일치시키기'다. 공예품 가게에서 실내 관엽 식물의 흙 대신 사용할 수 있는 '물 구슬water bead'을 구입할 수 있다. 이 구슬은 물을 흡수하는 고흡수성 수지로 만들어지며, 포화 상태에서는 90퍼센트 이상이 물이다. 따라서 굴절률이 물과 매우 가깝기 때문에 물에 넣으면 완전히 사라지는 것처럼 보인다. 이 실험은 영화 〈투명인간〉에서 유리 가루를 물에 떨어뜨리는 장면을 연상시킨다.

물 구슬은 어차피 대부분이 물이기 때문에 앞의 예는 굴절률 일치를 위한 약간의 속임수처럼 보일 수 있다. 파이렉스 유리와 미네랄 오일로 다른 실험을 할 수도 있다. 파이렉스 교반봉을 온라인에서 저렴하게 구입할 수 있으며, 미네랄 오일은 약국에서 구입할 수 있다(미네랄 오일은 대개 변비 치료제로 사용되므로 미네랄 오일을 한 번에 몇 리터씩 사면 약사가 의아한 시선으로 쳐다볼지도 모른다). 파이렉스는 가시광선 영역에서 미네랄 오일과 굴절률이 거의 같아서 파이렉스 막대를 오일에 담그면 표면이 녹는 것처럼 보인다.

조금만 더 노력하면 다른 실험으로 클로킹의 원리를 조잡하게나마 시연할 수 있다(이 시연을 알려 준 동료 마이크 피디Mike Fiddy와 로버트 잉겔Robert Ingel에게 특별히 감사한다). 이 효과를 내기 위해서는 과학 용품 가게에서 개당 몇 달러에 구입할 수 있는 직각 유리 프리즘 여덟 개가 필요하다. 그림과 같이 프리즘을 배열한다(그림 50). 옆에서 보면 망토 뒤에 있는 물체는 볼 수 있지만 망토 안에 있는 물체는 볼 수 없다.

이 망토는 내부 전반사 현상을 활용한다. 유리의 내부 표면에 임계각 이상으로 입사한 빛은 완전히 반사된다. 그림에 표시된 방향으로 프리즘 망토를 통해 보면 모든 빛이 네 개의 내부 표면에서 전반사를 일으킨다. 따라서 망토 뒤의 물체는 매우 선명하게 보이지만 망토 내부의 물체는 보이지 않는다.

이 효과를 더욱 두드러지게 하려면 굴절률이 동일한 유리 접착제로 프리즘을 붙일 수 있지만, 프리즘을 서로 밀착시키기만 해도 충분히 시연할 수 있다.

아이작 뉴턴의 발자취를 따라 집에서도 비교적 쉽게 보이지 않음의 개념을 탐구할 수 있다. 종이를 식물성 기름이나 올리브유에 담그면 투명해진다. 책의 앞부분에서 설명한 것처럼 기름이 종이 섬유 사이의 틈을 메워 산란을 줄이고 투명하게 만든다. 또 다른 방법은 뉴턴의 오큘러스 문디oculus mundi(라틴어로 '세계의 눈'이라는 뜻)를 구입하는 것이다. 청금석 또는 하이드로판이라고도 부르는 이 돌은 물에 담그면 투명해지는 다공성 오팔이다. 다시 말하지만, 물이 오팔의 기공을 채워 산란을 줄여 투명하게 만든다. 하이드로판 오팔 샘플은 온라인에서 10달러쯤에 구입할 수 있다.

내가 직접 해 보지는 못했지만, 역사적인 이유로 한 가지 더 언급할 만한 투명화 시연이 있다. 1902년 광학물리학자 로버트 윌리엄스 우드Robert Williams Wood는 「투명한 물체의 보이지 않

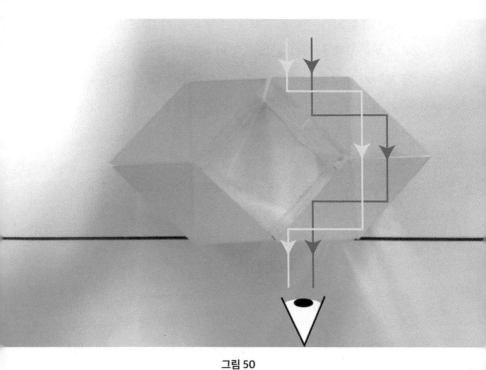

그림 50

프리즘 망토.
표시된 방향으로 보면 망토 뒤의 물체는 보이지만
망토 내부의 물체는 보이지 않는다.

음The Invisibility of Transparent Objects」이라는 제목의 논문을 발표했는데, 이 논문은 제한적인 의미이기는 하지만 보이지 않음의 물리학을 연구한 최초의 과학 논문일 가능성이 크다.

영향력 있는 광학 과학자이자 SF 작가이기도 했던 상상력이 풍부한 우드에게 이것은 큰 비약이 아니었다. 1915년, 그는 아서 트레인Arthur Train과 함께 핵무기로 전 세계 모든 국가에 평화를 강요하는 과학자의 이야기를 다룬 소설『지구를 뒤흔든 사람The Man Who Rocked the Earth』을 출간했다. 이 소설은 핵무기가 존재하기 약 30년 전에 출간되었다는 점에서 특히 인상적이다. 1916년에는 속편으로 소행성이 지구와 충돌하기 전에 우주선을 보내 폭파한다는 내용을 담은 최초의 SF인『문 메이커The Moon Maker』를 발표하기도 했다.

우드는 투명한 물체에 관한 논문에서 또 다른 유명한 물리학자 레일리 경의 가설을 확인하려고 시도했다. 몇 년 전, 레일리는「기하학적인 물체Geometrical Objects」라는 논문에서 투명한 물체가 눈에 보이는 유일한 이유는 일반적으로 조명이 불균일하게 비치기 때문일 것이라고 추측했다. 다시 말해 물체의 한쪽이 다른 쪽보다 더 많은 빛을 받기 때문이라는 것이다. 레일리는 빛이 모든 방향으로 균일하게 비추는 영역에 있는 투명한 물체는 (짙은 안개 속의 물체처럼) 실제로 보이지 않을 것이라고 추측했다.

이 오래된 가설은 일반적으로 사실이 아닐 가능성이 크지만, 우드는 이를 검증하는 독창적인 방법을 생각해 냈다. 우드는 이렇게 말했다.

나는 최근에 균일한 조명을 매우 쉽게 얻는 방법과, 이 조명을 비추었을 때 투명한 물체가 사라진다는 것을 입증할 방법을 고안했다. 간단히 설명하자면, 내부를 발광 페인트로 칠한 속이 빈 공 안에 물체를 넣고 작은 구멍을 통해 내부를 보는 것이다. (…)

내부 표면을 밝은 햇빛 또는 전기 조명에 노출하고 장치를 암실에 두고, 크리스털 볼을 내부에 놓은 다음에 작은 구멍을 통해 볼 때 거의 보이지 않는다는 것을 알 수 있다. 균일한 푸른 빛이 공의 내부를 채우고 있으며, 매우 주의 깊게 살펴봐야만 그 안에 부피를 가진 물체가 있다는 것을 알아볼 수 있다. 물체의 측면 중의 하나 또는 두 개가 반사되거나 두 반구의 접합선 중 일부가 굴절될 때는 눈에 보이기도 한다.

간단히 말해, 우드는 한 쌍의 반구 내부를 야광 페인트로 칠하고 내부를 관찰할 수 있는 작은 구멍을 뚫은 다음 접합된 구에 유리로 된 물체를 넣었다. 그의 실험 결과에 따르면 유리로 된 물체는 거의 보이지 않았다!

나는 플라스틱 반구와 야광 스프레이 페인트를 구입했지만 아직 장치를 조립하여 실험해 보지 못했다. 물리학 교과서에 자주 나오는 말처럼, 독자들의 연습 과제로 남겨 둔다!

부록 2

보이지 않음에 관한 소설들

본문에서 제대로 언급하지 않은 많은 내용을 포함하여 보이지 않음에 대한 고전적인 이야기를 모두 읽고 싶은 독자를 위해 '보이지 않음에 관한 소설들'을 싣는다(연도순). 주로 SF와 공포 소설을 다루었지만, 좀 더 환상적인 이야기도 포함되어 있다. 몇 가지 주목할 만한 예외를 제외하고는 주로 1960년 이전에 출판된 이야기에 중점을 두었다. 오래된 펄프 픽션 잡지를 간략히 훑어보면서 찾아낸 이야기의 수를 고려하면 이 목록이 전부라고는 할 수 없다.

『보이지 않는 스파이 The Invisible Spy』(익스플로라빌리스 Explorabilis = 엘리자 헤이우드 Eliza Haywood, 1754)
죽어 가는 마법사에게 투명 허리띠를 얻은 주인공이 여러 가지 모험을 한다.

『보이지 않는 신사 The Invisible Gentleman』(제임스 돌턴 James Dalton, 1833)
투명 인간이 되고 싶어 하던 사람이 소원을 이루고, 온갖 문제를 일으킨다.

「무엇이었을까? 하나의 수수께끼 What Was It? A Mystery」(피츠 제임스 오브라이언 Fitz James O'Brien, 1859)
보이지 않는다는 것에 대한 과학적 설명을 최초로 시도한 소설. 보이지 않는 괴물을 설명한다.

「크리스털 맨The Crystal Man」(에드워드 페이지 미첼Edward Page Mitchell, 1881)
한 남자가 투명 인간 실험의 대상이 되었다가 원래대로 돌아올 수 없게 되어 비통한
상태에 빠진다.

「오를라Le Horla」(기 드 모파상Guy de Maupassant, 1886)
파리에 사는 한 사람이 자신의 집에 침입한 보이지 않는 존재 때문에 괴로워한다.
▶「오를라」, 『모파상 환상문학 단편선』, 정진영 엮고 옮김, 아라한, 2023 / 「오를라」, 『기이하고
기묘한 이야기. 첫 번째』, 정진영 옮김, 책세상, 2023

「요물The Damned Thing」(앰브로즈 비어스Ambrose Bierce, 1893)
살인 사건의 수사에서 눈에 보이지 않는 색을 가진 존재가 드러난다.
▶「요물」, 『세계 서스펜스 추리여행 1』, 박선경 옮김, 나래북, 2014

「스텔라Stella」(C. H. 힌턴C. H. Hinton, 1895)
부동산 집행인이 유언 집행을 위해 살펴본 어떤 집에 투명 인간 여성이 살고 있다.
그녀는 남성들과의 말썽을 피하기 위해 투명 인간이 되었다. 독특한 연애 이야기.

『투명 인간The Invisible Man』(허버트 조지 웰스H. G. Wells, 1897)
SF의 고전으로, 한 과학자가 자신을 투명하게 만들고 그것이 생각만큼 좋지 않다는
것을 알게 된다.
▶『투명인간』, 임종기 옮김, 문예출판사, 2008(이 외에 다수의 번역본이 있다)

『빌헬름 스토리츠의 비밀Le Secret de Wilhelm Storitz』(쥘 베른Jules Verne, 1897년경)
사랑에 빠진 한 독일인 악당이 미래의 신부로 맞이하고 싶었던 여성의 행복을 파괴
하려다가 스스로 파멸에 이른다. 수정되지 않은 베른의 원고는 2011년에 비손북스
에서 영역본으로 출판되었다.

「그림자와 섬광The Shadow and the Flash」(잭 런던Jack London, 1906)
두 라이벌 과학자가 투명 인간이 되는 서로 다른 방법을 고안하고, 결국 두 사람의
거친 싸움으로 끝난다.
▶「그림자와 섬광」, 『미다스의 노예들』, 김훈 옮김, 바다출판사, 2010

「보이지 않는 존재 The Thing Invisible」(윌리엄 호프 호지슨 William Hope Hodgson, 1912)
이 작가의 유명한 "유령 사냥꾼 카나키" 이야기 중 하나다. 카나키는 살인 유령이 출몰한다고 알려진 예배당을 조사한다. 그는 자신의 경험을 통해 보이지 않는 악마가 밤에 사람들을 공격하고 있다고 확신한다. 결국 살인을 저지른 범인은 보이지 않는 악마가 아니라고 밝혀지지만, 이야기가 거의 끝까지 보이지 않는 존재라는 생각을 중심으로 전개되기 때문에 이 목록에 포함했다.

『바다의 악마 *The Sea Devils*』(빅터 루소 Victor Rousseau, 1916)
잠수함 함장이 보이지 않는 해저 휴머노이드 종족의 존재를 알게 되고, 그들에게 공격당하지만 겨우 살아남아 지상 세계에 그들이 곧 침략할 것이라고 경고한다. 원래는 펄프 어드벤처 소설로 연재되다가 1924년에 소설로 출간되었다.

「구덩이의 사람들 The People of the Pit」(A. 메릿 A. Merritt, 1918)
알래스카 황야를 탐사하던 광부가 악의적이고 비인간적인 보이지 않는 존재들로 가득 찬 숨겨진 구덩이를 발견한다.

「외부에서 온 것 The Thing from —'Outside'」(조지 앨런 잉글랜드 George Allen England, 1923)
야생 탐험가 일행은 금방 어떤 초지능적 존재가 그들을 따라다니면서 지켜보고 있다는 것을 깨닫는다. 이 존재들은 보이지 않으며, 탐험가들을 연구 대상으로만 여긴다.

「마무르스의 괴물-신 The Monster-God of Mamurth」(에드먼드 해밀턴 Edmond Hamilton, 1926)
한 고고학자가 고대의 비문을 따라 잃어버린 도시로 가서 보이지 않는 신전과 그 안에 있는 불멸의 투명 괴물을 발견한다.

「사라질 수 있는 남자 The Man Who Could Vanish」(A. 하이엇 베릴 A. Hyatt Verrill, 1927)
한 과학자가 친구에게 보이지 않게 하는 새로운 방법을 보여 주며 건물을 사라지게 한다. 광학적 헤테로다인 방식으로 보이지 않게 한다는 독창적인 설명이 나온다.

「인간의 힘을 넘어서Beyond Power of Man」(폴 언스트Paul Ernst, 1928)

한 남자가 유령이 출몰한다는 집을 탐험하기로 했다가 그곳에 숨어 있는 보이지 않는 존재에게 잡힌다.

「더니치 호러The Dunwich Horror」(H. P. 러브크래프트H. P. Lovecraft, 1929)

부패한 와일리 집안은 공포의 존재와 거래를 한다. 집안사람들이 모두 죽자 집에 갇혀 있던 보이지 않는 존재가 날뛰기 시작한다.

▶ 「더니치 호러」, 『러브크래프트 전집 1』, 정진영 옮김, 황금가지, 2009

「야수의 그림자The Shadow of the Beast」(로버트 E. 하워드Robert E. Howard, 1930년경)

한 남자가 수배 중인 범죄자를 쫓아 유령이 출몰한다는 집으로 들어간다. 그는 도망자가 죽은 것을 발견하고, 자신은 보이지 않는 괴물, 정령 또는 야수에게 쫓긴다. 이 괴물은 그림자만 보인다. 이 작품은 하워드가 죽을 때까지 발표되지 않았고, 1977년에 마침내 출간되었다.

「공포의 동굴The Cave of Horror」(S. P. 미크 대위Captain S. P. Meek, 1930)

켄터키의 매머드 동굴에서 사람들이 계속 실종되자 미스터리를 풀기 위해 버드 박사가 투입된다. 그는 지구 깊은 곳에 사는 보이지 않는 괴물이 먹이를 구하기 위해 나타났다는 것을 알게 된다. 자외선을 이용한 투명화 방법에 대한 훌륭한 묘사가 담긴 놀랍도록 재미있는 이야기다.

「보이지 않는 죽음Invisible Death」(앤서니 펠처Anthony Pelcher, 1930)

한 발명가가 살해당한 뒤에, 어떤 회사는 스스로를 '보이지 않는 죽음'이라고 부르는 자들이 돈을 훔쳐 간다는 것을 알게 된다. 회사는 범인을 잡기 위해 최고의 과학자를 투입한다. 이 이야기는 진동을 통해 투명해질 수 있다는 참신한 접근 방식을 선보인다!

「보이지 않는 과학자The Invisible Master」(에드먼드 해밀턴, 1930)

한 과학자가 투명화 기술을 발명했다가 장치를 도둑맞고, 곧이어 투명한 범죄자가 도시를 혼란에 빠뜨린다. 그러나 이 이야기는 겉으로 보이는 것과는 다르며, 내가 읽은 이야기 중 보이지 않음과 광학에 대한 최고의 묘사를 담고 있다.

「우주로부터의 공격 The Attack from Space」(S. P. 미크 대위, 1930)

딱정벌레처럼 생긴 외계 생물이 수성에 있는 라듐 광산에서 일할 노예를 강탈하기 위해 지구를 침공한다. 그들은 보이지 않는 우주선을 가지고 있기 때문에 거의 막을 수 없다.

「보이지 않는 죽음 The Invisible Death」(빅터 루소, 1930)

제목만 같고 작가가 다른 소설이 같은 해에 같은 잡지에 실렸다. 미국은 '보이지 않는 황제'와 군대의 위협을 받고 있다. 그는 자신뿐만 아니라 항공기나 건물을 투명하게 만들 수 있다. 그들은 미국 전체를 파괴하기 위해 길을 만들고 있으며, 이를 막을 방법을 찾는 것은 한 명의 파일럿과 과학자에게 달려 있다.

「보이지 않는 공포 Terrors Unseen」(할 빈센트 Harl Vincent, 1931)

보이지 않는 로봇. 보이지 않는다. 로봇이다. 더 말할 필요가 있을까? 자외선을 이용하는 투명화에 대한 또 다른 이야기다.

「심연의 얼굴 The Face in the Abyss」(A. 메릿, 1931)

사라진 보물을 찾던 탐험가가 우연히 사라진 문명, 감옥에 갇힌 신, 보이지 않는 생명체를 발견한다.

『보이지 않는 살인자 *The Murderer Invisible*』(필립 와일리 Philip Wylie, 1931)

미친 과학자가 투명 인간이 되어 공포의 지배를 시작한다.

「보이지 않는 침입자 Raiders Invisible」(D. W. 홀 D. W. Hall, 1931)

워게임에 참여하던 비행선들이 의문의 격추를 당하자 조종사 크리스 트래버스는 원인을 추적하고, 투명해지는 방법을 알아낸 소련이 파나마 운하를 파괴하려는 음모를 밝혀낸다. '뢴트겐 광선'을 이용해 몸과 공기의 굴절률을 일치시키는 또 다른 이야기다.

「빛나는 조개껍질 The Radiant Shell」(폴 언스트, 1932)

사악한 아바니아 정부가 치명적인 열선의 설계도를 입수하자, 과학자 손 윈터는 자신을 투명 인간으로 만들어 아바니아 대사관에 몰래 들어가 설계도를 훔치겠다고 자원한다.

「보이지 않는 도시 The Invisible City」(클라크 애슈턴 스미스 Clark Ashton Smith, 1932)
사막에서 길을 잃은 고고학자들이 보이지 않는 도시와 그곳에 사는 보이지 않는 외계인들을 우연히 발견한다. 위에서 언급한 해밀턴의 작품에서 영감을 받은 것으로 생각된다.

「우주에서의 구원 Salvage in Space」(잭 윌리엄슨 Jack Williamson, 1933)
우주의 광물 탐사자가 버려진 우주선을 발견한다. 보이지 않는 괴물이 몰래 들어와서 우주선을 지키고 있다.

『피부와 뼈 Skin and Bones』(손 스미스 Thorne Smith, 1933)
형광 물질과 술을 마시고 실험을 하던 한 남자가 살아 있는 해골로 변한다. 사람들은 생각보다 이런 장면에 거부감을 느끼지 않는다.

「스펙트럼 너머 Beyond the Spectrum」(아서 레오 저갯 Arthur Leo Zagat, 1934)
플로리다의 어느 성장하는 도시에서 지하수를 찾다가 지구 깊은 곳에 사는 보이지 않는 지능적인 괴물이 땅 위로 올라온다.

「보이지 않는 폭격기 The Invisible Bomber」(존 피스 중위 Lieutenant John Pease, 1938)
한 과학자가 다른 우주로 갈 수 있는 방법과 자기를 보이지 않게 하는 방법을 개발했고, 이 기술로 우주선도 보이지 않게 할 수 있다. 그는 거액을 받고 이 기술을 미국에 넘기려고 한다.

『불길한 장벽 Sinister Barrier』(에릭 프랭크 러셀 Eric Frank Russell, 1939)
과학자들이 원적외선을 볼 수 있는 방법을 발견하고, 인류를 통제하는 보이지 않는 존재가 있다는 것을 알아낸다. 이 존재들은 인류를 지배하기 위해 아무런 거리낌 없이 사람들을 죽인다. SF의 고전.

「아이시르의 망토 Cloak of Aesir」(돈 A. 스튜어트 Don A. Stuart = 존 W. 캠벨 John W. Campbell, 1939)
먼 미래, 인류는 외계인 산에 의해 정복되었다. 하지만 강력한 어둠의 망토를 두른 신비한 존재 아이시르가 인류를 해방하려고 한다. 산은 투명해지는 능력을 갖춘 요원들을 보내 아이시르의 비밀을 알아내려고 한다. 내가 가장 좋아하는 투명 인간 이야기 중 하나다.

「**에릭스의 벽에서** In the Walls of Eryx」(H. P. 러브크래프트, 1939)
금성에 간 한 탐험가가 원주민들이 만든 보이지 않는 미로를 발견한다. 탐험가는 탐욕이 지나쳐 미로 안에 갇히게 되고 산소가 부족해진다.

「**보이지 않는 로빈후드** The Invisible Robinhood」(엔도 바인더 Eando Binder, 1939)
초기의 슈퍼히어로 이야기다. 실험실 사고로 보이지 않게 하는 방법을 발견하고, 이를 이용해 범죄자들을 응징한다. 보이지 않게 하는 방법은 광전 효과로 설명되는 것 같다.

「**보이지 않는 세계** The Invisible World」(에드 얼 렙 Ed Earl Repp, 1940)
한 세계 전체가 보이지 않는다면 어떨까? 우주비행사들은 사악한 군벌이 외부에서 보이지 않는 소행성에 숨겨진 기지를 가지고 있다고 의심한다.

『**슬랜** *Slan*』(A. E. 밴보그트 A. E. van Vogt, 1940)
슬랜은 뛰어난 지능, 힘, 염력을 지닌 돌연변이 종족이다. 사람들은 슬랜을 보는 대로 죽여 없애려고 하고, 슬랜은 살아남기 위해 고투한다. 주인공은 선체에 닿는 모든 빛을 '파괴'하여 은폐 상태를 유지하는 스텔스 우주선을 발명하는데, 이 메커니즘은 상쇄 간섭과 비복사 방출원의 설명과 놀랍도록 비슷하다.

「**보이지 않게 하는 묘약** The Elixir of Invisibility」(헨리 커트너 Henry Kuttner, 1940)
투명 인간 코미디. 미크 박사는 새롭게 개발한 투명 인간을 만드는 묘약을 홍보하기 위해 조수인 리처드 레일리를 꼬드겨 묘약을 사용하도록 한다. 레일리가 투명 인간이 되어 있는 동안에 투명 인간에 의해 은행이 털리고, 이렇게 우여곡절이 이어진다.

「**보이지 않는 사람** Invisible One」(닐 R. 존스 Neil R. Jones, 1940)
26세기에 한 남자가 우주 해적에게 납치된 아내를 구하기 위해 투명 인간이 되라는 어떤 광신자 집단의 제안을 받아들인다.

「**달의 여사제** Priestess of the Moon」(레이 커밍스 Ray Cummings, 1940)
달에 사는 외계인들이 투명화 기술을 이용해 지구의 여성을 유괴하려고 한다. 매우 우스꽝스러운 이야기다.

「보이는 투명 인간The Visible Invisible Man」(윌리엄 P. 맥기번William P. McGivern, 1940)

순진한 오스카 두리틀은 투명 크림 실험에 참여했다가 사고가 일어나 자기의 의지와 무관하게 아무 때나 사라지고 나타나게 된다. 그가 투명 인간이 되었을 때 하필 그가 일하는 은행에서 도난 사건이 일어나고, 안타깝게도 그는 절도 혐의를 뒤집어쓴다!

「그림자 용의 땅Land of the Shadow Dragons」(엔도 바인더, 1941)

"보이지 않는 로빈후드"가 돌아왔다. 그는 먼 나라의 계곡으로 떠난다. 그 계곡에는 보이지 않는 동물들로 가득하고, 보이지 않는 티라노사우루스도 있다!

「스트라스핀섬의 보이지 않는 비둘기 댄서The Invisible Dove Dancer of Strathpheen Island」(존 콜리어John Collier, 1941)

아일랜드의 한 섬을 방문한 한 미국인은 섬에 보이지 않는 '비둘기 댄서'가 있다고 확신한다. 댄서의 몸에 새가 앉기 때문에 그녀가 있다는 것을 알 수 있다. 미국인은 그녀와 결혼해야겠다고 결심하지만, 마음먹은 대로 잘되지 않는다. 1939년 뉴욕 만국박람회에 출연한 비둘기 댄서 로지타 로이스에게서 영감을 받았다. 그녀가 춤을 추면 비둘기가 한 마리씩 차례로 그녀의 옷 조각을 들고 날아갔다.

「화성의 투명 인간Invisible Men of Mars」(에드거 라이스 버로스Edgar Rice Burroughs, 1941)

버로스의 생전에 출판된 마지막 "화성의 존 카터" 이야기다. 존 카터와 그의 손녀가 보이지 않음의 과학에 통달한 사람들의 도시에 붙잡힌다!

「카멜레온 맨The Chameleon Man」(윌리엄 P. 맥기번, 1942)

너무 관심을 받지 못해 카멜레온처럼 말 그대로 주변 환경과 구별될 수 없는 능력을 가진 사람의 유머러스하면서 실제로는 투명하지 않은 투명 인간 이야기.

「거기에 완전히 존재하지 않았던 작은 사나이The Little Man Who Wasn't All There」(로버트 블로흐Robert Bloch, 1942)

마술사의 윗옷을 빌려 자신을 부분적으로 투명하게 만드는 한 남자의 코믹한 이야기다. 투명해지는 능력은 일종의 화학적 처리로 모호하게 설명된다.

「유령 행성 Ghost Planet」(손 리 Thorne Lee, 1943)
또 다른 투명 행성이지만 이번에는 행성 전체가 투명 망토로 숨겨진 것이 아니라 말
그대로 보이지 않는다! 이 행성의 태양이 모든 것을 보이지 않게 만들고, 주인공들
도 이 빛을 쬐어 보이지 않게 되자 탈출을 감행한다.

「핸디맨 The Handyman」(레스터 바클리 Lester Barclay, 1950)
엄격한 아버지와 함께 살아가는 어린 소년이 집안일을 도와주는 투명 인간 친구를
사귀게 되고, 그 친구는 실제로 존재한다고 밝혀진다. SF보다는 현대의 판타지에 가
깝다.

「어둠 속의 사랑 Love in the Dark」(H. L. 골드 H. L. Gold, 1951)
불행한 결혼 생활에 빠진 한 여인에게 투명 인간이 사랑을 고백한다.

「당신은 나를 볼 수 없다 You Can't See Me」(윌리엄 F. 템플 William F. Temple, 1951)
한 남자는 자기만 빼고 모든 사람이 보이지 않는 새로운 친구를 사귀는 것 같아서
점점 더 불안해진다. 또 하나의 '투명 인간 이야기가 아닌' 이야기지만, 재미있는
SF다.

「기즈모와의 전쟁 War with the Gizmos」(머리 레인스터 Murray Leinster, 1958)
인류는 기체로 이루어진 투명 인간 종족의 공격을 받는다. 최초의 공격에서 운 좋게
살아남은 소수의 생존자들은 문명에 경고를 보내기 위해 필사의 탈주를 감행한다.

「투명 인간 살인 사건 The Invisible Man Murder Case」(헨리 슬레서 Henry Slesar, 1958)
연쇄 살인 사건이 일어난다. 범인은 죽었다고 알려지지만, 사실은 투명 인간이 저지
른 일이라는 의심이 일어난다.

「사랑을 위하여 For Love」(앨지스 버드리스 Algis Budrys, 1962)
외계의 거대한 우주선이 수리를 위해 지구에 불시착하여 지상 세계를 점령하고, 인
류는 수십 년 동안 지하에 숨어 지내게 된다. 인류는 외계인을 몰아내기 위해 보이
지 않는 비행체를 만들어 핵폭탄으로 우주선을 공격한다.

『**투명 인간의 고백** *Memoirs of an Invisible Man*』(H. F. 세인트 H. F. Saint, 1987)
실험실에서 일어난 사고로 투명 인간이 된 한 사업가가 어떻게 살아가야 할지 고민
한 기록. 1992년 존 카펜터 감독의 영화로 제작되었다.●
▶ 『**투명 인간의 고백**』, 김유동 옮김, 삼신각, 1988

『**투명해지자!** *Let's Get Invisible!*』(R. L. 스타인 R. L. Stine, 1993)
스타인의 "구스범스" 시리즈 중 하나다. 한 소년이 투명 인간이 될 수 있는 거울을
발견하고 온갖 곤경에 빠진다.
▶ 『**구스범스 27—투명 인간의 기습**』, 신인수 옮김, 고릴라박스, 2017

『**미션 인비저블** *Mission Invisible*』(울프 레온하르트 Ulf Leonhardt, 2020)
클로킹의 창시자 중 한 사람이 쓴 소설. 보이지 않음의 과학과 여행 이야기를 들려
준다.

● 한국에서는 〈투명 인간의 사랑〉이라는 제목으로 텔레비전에 방영되었다.

감사의 말

이 책을 쓸 때는 내가 이 주제에 대해 잘 알기 때문에 지난번 책보다 쉬울 줄 알았다. 하지만 팬데믹으로 인해 정신적으로나 감정적으로나 모든 것이 더 힘들었다. 지난 2년간 어려운 시기를 극복할 수 있도록 도와준 많은 사람과 이 책이 나오기까지 다양한 방식으로 도와준 사람들에게 감사의 말을 전하고 싶다.

먼저 좋은 친구가 되어 준 베스 사보, 달린, 데이먼 딜, 타코 비서에게 감사한다. 또한 항상 그렇듯이 재미있는 취미로 정신을 집중할 수 있게 해 준 스케이트 코치 타피 델링거와 기타 선생님 토비 왓슨에게 감사한다. 가장 오랜 친구 중 한 사람인 에릭 스미스에게 더 자주 연락하지 못해 미안하다는 말과 함께 특별히 고마움을 전한다.

팬데믹 기간에 나는 오랫동안 온라인 게임 〈던전 앤 드래곤〉에 열중하면서 힘든 시간을 버틸 수 있었다. 함께 게임을 하면서 지금은 모두 좋은 친구가 된 네 그룹(!)에게 감사한다. '드래곤' 캠페인의 도나 랜클로스, 민디 와이스버거, 다니 마르자노, 브래드 크래독, 칩 델링거, 레이첼 파슨스, '에버너스' 캠페인의 랠리 드로지어, 리사 맹글라스, 알 휴턴, 조시 위턴, 네이선 테일러, 애슐리 거넷에게 고마움을 전한다. 또한 내가 플레이하는 두 게임을 운영하는 휴고 곤잘레스와 그 게임의 플레이어인 조시 위턴 (다시 한번), 사만사 행콕스-리, 스콧 서덜랜드, 장-세바스티앙 로지, 짐 포엘에게 특별히 감사한다.

나는 기쁠 때나 슬플 때나 서로를 지지하고 용기를 주는 활기차고 사랑스러운 온라인 공동체의 일원이다. 내 곁에 있어 준 모든 온라인 친구들에게 감사한다. 특히 나와 자주 대화하면서 큰 힘이 되어 준 이슬라 앤더슨, 알렉스 아레올라, 니콜 펠로리스, 에이버리 매덕스, 린델 베이드, 브렌다 샐다나, 사만사 스테버, 시리 타칼라, 골디 테일러, 찰스 페이엇, 자크 곤잘레스, 브라이언 맬로, 캐시 커너, 렉시 알리, @bhaal_spawn에게 고마움을 전하고 싶다. 이 책이 인쇄될 때쯤에는 더 많은 사람이 기억날 것 같아서, 미리 사과의 말을 전한다.

내가 교수로 처음 부임했을 때부터 과학의 대중화를 위한 노력에 항상 힘을 보태 준 짐 해서웨이에게 특별히 감사한다. 짐의 도움이 없었다면 이 책은 나오지 못했을지도 모른다.

혼란스러웠던 지난 2년 동안 나의 정신적, 육체적 건강을 돌봐 준 베스 아처 박사에게 감사한다.

항상 그렇듯이 부모님인 존 그버와 패트리샤 그버, 여동생 지나 후버의 사랑과 지지에 감사한다.

이 책을 쓰는 동안 많은 과학자와 인터뷰하고 정보를 얻었다. 기꺼이 시간을 내어 내 질문에 답해 준 임페리얼칼리지의 존 펜드리 교수와 와이즈만 과학연구소의 울프 레온하르트 교수에게 감사한다. 또한 사진을 사용하도록 허락해 준 도쿄대학교의 다치 스스무 교수와 듀크대학교의 데이비드 스미스 교수에게도 감사한다.

인용문 게재를 관대하게 허락해 주어 내가 처음에 계획한 대로 책을 만들 수 있도록 도와준 와일드사이드 프레스와 버지니아 키드 에이전시에 감사한다.

마지막으로, 이 책이 출판될 수 있게, 또 최고의 책이 될 수 있게 도와준 예일대학교 출판부의 메리 패스티, 진 톰슨 블랙, 로라 존스 둘리, 조이스 이폴리토, 엘리자비스 실비아에게 감사의 말을 전한다.

주

1 크게 빗나간 나의 예측

1. Michelson, *Light Waves and Their Uses*, 23~24.
2. "Severe Strain on Credulity."
3. Leonhardt, "Optical Conformal Mapping"; Pendry, Schurig, and Smith, "Controlling Electromagnetic Fields."
4. Schurig et al., "Metamaterial Electromagnetic Cloak."

2 '보이지 않음'의 의미

1. Thone, "Cloaks of Invisibility."
2. "Japanese Scientist Invents 'Invisibility Coat'"; Tachi, "Telexistence and Retroreflective Projection Technology."
3. Brooke, "Tokyo Journal."
4. Diaz, "Teenager Wins 25,000."
5. Mercedes-Benz, "Mercedes-Benz Invisible Car Campaign."

3 과학과 허구의 만남

1. Frazer, *Apollodorus* 2.4.2~3.
2. Jowett, *Republic of Plato*, book 2, pp. 37~38.
3. Winter, *Poems and Stories of O'Brien*.
4. 같은 책.
5. O'Brien, "Lost Room"; O'Brien, "From Hand to Mouth"; O'Brien, "Wondersmith."
6. O'Brien, "Diamond Lens."
7. O'Brien, "What Was It?"
8. Jowett, *Republic of Plato*, book 10, p. 306.
9. 과학적 발견에 최초의 발견자가 아닌 다른 사람의 이름이 붙는 것은 매우 흔한 일이며, 여기에는 스티글러Stigler의 명명 법칙이라는 재미난 이름이 붙어 있다. 스티글러는 사회학자 로버트 K. 머튼Robert K. Merton이 이 법칙을 처음 소개한 것으로 알고 있다고 말했다.

10. 굴절의 법칙은 $n_1 \sin \theta_1 = n_2 \sin \theta_2$로 표현된다. 여기서 n_1과 n_2는 두 매질의 굴절률, θ_1과 θ_2는 두 매질에서 빛이 진행하는 각도이며, "sin"은 삼각함수에서 사인 함수를 나타낸다.

11. London, "Shadow and Flash."

12. Coldewey, "Vantablack."

13. Rogers, "Art Fight!"; Chu, "MIT Engineers Develop 'Blackest Black' Material."

14. Liszewski, "Museum Visitor Falls into Giant Hole."

15. Winter, *Poems and Stories of O'Brien.*

16. 나는 여기서 특이한 연결을 찾아냈다. 《다크 사이드 오브 더 문》의 무지개가 등장하는 앨범 커버를 만든 그래픽 디자이너 스톰 소거슨 Storm Thorgerson은 1983년에 밴드 레인보우 Rainbow의 뮤직비디오 〈스트리트 오브 드림스 Street of Dreams〉를 감독했다.

17. 뉴턴은 처음에 빨강, 주황, 노랑, 초록, 파랑, 남색, 보라로 구분했지만, 오늘날 남색은 무지개의 원색으로 간주하지 않는다. 그러나 남색은 다음과 같이 색의 순서를 기억하기 편리하기 때문에 포함시키기도 한다. "로이 G. 비브."(Roy G. Biv: red, orange, yellow, green, blue, indigo, violet)

18. Newton, *Opticks,* 249.

4 보이지 않는 빛, 보이지 않는 괴물

1. Southey, *Doctor.*

2. Smith, *Harmonics*; Smith, *Compleat System of Opticks.*

3. 허셜의 이 논문의 제목은 다음과 같다. 「프리즘으로 분리한 색이 물체를 가열하고 비추는 능력에 대한 조사. 이는 복사열의 굴절이 다르다는 것을 입증한다. 여기서 조리개가 더 크고 확대 능력이 뛰어난 망원경으로 태양을 더 자세히 관찰했다.」 허셜은 위대한 과학자였지만 그의 설명은 간결하지 않았다.

4. 같은 글.

5. Herschel, "XIV. Experiments on Refrangibility."

6. *San Francisco Examiner*, January 21, 1896, 6.

7. Starrett, *Ambrose Bierce*, 22.

8. Bierce, "Damned Thing", 23~24.

9. 첫 번째 버전은 1886년 10월 26일 자 『길 블라스 Gil Blas』에 실렸고, 1887년 폴 올렌도르프 Paul Ollendorff 출판사에서 개정판이 출간되었다.

10. Maupassant, *Works of Guy de Maupassant*, 8~9.

11. "Zola's Eulogy", *St. Louis Post Dispatch*, July 30, 1893.

5 어둠에서 나오는 빛

1. 영과 같은 사람들이 어릴 때부터 뛰어난 재능을 보였다는 이야기는 흥미롭지만, 모든 과학자가

어린 시절부터 신동이었을 것이라는 잘못된 인상을 심어 줄 수 있다. 내 경험으로는, 신동 출신 과학자들만큼이나 많은 수의 과학자들이 어릴 때 평범한 아이였다.

2. Peacock, *Life of Young*, 6.

3. 성바돌로매 병원이 설립된 1123년은 제1차 십자군 전쟁이 끝난 지 겨우 25년 뒤다.

4. Young, "Observations on Vision."

5. Young, "Outlines of Experiments and Inquiries respecting Sound and Light."

6. Young, "Mechanism of the Eye."

7. Young, "Outlines of Experiments and Inquiries respecting Sound and Light", 118.

8. Young, "Theory of Light and Colours."

9. 같은 글, 34.

10. Young, "Account of Some Cases of Production of Colours."

11. Young, "Experiments and Calculations relative to Physical Optics."

12. Young, *Course of Lectures on Natural Philosophy*. "영의 이중 슬릿 실험" 또는 "영의 두 바늘구멍 실험"이라는 용어는 문헌에서 똑같이 흔하게 사용되며, 나는 영 자신이 이 실험을 어떻게 불렀는지 오랫동안 궁금했다. 알아보니 그는 둘 다 사용했다. 그는 "두 개의 바늘구멍 또는 슬릿"이라는 표현을 사용했다.

13. Brougham, "Bakerian Lecture on Theory of Light and Colours", 450.

14. Brougham, "Account of Some Cases of Production of Colours", 457.

15. Young, *Reply to the Animadversions of the Edinburgh Reviewers*, 3.

16. 같은 책, 37.

17. Arago, *Biographical Memoir of Young*, 227.

6 가장자리로 가는 빛

1. Peacock, *Life of Young*, 389.

2. 기본적으로 돌돌 말린 스프링 장난감인 슬링키로도 할 수 있다.

7 자석, 전류, 빛

1. Young, *Course of Lectures on Natural Philosophy*, 460.

2. 취미 용품점에서 구할 수 있는 열선 스티로폼 절단기로도 집에서 이 실험을 할 수 있다. 열선에는 직류가 흐르며, 스위치를 켜서 나침반에 가까이 가져가면 바늘의 방향이 바뀐다.

3. Oersted, "Thermo-Electricity", 717.

4. Oersted, "Experiments on Effect of Current."

5. Jones, *Life and Letters of Faraday*, 1:55.

6. 같은 책, 1:54.

7. Hirshfeld, *Electric Life of Faraday*, 53.

8. Faraday, "V. Experimental Researches in Electricity."

9. Jones, *Life and Letters of Faraday*, 2:401.

10. Faraday, "III. Experimental Researches in Electricity; Twenty-Eighth Series", 25.

11. 같은 글, 26.

12. Campbell and Garnett, *Life of Maxwell*, 28.

13. Anderson, "Forces of Inspiration."

14. Maxwell and Forbes, "On the Description of Oval Curves."

15. Maxwell, "XVIII.—Experiments on Colour."

16. Maxwell, "Faraday's Lines of Force."

17. Maxwell, "XXV. On Physical Lines of Force", 161~162.

18. Maxwell, "III. On Physical Lines of Force", 22.

19. Maxwell, "Dynamical Theory of the Electromagnetic Field."

20. Maxwell, *Treatise on Electricity and Magnetism*, ix.

21. Hertz, *Electric Waves*, 95~106.

22. DeVito, *Science, SETI, and Mathematics*, 49.

8 파동과 웰스

1. Röntgen, "New Kind of Rays."

2. Frankel, "Centennial of Röntgen's Discovery."

3. 보통의 스카치테이프는 양전하와 음전하가 서로 달라붙는 국소적인 영역이 있기 때문에 끈적끈적하다. 2008년에 연구자들은 진공에서 스카치테이프를 벗기면 테이프의 벗겨진 부분에서 매끄러운 면으로 전하가 이동하면서 엑스선이 발생할 수 있음을 보여 주었다. 진공에서는 전자의 속도를 늦출 공기가 없으므로 전자가 테이프로 돌아가 재결합할 때 엑스선이 발생한다.

4. Bostwick, "'Seeing' with X-Rays."

5. Wells, *Experiment in Autobiography*, 53.

6. 같은 책, 62.

7. 같은 책, 172.

8. 같은 책, 254.

9. 같은 책, 295.

10. Wells, *Invisible Man*, 164.

11. 같은 책, 171.

12. Wells, *Seven Famous Novels*, viii.

13. Mitchell, "Crystal Man."

14. Hama et al., "Scale."

15. Coxworth, "New Chemical Reagent."

16. Verne, *Secret of Storitz*.

17. Wylie, *Murderer Invisible*.

9 원자 안에는 무엇이 들어 있는가?

1. Newton, *Opticks*, 394.
2. Nash, "Origin of Dalton's Chemical Atomic Theory."
3. Faraday, "XXIII. Speculation Touching Electric Conduction."
4. 라구사공화국은 지금의 크로아티아에 있었던 작은 나라로, 1358년부터 1808년까지 존재하다가 나폴레옹 왕국에 정복되어 합병되었다. 나도 몰랐던 사실이라 검색해 봐야 했다.
5. Perrin, "Hypotheses moleculaires", 460.
6. Thomson, "XXIV. Structure of the Atom."
7. Nagaoka, "Kinetics of a System of Particles."
8. Rayleigh, "Electrical Vibrations."
9. Jeans, "Constitution of the Atom."
10. Schott, "Electron Theory of Matter."
11. Einstein, "Über die von der molekularkinetischen Theorie der Wärme geforderte Bewegung von in ruhenden Flüssigkeiten suspendierten Teilchen."
12. Lenard, "Über die Absorption der Kathodenstrahlen verschiedener Geschwindigkeit."
13. Stark, *Prinzipien der Atomdynamik*.
14. Ehrenfest, "Ungleichförmige Elektrizitätsbewegungen ohne Magnet- und Strahlungs-feld."
15. 러더퍼드가 원자핵을 발견하기 전에 노벨상을 받았다는 사실은 조금 당황스럽다.
16. Rutherford, "Forty Years of Physics", 68.
17. Perrin, "Nobel Lecture."
18. Rutherford, "Scattering of α and β Particles by Matter."

10 마지막 위대한 양자 회의론자

1. Nauenberg, "Max Planck", 715.
2. 스티븐 호킹Stephen Hawking은 대중 과학 서적에 수식이 하나 들어갈 때마다 판매량이 절반으로 줄어든다고 말한 적이 있다. 이를 무릅쓰고 수식을 쓴 점에 대해 양해를 구한다.
3. Nauenberg, "Max Planck", 715.
4. Wheaton, "Philipp Lenard."
5. Einstein, "Über einen die Erzeugung und Verwandlung des Lichtes betreffenden heuristischen Gesichtspunkt."
6. 파동-입자 이중성이라는 개념이 이해되지 않는다고 실망할 필요는 없다. 사실 물리학자들도 무슨 뜻인지 이해하기 위해 오늘날까지 분투하고 있다.
7. Niaz et al., "History of the Photoelectric Effect", 909.
8. Bohr, "Constitution of Atoms and Molecules."
9. Broglie, "Wave Nature of the Electron."

10. 고인이 된 나의 지도 교수 에밀 울프Emil Wolf는 농담으로 학생에게 "해결하는 것보다 더 많은 문제를 만든다"고 말하곤 했다. 하지만 이 말은 비난이 아니었다. 그 학생의 통찰력이 매우 뛰어나서 하나의 문제를 해결하는 과정에서 새롭게 조사할 질문을 수없이 많이 찾아낸다는 뜻이었다. 질문에 답하고 그 과정에서 새로운 질문을 찾아내는 것, 이것이 바로 과학의 이상이다.

11. 양자물리학을 처음 배우는 학생들은 종종 "닥치고 계산하라"는 말을 듣는다. 즉 물리학의 원리가 **무엇인지** 의심하지 말고 그냥 사용하라는 말이다. 양자물리학의 시대가 시작된 지 한 세기가 넘었지만, 우리는 여전히 양자물리학이 우주의 본질에 대해 정확히 무엇을 알려주는지 알지 못한다. 더글러스 애덤스Douglas Adams와 마크 카워다인Mark Carwardine의 책 『마지막 기회라니?Last Chance to See』의 한 구절을 빌리자면, "누군가, 어딘가에서 요점을 놓치고 있다는 느낌을 피하기 어려웠다. 그 사람이 바로 내가 아니라고 확신할 수도 없었다."(153쪽)

12. Schott, "V. Reflection and Refraction of Light."

13. Schott, "LIX. Radiation from Moving Systems of Electrons", 667.

14. Schott, "XXII. Bohr's Hypothesis of Stationary States of Motion", 258, 243.

15. Schott, "LIX. Electromagnetic Field of a Moving Uniformly and Rigidly Electrified Sphere."

16. 같은 글, 752~753.

17. Schott, "Electromagnetic Field due to a Uniformly and Rigidly Electrified Sphere in Spinless Accelerated Motion and Its Mechanical Reaction on the Sphere", I, II, III, and IV.

18. Conway, "Professor G. A. Schott, 1868~937."

19. Bohm and Weinstein, "Self-Oscillations of a Charged Particle."

20. Goedecke, "Classically Radiationless Motions", B288.

11 내부 들여다보기

1. Bostwick "'Seeing' with X-Rays."

2. "Edison Says There Is Hope."

3. "Edison Fears Hidden Perils of the X-Rays."

4. Smith, *Skin and Bones*. 손 스미스는 은행가 부부가 유령 부부와 친구가 되는 이야기인 1926년의 소설 『토퍼Topper』로 가장 유명하다. 이 소설은 1937년에 영화로 제작되었다.

5. Gernsback, "Can We Make Ourselves Invisible?"

6. Cormack, "Nobel Lecture."

7. 같은 글.

8. EMI는 어쩐지 익숙한 이름일 것이다. 비틀스와 핑크 플로이드의 작품을 포함하여 1960년대와 1970년대에 가장 중요한 음악 앨범을 제작한 회사다.

9. Hounsfield, "Computerized Transverse Axial Scanning (Tomography)."

10. Weyl, "Über die asymptotische Verteilung der Eigenwerte."

11. Wikipedia, s.v. "Invers Problem."

12. Bleistein and Bojarski, "Recently Developed Formulations of the Inverse Problem", 1~2.

13. Moses, "Solution of Maxwell's Equations", 1670.

14. Bleistein and Cohen, "Nonuniqueness in the Inverse Source Problem."

15. Bojarski, "Inverse Scattering Inverse Source Theory."

16. Stone, "Nonradiating Sources of Compact Support Do Not Exist."

17. Devaney and Sherman, "Nonuniqueness in Inverse Source and Scattering Problems."

18. 같은 글, 1041~1042.

12 사냥에 나선 늑대

서두 인용문: F. Scarlett Potter, "The Were-Wolf of the Grendelwold"(1882), reprinted in Easley and Scott, *Terrifying Transformations*.

1. Kerker, "Invisible Bodies."

2. 에밀 울프와의 개인적인 대화.

3. 에밀 울프와의 개인적인 대화.

4. 나중에 울프는 보른이 오래전에 쓴 책의 저작권에 얽힌 이야기를 들려주었다. 나치가 정권을 잡 았을 때 독일 유대인인 보른이 쓴 책의 저작권을 강탈했고, 나치가 패배하자 연합군은 이 저작권 이 전리품이므로 연합군 소유라고 주장했다. 보른이 새로운 광학 책을 쓰고 있다고 발표하자 저 작권 소유자가 보른에게 연락해 기존 책의 어느 부분을 사용하고 있는지 알려주면 사용료를 청 구하겠다고 했다. 보른은 그들에게 닥치라고 대답했다.

5. 에밀 울프와의 개인적인 대화.

6. Wolf, "Optics in Terms of Observable Quantities."

7. Wolf, "Recollections of Max Born", 12.

8. 같은 글, 15.

9. 같은 글, 15.

10. Wolf, "Three-Dimensional Structure Determination of Semi-Transparent Objects."

11. 에밀 울프와 함께 일하면서 가장 아쉬웠던 점 중 하나는 그가 어떻게 비복사 방출원에 관심을 갖게 되었는지 정확히 물어보지 못했다는 점이다.

12. Devaney and Wolf, "Radiating and Nonradiating Classical Current Distributions." 데버니 는 나중에 회절 단층촬영을 이용한 지진 탐사의 선구자가 되었다.

13. Kim and Wolf, "Non-Radiating Monochromatic Sources"; Gamliel et al., "New Method for Specifying Nonradiating Monochromatic Sources."

14. Gbur, "Sources of Arbitrary States of Coherence."

15. Gbur, "Nonradiating Sources and the Inverse Source Problem."

16. Devaney, "Nonuniqueness in the Inverse Scattering Problem."

17. Wolf and Habashy, "Invisible Bodies."

18. Nachman, "Reconstructions from Boundary Measurements."

19. Wolf, "Recollections of Max Born", 15.

13 자연에 없는 물질

1. Wiener, "Stehende Lichtwellen", 240~241.
2. Sommerfeld, *Optics*, 18.
3. Pendry et al., "Extremely Low Frequency Plasmons."
4. Pendry et al., "Magnetism from Conductors."
5. Smith et al., "Composite Medium"; Smith and Kroll, "Negative Refractive Index"; Shelby et al., "Experimental Verification."
6. Vesalago, "Electrodynamics of Substances." 다행히도 빅토르 베살라고는 자신의 업적이 유명해지는 것을 볼 수 있었다. 그는 2018년에 죽기 전까지 수많은 국제 학회에 초청되어 자신의 아이디어에 대해 강연했다. 한 모임에서 나는 우연히 혼자 앉아 있는 그에게 다가가 내 소개와 함께 그의 공헌에 감사 인사를 전하는 행운을 누렸다.
7. Pendry, "Negative Refraction Makes a Perfect Lens."
8. Grbic and Eleftheriades, "Overcoming the Diffraction Limit."
9. Fang et al., "Sub-Diffraction-Limited Optical Imaging."

14 투명 망토의 등장

1. Pendry and Ramakrishna, "Near-Field Lenses in Two Dimensions"; Pendry, "Perfect Cylindrical Lenses."
2. Ward and Pendry, "Refraction and Geometry in Maxwell's Equations."
3. Ball, "Bending the Laws of Optics with Metamaterials", 201.
4. Leonhardt and Piwnicki, "Optics of Nonuniformly Moving Media."
5. 레온하르트, 개인적인 서신.
6. 레온하르트, 개인적인 서신.
7. Petit, "Invisibility Uncloaked."
8. Leonhardt, "Optical Conformal Mapping"; Pendry et al., "Controlling Electromagnetic Fields."
9. Ball, "Invisibility Cloaks Are in Sight."
10. Merritt, *Face in the Abyss*.
11. 울프 레온하르트는 2006년 이후로 보이지 않음의 연구와 변환광학에 매우 적극적이었고, 보이지 않음에 대해 다음과 같은 소설도 썼다. *Mission Invisible*(2020).
12. Schurig et al., "Metamaterial Electromagnetic Cloak at Microwave Frequencies."
13. Boyle, "Here's How to Make an Invisibility Cloak."

15 점점 더 신기해지는 상황

1. Hashemi et al., "Diameter-Bandwidth Product Limitation of Isolated-Object Cloaking."
2. Li and Pendry, "Hiding under the Carpet."

3. Li et al., "Broadband Ground-Plane Cloak."

4. Valentine et al., "Optical Cloak Made of Dielectrics."

5. Ergin et al., "Three-Dimensional Invisibility Cloak at Optical Wavelengths."

6. Zhang et al., "Macroscopic Invisibility Cloak for Visible Light."

7. Chen et al., "Macroscopic Invisibility Cloaking of Visible Light."

8. Sinclair, "Invisibility Cloak Demoed at TED2013."

9. Chen et al., "Ray-Optics Cloaking Devices for Large Objects."

10. Ball, "'Invisibility Cloak' Hides Cats and Fish."

11. Alù and Engheta, "Achieving Transparency with Plasmonic and Metamaterial Coatings."

12. Alù and Engheta, "Cloaking a Sensor."

13. Lai et al., "Complementary Media Invisibility Cloak."

14. Lai et al., "Illusion Optics."

15. Luo et al., "Conceal an Entrance by Means of Superscatterer."

16. Greenleaf et al., "Electromagnetic Wormholes and Virtual Magnetic Monopoles."

17. Greenleaf et al., "Anisotropic Conductivities That Cannot Be Detected by EIT."

18. Prat-Camps, Navau, and Sanchez, "Magnetic Wormhole."

19. 이것은 물리학에서 자주 사용하는 시범 실험이다. 과학 용품점에서 쉽게 부러지는 막대자석을 구입할 수 있으며, 부러진 자석은 N극과 S극을 가진 독립적인 자석이 된다는 것을 보일 수 있다.

20. Dirac, "Quantised Singularities in the Electromagnetic Field."

21. Milton, "Theoretical and Experimental Status of Magnetic Monopoles."

22. Chen et al., "Anti-Cloak."

23. Tsakmakidis et al., "Ultrabroadband 3D Invisibility with Fast-Light Cloaks."

16 숨기기 그 이상

1. 실제로 광학 연구자들은 거대 파도가 어떻게 발생하는지에 대해 안정적이고 안전하게 연구하기 위해 광파를 대용품으로 사용해 왔다.

2. Dysthe, Krogstad, and Müller, "Oceanic Rogue Waves."

3. Alam, "Broadband Cloaking in Stratified Seas."

4. 이 시점에서 2006년 이후 다양한 유형의 클로킹에 대한 많은 결과가 나왔다는 점에 주목해야 한다. 여기서 우리가 할 수 있는 최선은 몇 가지 흥미로운 결과를 강조하는 것뿐이다. 관련된 모든 연구를 언급하지 못하는 점에 대해 연구자들에게 양해를 구한다. 여기에 언급하거나 언급하지 않은 것은 그 연구에 대한 판단과는 전혀 무관하다.

5. Kwon and Werner, "Transformation Optical Designs for Wave Collimators."

6. Rahm et al., "Optical Design of Reflectionless Complex Media"; Markov, Valentine, and Weiss, "Fiber-to-Chip Coupler."

7. Wood and Pendry, "Metamaterials at Zero Frequency"; Magnus et al., "A d.c. Magnetic Material."

8. Navau et al., "Magnetic Properties of a dc Metamaterial"; Gomory et al., "Experimental Realization of a Magnetic Cloak."

9. Yang et al., "dc Electric Invisibility Cloak."

10. Guenneau, Amra, and Veyante, "Transformation Thermodynamics."

11. Cummer et al., "Scattering Theory Derivation of a 3D Acoustic Cloaking Shell"; Zhang, Xia, and Fang, "Broadband Acoustic Cloak for Ultrasound Waves."

12. Farhat, Guenneau, and Enoch, "Ultrabroadband Elastic Cloaking in Thin Plates."

13. Kim and Das, "Seismic Waveguide of Metamaterials."

14. Stenger, Wilhelm, and Wegener, "Experiments on Elastic Cloaking in Thin Plates."

15. Brule et al., "Experiments on Seismic Metamaterials."

16. Colombi et al., "Forests as a Natural Seismic Metamaterial"; Maruel et al., "Conversion of Love Waves in a Forest of Trees."

17. Brule, Enoch, and Guenneau, "Role of Nanophotonics in the Birth of Seismic Megastructures."

참고 문헌

Adams, Douglas, and Mark Carwardine. *Last Chance to See*. New York: Ballantine Books, 1992[『마지막 기회라니?』, 강수정 옮김, 홍시, 2010].

Alam, Mohammad-Reza. "Broadband Cloaking in Stratified Seas." *Physical Review Letters* 108 (2012): 084502.

Alù, Andrea, and Nader Engheta. "Achieving Transparency with Plasmonic and Metamaterial Coatings." *Physical Review E* 72 (2005): 016623.

———. "Cloaking a Sensor." *Physical Review Letters* 102 (2009): 233901.

Anderson, Anthony F. "Forces of Inspiration." *New Scientist*, June 11, 1981, 712~13.

Apollodorus. *The Library*. Trans. J. G. Frazer. London: William Heinemann, 1921[『그리스 신화』, 강대진 옮김, 민음사, 2022].•

Arago, M. "Biographical Memoir of Dr. Thomas Young." *Edinburgh New Philosophical Journal* 20 (1836): 213~40.

Ball, Philip. "Bending the Laws of Optics with Metamaterials: An Interview with John Pendry." *National Science Review* 5 (2018): 200~202.

———. "'Invisibility Cloak' Hides Cats and Fish." *Nature*, June 11, 2013. https://doi.org/10.1038/nature.2013.13184.

———. "Invisibility Cloaks Are in Sight." *Nature News*, May 25, 2006. https://doi.org/10.1038/news060522-18.

Bierce, Ambrose. "The Damned Thing." *Town Topics* (New York), December 7, 1893.

Bleistein, Norman, and Norbert N. Bojarski. "Recently Developed Formulations of the Inverse Problem in Acoustics and Electromagnetics." Denver Research Institute, Division of Mathematical Sciences, 1974.

Bleistein, Norman, and Jack K. Cohen. "Nonuniqueness in the Inverse Source Problem in Acoustics and Electromagnetics." *Journal of Mathematical Physics* 18 (1977): 194~201.

Bohm, D., and M. Weinstein. "The Self-Oscillations of a Charged Particle." *Physical Review* 74 (1948): 1789~98.

Bohr, Niels. "On the Constitution of Atoms and Molecules." *Philosophical Magazine* 26

• 그리스어-영어 대역본이며, 강대진의 번역본은 이 책에 실린 그리스어 원전을 저본으로 삼았다.

(1913): 1~24.

Bojarski, Norbert N. "Inverse Scattering Inverse Source Theory." *Journal of Mathematical Physics* 22 (1981): 1647~50.

Bostwick, A. E. "'Seeing' with X-Rays." *Courier-News* (Bridgewater, N.J.), May 27, 1896, 7.

Boyle, Alan. "Here's How to Make an Invisibility Cloak." *NBC News*, May 25, 2006, www.nbcnews.com/id/wbna12961080.

Broglie, Louis de. "The Wave Nature of the Electron." In *Nobel Lectures: Physics, 1922~1941*, 244~56. Amsterdam: Elsevier, 1965.

Brooke, James. "Tokyo Journal; Behold, the Invisible Man, If Not Seeing Is Believing." *New York Times*, March 27, 2003.

[Brougham, Henry]. "An Account of Some Cases of the Production of Colours Not Hitherto Described." *Edinburgh Review* 1 (1803): 457~60.

———. "The Bakerian Lecture on the Theory of Light and Colours." *Edinburgh Review* 1 (1803): 450~56.

Brûlé, Stéphane, Stefan Enoch, and Sébastien Guenneau. "Role of Nanophotonics in the Birth of Seismic Megastructures." *Nanophotonics* 8 (2019): 1591~605.

Brûlé, S., E. H. Javelaud, S. Enoch, and S. Guenneau. "Experiments on Seismic Metamaterials: Molding Surface Waves." *Physical Review Letters* 112 (2014): 133901.

Campbell, Lewis, and William Garnett. *The Life of James Clerk Maxwell*. London: Macmillan, 1882.

Castaldi, Giuseppe, Ilaria Gallina, Vincenzo Galdi, Andrea Alù, and Nader Engheta. "Cloak/Anti-Cloak Interactions." *Optics Express* 17 (2009): 3101~14.

Chen, Huanyang, and C. T. Chan. "Acoustic Cloaking in Three Dimensions Using Acoustic Metamaterials." *Applied Physics Letters* 91 (2007): 183518.

Chen, Huanyang, Xudong Luo, Hongru Ma, and C. T. Chan. "The Anti-Cloak." *Optics Express* 16 (2008): 14603~8.

Chen, Huanyang, Rong-Xin Miao, and Miao Li. "Transformation Optics That Mimics the System outside a Schwarzschild Black Hole." *Optics Express* 18 (2010): 15183~88.

Chen, Huanyang, Bae-Ian Wu, Baile Zhang, and Jin Au Kong. "Electromagnetic Wave Interactions with a Metamaterial Cloak." *Physical Review Letters* 99 (2007): 063903.

Chen, Huanyang, Bin Zheng, Lian Shen, Huaping Wang, Xianmin Zhang, Nikolay I. Zheludev, and Baile Zhang. "Ray-Optics Cloaking Devices for Large Objects in Incoherent Natural Light." *Nature Communications* 4 (2013): 2652.

Chen, Xianzhong, Yu Luo, Jingjing Zhang, Kyle Jiang, John B. Pendry, and Shuang Zhang. "Macroscopic Invisibility Cloaking of Visible Light." *Nature Communications* 2 (2011): 176.

Cho, Adrian. "High-Tech Materials Could Render Objects Invisible." *Science* 312 (2006): 1120.

Chu, Jennifer. "MIT Engineers Develop 'Blackest Black' Material to Date." *MIT News*,

September 12, 2019. http://news.mit.edu/2019/blackest-black-material-cnt-0913.

Coldewey, Devin. "Vantablack: U.K. Firm Shows Off 'World's Darkest Material.'" *NBC News,* July 14, 2014. www.nbcnews.com/science/science-news/vantablack-u-k-firm-shows-worlds-darkest-material-n155581.

Colombi, Andrea, Philippe Roux, Sébastien Guenneau, Philippe Gueguen, and Richard V. Craster. "Forests as a Natural Seismic Metamaterial: Rayleigh Wave Bandgaps Induced by Local Resonances." *Scientific Reports* 6 (2016): 19238.

Conway, Arthur William. "Professor G. A. Schott, 1868~937." *Obituary Notices of Fellows of the Royal Society* 2 (1939): 451~54.

Cormack, Allan M. "Nobel Lecture." *The Nobel Prize,* www.nobelprize.org/prizes/medicine/1979/cormack/lecture/.

Coxworth, Ben. "New Chemical Reagent Turns Biological Tissue Transparent." *New Atlas,* September 2, 2011. https://newatlas.com/chemical-reagent-turns-biological-tissue-transparent/19708/.

Cummer, Steven A., Bogdan-loan Popa, David Schurig, David R. Smith, John Pendry, Marco Rahm, and Anthony Starr. "Scattering Theory Derivation of a 3D Acoustic Cloaking Shell." *Physical Review Letters* 100 (2008): 024301.

Cummer, Steven A., and David Schurig. "One Path to Acoustic Cloaking." *New Journal of Physics* 9 (2007): 45.

Devaney, A. J. "Nonuniqueness in the Inverse Scattering Problem." *Journal of Mathematical Physics* 19 (1978): 1526~31.

Devaney, A. J., and G. C. Sherman. "Nonuniqueness in Inverse Source and Scattering Problems." *IEEE Transactions on Antennas and Propagation* 30 (1982): 1034~37.

Devaney, A. J., and E. Wolf. "Radiating and Nonradiating Classical Current Distributions and the Fields They Generate." *Physical Review* D 8 (1973): 1044~47.

DeVito, Carl L. *Science, SETI, and Mathematics.* New York: Berghahn Books, 2014.

Diaz, Johnny. "Teenager Wins 25,000 for Science Project That Solves Blind Spots in Cars." *New York Times,* November 7, 2019.

Dirac, Paul Adrien Maurice. "Quantised Singularities in the Electromagnetic Field." *Proceedings of the Royal Society A* 133 (1931): 60~72.

Doyle, A. Conan. "The Adventure of the Abbey Grange." *Strand,* September 1904, 243~56.

Dysthe, Kristian, Harald E. Krogstad, and Peter Müller. "Oceanic Rogue Waves." *Annual Review of Fluid Mechanics* 40 (2008): 287~310.

Easley, Alexis, and Shannon Scott, eds. *Terrifying Transformations: An Anthology of Victorian Werewolf Fiction.* Kansas City, Mo.: Valancourt Books, 2013.

"Edison Fears Hidden Perils of the X-Rays." *New York World,* August 3, 1903.

"Edison Says There Is Hope." *San Francisco Examiner,* November 19, 1896, 5.

Ehrenfest, Paul. "Ungleichförmige Elektrizita··tsbewegungen ohne Magnetund Strahlungsfeld." *Physikalische Zeitschrift* 11 (1910): 708~9.

337

Einstein, A. "Über die von der molekularkinetischen Theorie der Wa··rme geforderte Bewegung von in ruhenden Flüssigkeiten suspendierten Teilchen." *Annalen der Physik* 332 (1905): 549~60.

―――. "Über einen die Erzeugung und Verwandlung des Lichtes betreffenden heuristischen Gesichtspunkt." *Annalen der Physik* 332 (1905): 132~48.

Ergin, Tolga, Nicholas Stenger, Patrice Brenner, John B. Pendry, and Martin Wegener. "Three-Dimensional Invisibility Cloak at Optical Wavelengths." *Science* 328 (2010): 337~39.

Fang, Nicholas, Hyesog Lee, Cheng Sun, and Xiang Zhang. "Sub-Diffraction-Limited Optical Imaging with a Silver Superlens." *Science* 308 (2005): 534~37.

Faraday, Michael. "III. Experimental Researches in Electricity, Twenty-Eighth Series." *Philosophical Transactions of the Royal Society of London* 142 (1852): 25~56.

―――. "V. Experimental Researches in Electricity." *Philosophical Transactions of the Royal Society of London* 122 (1832): 125~62.

―――. "XXIII. A Speculation Touching Electric Conduction and the Nature of Matter." *London, Edinburgh, and Dublin Philosophical Magazine and Journal of Science* 24 (1844): 136~44.

Farhat, M., S. Enoch, S. Guenneau, and A. B. Movchan. "Broadband Cylindrical Acoustic Cloak for Linear Surface Waves in a Fluid." *Physical Review Letters* 101 (2008): 134501.

Farhat, M., S. Guenneau, and S. Enoch. "Ultrabroadband Elastic Cloaking in Thin Plates." *Physical Review Letters* 103 (2009): 024301.

Frankel, R. I. "Centennial of Ro··ntgen's Discovery of X-Rays." *Western Journal of Medicine* 164 (1996): 497~501.

Gamliel, A., K. Kim, A. I. Nachman, and E. Wolf. "A New Method for Specifying Nonradiating Monochromatic Sources and Their Fields." *Journal of the Optical Society of America A* 6 (1989): 1388~93.

García-Meca, C., M. M. Tung, J. V. Galán, R. Ortuno, F. J. Rodríguez-Fortuno, J. Martí, and A. Martínez. "Squeezing and Expanding Light without Reflections via Transformation Optics." *Optics Express* 19 (2011): 3562~75.

Gbur, Greg. "Nonradiating Sources and the Inverse Source Problem." Ph.D. thesis, University of Rochester, 2001.

Gbur, Greg, and Emil Wolf. "Sources of Arbitrary States of Coherence That Generate Completely Coherent Fields outside the Source." *Optics Letters* 22 (1997): 943~45.

Genov, Dentcho A., Shuang Zhang, and Xiang Zhang. "Mimicking Celestial Mechanics in Metamaterials." *Nature Physics* 5 (2009): 687~92.

Gernsback, H. "Can We Make Ourselves Invisible?" *Science and Invention* 8 (1921): 1074.

Goedecke, G. H. "Classically Radiationless Motions and Possible Implications for Quantum Theory." *Physical Review* 135 (1964): B281~88.

Gömöry, Fedor, Mykola Solovyov, Ján Šouc, Carles Navau, Jordi Prat-Camps, and Alvaro

Sanchez. "Experimental Realization of a Magnetic Cloak." *Science* 335 (2012): 1466~68.

Gonzalez, Robbie. "A Chemical That Can Turn Your Organs Transparent." *Gizmodo*, September 1, 2011. https://gizmodo.com/a-chemical-that-can-turn-your-organs-transparent-5836605.

Grbic, Anthony, and George V. Eleftheriades. "Overcoming the Diffraction Limit with a Planar Left-Handed Transmission-Line Lens." *Physical Review Letters* 92 (2004): 117403.

Greenleaf, Allan, Yaroslav Kurylev, Matti Lassas, and Gunther Uhlmann. "Electromagnetic Wormholes and Virtual Magnetic Monopoles from Metamaterials." *Physical Review Letters* 99 (2007): 183901.

Greenleaf, Allan, Matti Lassas, and Gunther Uhlmann. "Anisotropic Conductivities That Cannot Be Detected by EIT." *Physiological Measurement* 24 (2003): 413~19.

Guenneau, Sebastien, Claude Amra, and Denis Veynante. "Transformation Thermo-dynamics: Cloaking and Concentrating Heat Flux." *Optics Express* 20 (2012): 8207~18.

Hama, Hiroshi, Hiroshi Kurokawa, Hioyuki Kawano, Ryoko Ando, Tomomi Shimogori, Hisayori Noda, Kiyoko Fukami, Asako Sakaue-Sawano, and Atsushi Miyawaki. "Scale: A Chemical Approach for Fluorescence Imaging and Reconstruction of Transparent Mouse Brain." *Nature Neuroscience* 14 (2011): 1481~88.

Hapgood, Fred, and Andrew Grant. "Metamaterial Revolution: The New Science of Making Anything Disappear." *Discover Magazine*, April 2009.

Hashemi, Hila, Cheng Wei Qiu, Alexander P. McCauley, J. D. Joannopoulos, and Steven G. Johnson. "Diameter-Bandwidth Product Limitation of Isolated-Object Cloaking." *Physical Review A* 86 (2012): 013804.

Herschel, William. "XIII. Investigation of the Powers of the Prismatic Colours to Heat and Illuminate Objects; with Remarks, That Prove the Different Refrangibility of Radiant Heat. To Which Is Added an Inquiry into the Method of Viewing the Sun Advantageously, with Telescopes of Large Apertures and High Magnifying Powers." *Philosophical Transactions of the Royal Society of London* 90 (1800): 255~83.

―――. "XIV. Experiments on the Refrangibility of the Invisible Rays of the Sun." *Philosophical Transactions of the Royal Society of London* 90 (1800): 284~92.

Hertz, Heinrich. *Electric Waves; Being Researches on the Propagation of Electric Action with Finite Velocity through Space.* Translated by D. E. Jones. 1895. Reprint, New York: Dover, 1962.

Hirshfeld, Alan. *The Electric Life of Michael Faraday.* New York: Walker, 2006.

Hounsfield, G. N. "Computerized Transverse Axial Scanning (Tomography): Part I. Description of System." *British Journal of Radiology* 46 (1973): 1016~22.

James, R. W. *The Optical Principles of the Diffraction of X-Rays.* London: G. Bell and Sons, 1948.

"Japanese Scientist Invents 'Invisibility Coat.'" *BBC News World Edition*, February 18,

2003. http://news.bbc.co.uk/2/hi/asia-pacific/2777111.stm.

Jeans, J. H. "On the Constitution of the Atom." *Philosophical Magazine* 11 (1906): 604~7.

Jiang, Wei Xiang, Hui Feng Ma, Qiang Cheng, and Tie Jun Cui. "Illusion Media: Generating Virtual Objects Using Realizable Metamaterials." *Applied Physics Letters* 96 (2010): 121910.

Jones, Bence. *The Life and Letters of Faraday*. 2 vols. Philadelphia: J. B. Lippincott, 1870.

Jowett, Benjamin, trans. *The Republic of Plato*. 2nd ed. Oxford: Clarendon Press, 1881[『국가』, 천병희 옮김, 숲, 2013 / 『국가·정체』, 박종현 옮김, 서광사, 2005 외 다수].

Kaye, G. W. C. *X Rays*. 3rd ed. London: Longmans, Green, 1918.

Kerker, Milton. "Invisible Bodies." *Journal of the Optical Society of America* 65 (1975): 376~79.

Kim, Kisik, and Emil Wolf. "Non-Radiating Monochromatic Sources and Their Fields." *Optics Communications* 59 (1986): 1~6.

Kim, Sang-Hoon, and Mukunda P. Das. "Seismic Waveguide of Metamaterials." *Modern Physics Letters B* 26 (2012): 1250105.

Kwon, Do-Hoon, and Douglas H. Werner. "Transformation Optical Designs for Wave Collimators, Flat Lenses and Right-Angle Bends." *New Journal of Physics* 10 (2008): 115023.

Lai, Yun, Huanyang Chen, Zhao-Qing Zhang, and C. T. Chan. "Complementary Media Invisibility Cloak That Cloaks Objects at a Distance Outside the Cloaking Shell." *Physical Review Letters* 102 (2009): 093901.

Lai, Yun, Jack Ng, HuanYang Chen, DeZhuan Han, JunJun Xiao, Zhao-Qing Zhang, and C. T. Chan. "Illusion Optics: The Optical Transformation of an Object into Another Object." *Physical Review Letters* 102 (2009): 253902.

Lenard, P. "Über die Absorption der Kathodenstrahlen verschiedener Geschwindigkeit." *Annalen der Physik* 12 (1903): 714~44.

Leonhardt, Ulf. "Optical Conformal Mapping." *Science* 312 (2006): 1777~80.

Leonhardt, U., and P. Piwnicki. "Optics of Nonuniformly Moving Media." *Physical Review A* 60 (1999): 4301~12.

Li, Jensen, and J. B. Pendry. "Hiding under the Carpet: A New Strategy for Cloaking." *Physical Review Letters* 101 (2008): 203901.

Lie, R., C. Ji, J. J. Mock, J. Y. Chin, T. J. Cui, and D. R. Smith. "Broadband Ground-Plane Cloak." *Science* 323 (2009): 366~69.

Liszewski, Andrew. "Museum Visitor Falls into Giant Hole That Looks Like a Cartoonish Painting on the Floor." *Gizmodo*, August 20, 2018. https://gizmodo.com/museum-visitor-falls-into-giant-hole-that-looks-like-a-1828462859.

London, Jack. "The Shadow and the Flash." *Windsor Magazine* 24 (1906): 354~62.

Luo, Xudong, Tao Yang, Yongwei Gu, Huanyang Chen, and Hongru Ma. "Conceal an Entrance by Means of Superscatterer." *Applied Physics Letters* 94 (2009): 223513.

Magnus, F., B. Wood, J. Moore, K. Morrison, G. Perkins, J. Fyson, M. C. K. Wiltshire, D. Caplin, L. F. Cohen, and J. B. Pendry. "A d.c. Magnetic Material." *Nature Materials* 7 (2008): 295~97.

Markov, Petr, Jason G. Valentine, and Sharon M. Weiss. "Fiber-to-Chip Coupler Designed Using an Optical Transformation." *Optics Express* 20 (2012): 14705~13.

Maupassant, Guy de. "Le Horla." *Gil Blas*, October 26, 1886.

———. *Le Horla*. Paris: Paul Ollendorff, 1887.

———. *The Works of Guy de Maupassant*. Vol. 4. London: Classic, 1911.

Maurel, Agnes, Jean-Jacques Marigo, Kim Pham, and Sebastien Guenneau. "Conversion of Love Waves in a Forest of Trees." *Physical Review B* 98 (2018): 134311.

Maxwell, J. C. "A Dynamical Theory of the Electromagnetic Field." *Philosophical Transactions of the Royal Society of London* 155 (1865): 459~512.

———. "On Faraday's Lines of Force." *Transactions of the Cambridge Philosophical Society* 10 (1855): 155~229.

———. *A Treatise on Electricity and Magnetism*. 3rd ed. Oxford: Clarendon Press, 1892.

———. "III. On Physical Lines of Force." *London, Edinburgh, and Dublin Philosophical Magazine and Journal of Science* 23 (1862): 12~24.

———. "XVIII.—Experiments on Colour, as Perceived by the Eye, with Remarks on Colourblindness." *Transactions of the Royal Society of Edinburgh* 21 (1857): 275~98.

———. "XXV. On Physical Lines of Force." *London, Edinburgh, and Dublin Philosophical Magazine and Journal of Science* 21 (1861): 161~75.

Maxwell, J. C., and Forbes. "1. On the Description of Oval Curves, and Those Having a Plurality of Foci." *Proceedings of the Royal Society of Edinburgh* 2 (1951): 89~91.

Mercedes-Benz. "Mercedes-Benz Invisible Car." 2012. https://www.youtube.com/watch?v=TYlXpnPTbqQ.

Merritt, A. *The Face in the Abyss*. New York: Horace Liveright, 1931.

Michelson, A. A. *Light Waves and Their Uses*. Chicago: University of Chicago Press, 1903.

Milton, K. A. "Theoretical and Experimental Status of Magnetic Monopoles." *Reports on Progress in Physics* 69 (2006): 1637~711.

Mitchell, Edward Page. "The Crystal Man." *New York Sun*, January 30, 1881.

Mizuno, Kohei, Juntaro Ishii, Hideo Kishida, Yuhei Hayamizu, Satoshi Yasuda, Don N. Futaba, Motoo Yumura, and Kenji Hata. "A Black Body Absorber from Vertically Aligned Single-Walled Carbon Nanotubes." *Proceedings of the National Academy of Sciences* 106 (2009): 6044~47.

Monticone, Francesco, and Andrea Alù. "Do Cloaked Objects Really Scatter Less?" *Physical Review X* 3 (2013): 041005.

Moses, H. E. "Solution of Maxwell's Equations in Terms of a Spinor Notation: The Direct and Inverse Problem." *Physical Review* 113 (1959): 1670~79.

Nachman, Adrian I. "Reconstructions from Boundary Measurements." *Annals of*

Mathematics 128 (1988): 531~76.

Nagaoka, H. "LV. Kinetics of a System of Particles Illustrating the Line and the Band Spectrum and the Phenomena of Radioactivity." *London, Edinburgh, and Dublin Philosophical Magazine and Journal of Science* 7 (1904): 445~55.

Nash, Leonard K. "The Origin of Dalton's Chemical Atomic Theory." *Isis* 47 (1956): 101~16.

Nauenberg, Michael. "Max Planck and the Birth of the Quantum Hypothesis." *American Journal of Physics* 84 (2016): 709~20.

Navau, Carles, Du-Xing Chen, Alvaro Sanchez, and Nuria Del-Valle. "Magnetic Properties of a dc Meta-Material Consisting of Parallel Square Superconducting Thin Plates." *Applied Physics Letters* 94 (2009): 242501.

Newton, Sir Isaac. *Opticks; or, A Treatise of the Reflections, Refractions, Inflections and Colours of Light.* 4th ed. London: William and John Innys, 1730.

Niaz, Mansoor, Stephen Klassen, Barbara McMillan, and Don Metz. "Reconstruction of the History of the Photoelectric Effect and Its Implications for General Physics Textbooks." *Science Education* 94 (2010): 903~31.

O'Brien, Fitz-James. "The Diamond Lens." *Atlantic Monthly*, January 1858, 354~67.

———. "From Hand to Mouth." *New York Picayune*, March 27~May 15, 1858.

———. "The Lost Room." *Harper's New Monthly Magazine*, September 1858, 494~500.

———. "What Was It? A Mystery." *Harper's New Monthly Magazine*, March 1859, 504~9.

———. "The Wondersmith." *Atlantic Monthly*, October 1859, 463~82.

Oersted, Hans Christian. "Experiments on the Effect of a Current of Electricity on the Magnetic Needle." *Annals of Philosophy* 16 (1820): 273~76.

———. "Thermo-Electricity." In *The Edinburgh Encyclopedia*, ed. D. Brewster, 17:715~32. Philadelphia: Joseph Parker, 1832.

Parnell, William J. "Nonlinear Pre-Stress for Cloaking from Antiplane Elastic Waves." *Proceedings of the Royal Society A* 468 (2012): 563~80.

Peacock, George. *Life of Thomas Young, M.D., F.R.S., &c.* London: John Murray, 1855.

Pendry, J. B. "Negative Refraction Makes a Perfect Lens." *Physical Review Letters* 85 (2000): 3966~69.

———. "Perfect Cylindrical Lenses." *Optics Express* 11 (2003): 755~60.

Pendry, J. B., A. J. Holden, D. J. Robbins, and W. J. Stewart. "Magnetism from Conductors and Enhanced Nonlinear Phenomena." *IEEE Transactions on Microwave Theory and Techniques* 47 (1999): 2075~84.

Pendry, J. B., A. J. Holden, W. J. Stewart, and I. Youngs. "Extremely Low Frequency Plasmons in Metallic Mesostructures." *Physical Review Letters* 76 (1996): 4773~76.

Pendry, J. B., and S. Anantha Ramakrishna. "Near-Field Lenses in Two Dimensions." *Journal of Physics: Condensed Matter* 14 (2002): 8463.

Pendry, J. B., D. Schurig, and D. R. Smith. "Controlling Electromagnetic Fields." *Science* 312 (2006): 1780~82.

Perrin, J. B. "Discontinuous Structure of Matter." Nobel Lecture, December 11, 1926. The Nobel Prize, www.nobelprize.org/prizes/physics/1926/perrin/lecture/.

———. "Les hypothèses moléculaires." *Revue Scientifique* 15 (1901): 449~61.

Petit, Charles. "Invisibility Uncloaked." *Science News*, November 21, 2009.

Prat-Camps, Jordi, Carles Navau, and Alvaro Sanchez. "A Magnetic Wormhole." *Scientific Reports* 5 (2015): 12488.

Rahm, Marco, Steven A. Cummer, David Schurig, John B. Pendry, and David R. Smith. "Optical Design of Reflectionless Complex Media by Finite Embedded Coordinate Transformations." *Physical Review Letters* 100 (2008): 063903.

Rayleigh, Lord. "Geometrical Optics." In *Encyclopaedia Britannica*, 1884 ed., 17: 798~807.

———. "On Electrical Vibrations and the Constitution of the Atom." *Philosophical Magazine* 11 (1906): 117~23.

Roberts, D. A., M. Rahm, J. B. Pendry, and D. R. Smith. "Transformation-Optical Design of Sharp Waveguide Bends and Corners." *Applied Physics Letters* 93 (2008): 251111.

Rogers, Adam. "Art Fight! The Pinkest Pink versus the Blackest Black." *Wired*, June 22, 2017. www.wired.com/story/vantablack-anish-kapoor-stuart-semple/.

Röntgen, W. C. "On a New Kind of Rays." *Science* 3 (1896): 227~31.

Rutherford, Ernest. "Forty Years of Physics." In *Background to Modern Science*, ed. Joseph Needham and Walter Pagel, 47~74. New York: Mac-Millan, 1938.

———. "The Scattering of α and β Particles by Matter and the Structure of the Atom." *London, Edinburgh, and Dublin Philosophical Magazine and Journal of Science* 21 (1911): 669~88.

San Francisco Examiner, statement on Ambrose Bierce assignment, January 21, 1896, 6.

Schott, G. A. "The Electromagnetic Field Due to a Uniformly and Rigidly Electrified Sphere in Spinless Accelerated Motion and Its Mechanical Reaction on the Sphere, I." *Proceedings of the Royal Society A* 156 (1936): 471~86.

———. "The General Motion of a Spinning Uniformly and Rigidly Electrified Sphere, III." *Proceedings of the Royal Society A* 159 (1937): 548~70.

———. "On the Spinless Rectilinear Motion of a Uniformly and Rigidly Electrified Sphere, II." *Proceedings of the Royal Society A* 156 (1936): 487~503.

———. "The Uniform Circular Motion with Invariable Normal Spin of a Rigidly and Uniformly Electrified Sphere, IV." *Proceedings of the Royal Society A* 159 (1937): 570~91.

———. "II. On the Electron Theory of Matter and the Explanation of Fine Spectrum Lines and of Gravitation." *London, Edinburgh, and Dublin Philosophical Magazine and Journal of Science* 12 (1906): 21~29.

———. "V. On the Reflection and Refraction of Light." *Proceedings of the Royal Society of London* 5 (1894): 5526~30.

———. "XXII. On Bohr's Hypothesis of Stationary States of Motion and the Radiation from an Accelerated Electron." *London, Edinburgh, and Dublin Philosophical Magazine and*

Journal of Science 36 (1918): 243~61.

———. "LIX. The Electromagnetic Field of a Moving Uniformly and Rigidly Electrified Sphere and Its Radiationless Orbits." *London, Edinburgh, and Dublin Philosophical Magazine and Journal of Science* 15 (1933): 752~61.

———. "LIX. On the Radiation from Moving Systems of Electrons, and on the Spectrum of Canal Rays." *London, Edinburgh, and Dublin Philosophical Magazine and Journal of Science,* 13 (1907): 657~87.

———. "LXXXVIII. Does an Accelerated Electron Necessarily Radiate Energy on the Classical Theory?" *London, Edinburgh, and Dublin Philosophical Magazine and Journal of Science* 42 (1921): 807~8.

Schurig, D., J. J. Mock, B. J. Justice, S. A. Cummer, J. B. Pendry, A. F. Starr, and D. R. Smith. "Metamaterial Electromagnetic Cloak at Microwave Frequencies." *Science* 314 (2006): 977~80.

"A Severe Strain on Credulity." *New York Times,* January 13, 1920.

Shelby, R. A., D. R. Smith, and S. Schultz. "Experimental Verification of a Negative Index of Refraction." *Science* 292 (2001): 77~79.

Silveirinha, Mário G., Andrea Alù, and Nader Engheta. "Parallel-Plate Metamaterials for Cloaking Structures." *Physical Review E* 75 (2007): 036603.

Sinclair, Carla. "Invisibility Cloak Demoed at TED2013." *Boingboing,* February 25, 2013. https://boingboing.net/2013/02/25/invisibility-cloak-demoed-at-t.html.

Smith, David R., and Norman Kroll. "Negative Refractive Index in Left-Handed Materials." *Physical Review Letters* 85 (2000): 2933~36.

Smith, D. R., W. J. Padilla, D. C. Vier, S. C. Nemat-Nasser, and S. Schultz. "Composite Medium with Simultaneously Negative Permeability and Permittivity." *Physical Review Letters* 84 (2000): 4184~87.

Smith, Robert. *A Compleat System of Opticks.* Cambridge: Printed for the author, 1738.

———. *Harmonics; or, The Philosophy of Musical Sounds.* 2nd ed. Cambridge: T. and J. Merrill Booksellers, 1759.

Smith, Thorne. *Skin and Bones.* Garden City, N.Y.: Doubleday Doran, 1933.

Sommerfeld, Arnold. *Optics.* New York: Academic, 1964.

Southey, Robert. *The Doctor.* London: Longman, Brown, Green and Longmans, 1848.

Stark, Johannes. *Prinzipien der Atomdynamik: Die Elektrischen Quanten.* Leipzig: Hirzel, 1910.

Starrett, Vincent. *Ambrose Bierce.* Chicago: Walter M. Hill, 1920.

Stenger, Nicolas, Manfred Wilhelm, and Martin Wegener. "Experiments on Elastic Cloaking in Thin Plates." *Physical Review Letters* 108 (2012): 014301.

Stone, W. Ross. "Nonradiating Sources of Compact Support Do Not Exist: Uniqueness of the Solution to the Inverse Scattering Problem." *Journal of the Optical Society of America* 70 (1980): 1606.

Tachi, S. "Telexistence and Retro-Reflective Projection Technology (RPT)." In *Proceedings of the 5th Virtual Reality International Conference*, ed. S. Richir, P. Richard, and B. Taravel, 69/1~69/9. Angers, France: ISTIA Innovation, 2003.

Thomson, J. J. "XXIV. On the Structure of the Atom: An Investigation of the Stability and Periods of Oscillation of a Number of Corpuscles Arranged at Equal Intervals around the Circumference of a Circle; with Application of the Results to the Theory of Atomic Structure." *London, Edinburgh, and Dublin Philosophical Magazine and Journal of Science* 7 (1904): 237~65.

Thone, Frank. "Cloaks of Invisibility." *Science News-Letter* 45 (1944): 90~92.

Tsakmakidis, K. L., O. Reshef, E. Almpanis, G. P. Zouros, E. Mohammadi, D. Saadat, F. Sohrabi, N. Fahimi-Kashani, D. Etezadi, R. W. Boyd, and H. Altug. "Ultrabroadband 3D Invisibility with Fast-Light Cloaks." *Nature Communications* 10 (2019): 4859.

Valentine, Jason, Jensen Li, Thomas Zentgraf, Guy Bartal, and Xiang Zhang. "An Optical Cloak Made of Dielectrics." *Nature Materials* 8 (2009): 568~71.

Verne, Jules. *The Secret of Wilhelm Storitz*. Translated and edited by Peter Schulman. Lincoln: University of Nebraska Press, 2011.

Vesalago, Viktor G. "The Electrodynamics of Substances with Simultaneously Negative Values of ε and μ." *Soviet Physics Uspekhi* 10 (1968): 509~14.

Ward, A. J., and J. B. Pendry. "Refraction and Geometry in Maxwell's Equations." *Journal of Modern Optics* 43 (1996): 773~93.

Wells, H. G. *Experiment in Autobiography*. Boston: Little, Brown, 1962.

———. *The Invisible Man*. New York: Harper and Brothers, 1897.

———. *Seven Famous Novels*. New York: Alfred A. Knopf, 1934.

Weyl, H. "Über die asymptotische Verteilung der Eigenwerte." *Nachrichten von der Gesellschaft der Wissenschaften zu Göttingen* (1911): 110~17.

Wheaton, Bruce R. "Philipp Lenard and the Photoelectric Effect, 1889~911." *Historical Studies in the Physical Sciences* 9 (1978): 299~322.

Wiener, Otto. "Stehende Lichtwellen und die Schwingungsrichtung polarisirten Lichtes." *Annalen der Physik* 38 (1890): 203~43.

Wikipedia, s.v. "Inverse Problem." Last modified April 5, 2022, 12:13 (UTC). https://en.wikipedia.org/wiki/Inverse_problem.

Williamson, Jack. "Salvage in Space." *Astounding Stories of Super-Science*, March 1933, 6~21.

Winter, William. *The Poems and Stories of Fitz-James O'Brien*. Boston: James R. Osgood, 1881.

Wolf, Emil. "Optics in Terms of Observable Quantities." *Nuovo Cimento* 12 (1954): 884~88.

———. "Recollections of Max Born." *Optics News* 9 (1983): 10~16.

———. "Three-Dimensional Structure Determination of Semi-Transparent Objects from Holographic Data." *Optics Communications* 1 (1969): 153~56.

Wolf, Emil, and Tarek Habashy. "Invisible Bodies and Uniqueness of the Inverse Scattering Problem." *Journal of Modern Optics* 40 (1993): 785~92.

Wood, B., and J. B. Pendry. "Metamaterials at Zero Frequency." *Journal of Physics: Condensed Matter* 19 (2007): 076208.

Wood, R. W. "The Invisibility of Transparent Objects." *Physical Review* 15 (1902): 123~24.

Wylie, Philip. *The Murderer Invisible*. New York: Farrar and Rinehart, 1931.

Yang, Fan, Zhong Lei Mei, Jin Tian Yu, and Tie Jun Cui. "dc Electric Invisibility Cloak." *Physical Review Letters* 109 (2012): 053902.

Yang, Tao, Huanyang Chen, Xudong Luo, and Hongru Ma. "Superscatterer: Enhancement of Scattering with Complementary Media." *Optics Express* 16 (2008): 18545~50.

Young, Thomas. *A Course of Lectures on Natural Philosophy and the Mechanical Arts*. Vol. 1. London: Joseph Johnson, 1807.

———. *A Reply to the Animadversions of the Edinburgh Reviewers*. London: Savage and Easingwood, 1804.

———. "I. The Bakerian Lecture: Experiments and Calculations relative to Physical Optics." *Philosophical Transactions of the Royal Society of London* 94 (1804): 1~16.

———. "II. The Bakerian Lecture: On the Mechanism of the Eye." *Philosophical Transactions of the Royal Society of London* 91 (1801): 23~88.

———. "II. The Bakerian Lecture: On the Theory of Light and Colours." *Philosophical Transactions of the Royal Society of London* 92 (1802): 12~48.

———. "VII. Outlines of Experiments and Inquiries Respecting Sound and Light." *Philosophical Transactions of the Royal Society of London* 90 (1800): 106~50.

———. "XIV. An Account of Some Cases of the Production of Colours, Not Hitherto Described." *Philosophical Transactions of the Royal Society of London* 92 (1802): 387~97.

———. "XVI. Observations on Vision." *Philosophical Transactions of the Royal Society of London* 83 (1793): 169~81.

Zhang, Baile, Yuan Luo, Xiaogang Liu, and George Barbastathis. "Macroscopic Invisibility Cloak for Visible Light." *Physical Review Letters* 106 (2011): 033901.

Zhang, Shu, Chunguang Xia, and Nicholas Fang. "Broadband Acoustic Cloak for Ultrasound Waves." *Physical Review Letters* 106 (2011): 024301.

"Zola's Eulogy." *St. Louis Post Dispatch*, July 30, 1893, 7.

장 첫머리 인용문 출처

6장   "The Dunwich Horror" by H. P. Lovecraft / 사용 허락 Lovecraft Holdings

10장   "The Invisible Robinhood" by Eando Binder, copyright ⓒ 1939, 1967 by Otto
       Binder / 최초 발표 *Fantastic Adventures*, May 1939 / 사용 허락 Wildside Press
       and the Virginia Kidd Agency, Inc.

13장   "The Invisible Man Murder Case" by Henry Slesar / 사용 허락 The Slesar Estate

14장   "For Love" by Algis Budrys, copyright ⓒ The Algirdas J. Budrys Trust (1962)

15장   "Cloak of Aesir" by John W. Campbell writing as Don A. Stuart, copyright ⓒ
       1939, 1967 by John W. Campbell / 최초 발표 *Astounding Science Fiction*, March
       1939 / 사용 허락 Wildside Press and the Virginia Kidd Agency, Inc.

16장   "The Invisible City" by Clark Ashton Smith / 사용 허락 CASiana Enterprises

부록 1 "Beyond the Spectrum" by Arthur Leo Zagat, copyright ⓒ 1934, 1962 by Arthur
       Leo Zagat / 최초 발표 *Astounding Stories*, August 1934 / 사용 허락 Wildside Press
       and the Virginia Kidd Agency, Inc.

도판 출처

그림 1   Frank Thone, "Cloaks of Invisibility", *Science News-Letter* 45(1944)

그림 2   Susumu Tachi(도쿄대학교) 제공

그림 6   William Herschel, "Experiments on the Refrangibility of the Invisible Rays of the Sun", *Philosophical Transactions of the Royal Society of London* 90(1800)

그림 10   Ulfbastel / Wikimedia Commons / Public Domain

그림 11   Gérard Janot / Wikimedia Commons / Public Domain

그림 17   Henry Black and Harvey N. Davis, *Practical Physics*(New York: Macmillan, 1913), 242, fig. 200

그림 19   G. W. C. Kaye, *X Rays*. 3rd ed. London: Longmans, Green(1918).

그림 30   G. N. Hounsfield, "Computerized Transverse Axial Scanning (Tomography): Part I. Description of System", *British Journal of Radiology* 46(1973): 1016~1223 / 사용 허락 British Institute of Radiology; Copyright Clearance Center, Inc.

그림 40   U. Leonhardt, "Optical Conformal Mapping", *Science* 312(2006): 1777~1780(왼쪽); J. B. Pendry, D. Schurig, and D. R. Smith, "Controlling Electromagnetic Fields", *Science* 312 (2006): 1780~1782(오른쪽) / 사용 허락 American Association for the Advancement of Science; Copyright Clearance Center, Inc.

그림 41   David R. Smith 제공

그림 44   H. Chen, B. Zheng, L. Shen, H. Wang, X. Zhang, N. I. Zheludev, and B. Zhang, "Ray-Optics Cloaking Devices for Large Objects in Incoherent Natural Light", *Nature Communications* 4(2013): 2652. CC BY-NC-SA 3.0

그림 45   Y. Lai, J. Ng, H. Y. Chen, D. Z. Han, J. J. Xiao, Z.-Q. Zhang, and C. T. Chan, "Illusion Optics: The Optical Transformation of an Object into Another Object", *Physical Review Letters* 102(2009): 253902. Copyright 2009 by the American Physical Society

그림 46   M.-R. Alam, "Broadband Cloaking in Stratified Seas", *Physical Review Letters* 108(2012): 084502. Copyright 2012 by the American Physical Society

그림 48   S. Brule, E. H. Javelaud, S. Enoch, and S. Guenneau, "Experiments on Seismic Metamaterials: Molding Surface Waves", *Physical Review Letters* 112(2014): 133901. CC BY 3.0

그림 49   S. Brule, S. Enoch, and S. Guenneau, "Role of Nanophotonics in the Birth of Seismic Megastructures", *Nanophotonics* 8(2019): 1591~1605. CC BY 4.0

찾아보기

ㄱ

가보르, 데니스Dennis Gabor 227~231
가시광선 스펙트럼 46, 60, 67, 88, 285
「가시광선용 거시적 투명 망토」(장, 바바스타티스) 275
가이거, 한스Hans Geiger 176
가이슬러, 하인리히Heinrich Geissler 132, 133
가이슬러관 132, 133
간섭의 법칙 84, 92, 93
개슬러, 알라이나Alaina Gassler 24
거니, 허드슨Hudson Gurney 105
거대 파도 289, 290, 333
거미 구멍 20, 21
거짓-아폴로도로스Pseudo-Apollodoros 28, 31, 38
거짓-유클리드Pseudo-Euclid 38
건스백, 휴고Hugo Gernsback 203, 205
게이뤼삭, 조제프 루이Joseph Louis Gay-Lussac 97, 99
고더드, 로버트Robert Goddard 12
「고속광 망토를 이용한 초광대역 3차원 투명화」(알투그) 285
『과학과 발명』(잡지) 202, 204
광섬유 케이블 263, 292
광자 및 전자기 결정 구조(PECS) 컨퍼런스 245
광전 효과 182~185, 190, 317
'광파와 그 용도'(마이컬슨) 11
『광학』(뉴턴) 48, 71, 79, 154
『광학』(보른) 228
광학 방해석 100~106, 265, 274~276
『광학의 완전한 체계』(R. 스미스) 56
『광학의 원리』(보른, 울프) 229, 230, 233, 234

「광학적 등각 사상」(레온하르트) 13
괴데케, 조지George Goedecke 200
『국가』(플라톤) 29, 38
군사적 응용 20, 22, 242, 243
굴절률
  극단적인 이방성과 굴절 270
  내부 핵과 외부 껍질 224
  물 구슬과 굴절률 306
  분할 링 공명기와 굴절 245~247
  빛의 속력과 공기 147
  빛의 속력과 굴절률 39
  스펙트럼과 굴절률 46, 47
  음의 굴절률 247~251
  투명 카펫과 굴절률 273
권도훈 292, 293
「균일하고 단단하게 대전된 움직이는 구의 전자기장과 복사를 방출하지 않는 궤도」(스콧) 195, 196
그리말디, 프란체스코Francesco Grimaldi 71
그린리프, 앨런Allan Greenleaf 282, 284
「그림자와 섬광」(런던) 41, 43, 270, 312
그버, 그레고리Gregory J. Gbur 234
『글래디에이터』(와일리) 151

ㄴ

나가오카 한타로長岡半太郞 164
나폴레옹Napoleon 96
나흐만, 에이드리언Adrian Nachman 237, 264, 265, 283
『네이처 커뮤니케이션스』 285
노벨상 163, 168, 169, 175, 177, 188, 190, 213, 228, 329

351

「눈의 메커니즘에 관하여」(영) 75
『뉴 리뷰』 144
『뉴욕 선』 149
『뉴욕 타임스』 12, 13
뉴턴, 아이작Isaac Newton
광선 이론 79~82
광학 연구와 뉴턴 45~50, 71
『뉴욕 타임스』의 정정 기사와 뉴턴 13
뉴턴의 고리 79~83, 85, 88
라이프니츠와의 불화 275
불투명함 49, 50
신경쇠약 48
오큘러스 문디 307
원색 326
원자와 뉴턴 154
입자 이론 98
입자로서의 빛 184
중력의 법칙 46
투명함 307
회절 문제 72
훅과의 불화 48
능동적 보이지 않음 24, 25

ㄷ
「다이아몬드 렌즈」(오브라이언) 36, 153, 158
《다크 사이드 오브 더 문》(핑크 플로이드) 46, 326
다치 스스무舘暲 22~26
다치의 투명 외투와 투명함 22~26
단극 모터 116
「단단한 우주」(웰스) 143
댄스, 윌리엄William Dance 113
댈리, 클래런스 매디슨Clarence Madison Dally 202, 206
데모크리토스Democritos 153
데버니, 앤서니Anthony Devaney 219, 220, 231, 237, 331
데이비, 험프리Humphry Davy 112~115
데이비스, 토머스Thomas Davis 34
덴마크 왕립과학아카데미 186
「도체의 자성과 비선형 현상의 강화」(펜드리, 마르코니) 245
독일 자연철학 운동 61, 62, 110
「독특한 것의 재발견」(웰스) 143
돌턴, 제임스James Dalton 27, 31, 311
돌턴, 존John Dalton 155, 156
드라우프너에 밀려온 파도 288, 289
드브로이, 루이Louis de Broglie 190~193
드브로이, 모리스Maurice de Broglie 190
디랙P. A. M. Dirac 283, 284

ㄹ
라구사 157, 329
라사스, 마티Matti Lassas 282
라이프니츠, 고트프리트 빌헬름Gottfried Wilhelm Leibniz 275, 276
라테스, 세자르Cesar Lattes 199, 200
라플라스, 피에르-시몽Pierre-Simon Laplace 97
랜더, 프레더릭Frederick W. Lander 35
러더퍼드, 어니스트Ernest Rutherford 175~179, 186, 187, 198, 329
런던, 잭Jack London 41~43, 270, 312
런던 왕립학회 47, 48, 57, 73, 75, 83, 85, 90, 105, 116, 198
레나르트, 필리프Philipp Lenard 168, 174, 183
레온하르트, 울프Ulf Leonhardt 13, 14, 259~264, 320, 332
레우키포스Leucippos 153
레이더(전파 탐지 및 거리 측정) 208, 242~244
레일리 경 166, 309
레일리파 297~299
뢴트겐, 빌헬름 콘라트Wilhelm Conrad Röntgen 131, 135~138, 150, 159, 202, 315
뢴트겐 진동 148
르베리에, 위르뱅Urbain Le Verrier 214, 215
리, 젠슨Jensen Li 273
리터, 요한 빌헬름Johann Wilhelm Ritter 61~63, 88, 110

린풋, 에드워드Edward Linfoot 227
뤼드베리, 요하네스Johannes Rydberg 161
뤼드베리 공식 166, 168, 169, 188

ㅁ

마르세, 제인Jane Marcet 112, 113, 115, 118, 119
마르코니, 굴리엘모Guglielmo Marconi 130
마이컬슨, 앨버트Albert A. Michelson 11, 12
『마이크로그라피아』(훅) 47
『마지막 기회라니』(애덤스, 카워다인) 330
막대자석 108, 121, 122, 169, 283, 284, 333
말뤼스, 에티엔 루이Étienne-Louis Malus 100
매클라우드, 도널드Donald McLeod 34
맥스웰, 제임스 클러크James Clerk Maxwell
  교육과 초기 경력 123~125
  변위 전류 126, 127
  전자기의 파동 이론 181, 187, 193, 239,
    242
  전자기파와 맥스웰 129, 171, 182
  토성의 고리에 대해 164
맥스웰 방정식 127, 138, 147, 169, 174, 196,
  199, 240, 254, 256, 283
메르세데스 벤츠 투명 자동차 25
메릿, 에이브러햄Abraham G. Merritt 261, 263,
  313, 315
메타 물질
  광학 시스템과 메타 물질 259
  대중의 관심 268, 278
  메타 물질이라는 이름의 의미 247
  메타 원자 251
  미국 방위고등연구계획국 회의 256
  역문제와 메타 물질 279
  자성 메타 물질 283, 295
  자연에 존재하지 않는 물질 264
  지진파 메타 물질 297~301
  파도와 메타 물질 290~292
  3차원 메타 물질 284, 286
멘델레예프, 드미트리Dmitri Mendeleev 158
『모로 박사의 섬』(웰스) 144, 145

모세스, 해리Harry Moses 218
모파상, 기 드Guy de Maupassant 67~70, 263,
  312
몰리, 토머스Thomas Morley 140
「무엇이었을까? 하나의 수수께끼」(오브라이언)
  32, 36, 147, 311
『문 메이커』(R. 우드, 트레인) 309
'물리광학에 관한 실험과 계산'(영) 87
「물리적 역선에 관하여」(맥스웰) 125
『물리학 저널』 217
물리학의 발견 11, 12
『미국 광학회 저널』 223
미세구조학자(필명. '영, 토머스'도 참조) 74, 90
미첼, 에드워드 페이지Edward Page Mitchell 131,
  149, 150, 312
밀리컨, 로버트Robert Millikan 185

ㅂ

바바스타티스, 조지George Barbastathis 275
바이엇, 호러스Horace Byatt 141
바인더, 엔도Eando Binder 179, 185, 317, 318
바일, 헤르만Hermann Weyl 216
『반사광학』(거짓-유클리드) 38
반사와 굴절의 법칙 37~40, 44, 81, 145~
  148, 326
발머, 요한 야코프Johann Jakob Balmer 161
발머 공식 161, 168, 188
방사능 159, 160, 164, 175, 178
방출 스펙트럼 79, 180
밴보그트, 앨프리드 엘턴Alfred Elton van Vogt 71,
  197, 317
밴타블랙 42, 44, 50, 244
버드리스, 앨지스Algis Budrys 253, 319
『베니티 페어』 32
베른, 쥘Jules Verne 150, 151, 312
베살라고, 빅토르Victor Vesalago 249, 332
베살라고 평면 렌즈 249~251, 253
베이커 강연 83, 87, 88
베크렐, 앙리Henri Becquerel 159, 160

변환 열역학 296
변환광학('왜곡된 공간'도 참조) 254~258, 264, 265, 273, 282, 292~296, 332
보른, 막스Max Born 228~232, 238, 331
보슈코비치, 루제르 요시프Ruđer Josip Bošković 157
보어, 닐스Niels Bohr 186~191, 195, 198
「보이지 않는 로빈후드」(바인더) 179, 185, 317
「보이지 않는 물체」(커커) 223
『보이지 않는 살인자』(와일리) 151, 315
『보이지 않는 스파이』(헤이우드) 31, 311
『보이지 않는 신사』(돌턴) 27, 31, 311
보이지 않음
　　보이지 않음의 정의 20, 25, 26
　　비산란 산란체 237, 265
　　빛의 산란 223~226
　　의학과의 연관성 206, 207
　　투명 인간 이야기 28~31, 36, 37, 41, 42
보자르스키, 노버트Norbert Bojarski 217~220
「복사 및 비복사성 고전 전류 분포와 그것들이 생성하는 장」(울프) 232
봄, 데이비드David Bohm 199
분광학 161
분할 링 공명기 245~247
「불을 지피다」(런던) 41
브라우닝, 발레리Valerie Browning 256
브라운, 로버트Robert Brown 156
브라운 운동 156, 167, 168, 170, 184
브로드콤 마스터스 과학 및 엔지니어링 중학생 경진대회 24
브로햄, 헨리 피터Henry Peter Brougham 90, 91
『브리티시 매거진』 74
블라이스타인, 노먼Norman Bleistein 217, 218
비너, 오토Otto Wiener 239~241
비복사 방출원 196, 218~220, 231, 232, 235, 265, 317, 331
「비복사 방출원과 역방출원 문제」(그버) 233
『비블리오테카』(거짓-아폴로도로스) 28
비어스, 앰브로즈Ambrose Bierce 53, 64~68, 261, 263, 312
『빌헬름 스토리츠의 비밀』(베른) 150, 312
빛
　　광화학선 63
　　부챗살빛(신의 빛) 83
　　열과 빛 58~60
　　이중 굴절(복굴절) 100~106, 265
　　자외선 61, 63, 67, 88, 110, 136, 161, 183, 271, 305, 314, 315
　　적외선 60, 63, 67, 88, 108, 136, 161, 245, 305
　　통계적 성질 229
　　횡파 102~106, 126, 128, 171, 265, 274
　　'전자기와 전자기파', '편광', '회절'도 참조
'빛과 색의 이론에 관하여'(영) 83, 90
「빛의 반사와 굴절에 관하여」(스콧) 193
「빛의 생성과 변환에 관한 경험적 관점」(아인슈타인) 183
빨대가 꺾여 보이는 착시 38~40

ㅅ

「사랑을 위하여」(버드리스) 253, 263, 319
『사이언스』 13, 260
『사이언스 뉴스레터』 19
살, 이븐Ibn Sahl 39
「색에 관한 실험」(맥스웰) 125
서리 나노시스템스 42
『세계들이 충돌할 때』(와일리) 151
「센서의 클로킹」(알루, 엥게타) 278
셔먼, 조지George Sherman 219, 220
소거슨, 스톰Storm Thorgerson 326
「소리와 빛에 관한 실험과 탐구의 개요」(영) 75, 81
「손에서 입으로」(오브라이언) 36
슈리그, 데이비드David Schurig 14, 260, 262, 264, 267
슈타르크, 요하네스Johannes Stark 169
슈트레베, 디무트Diemut Strebe 44
슐츠, 셸던Sheldon Schultz 247

스넬리우스, 빌레브로르트Willebrord Snellius 39
스넬의 법칙 39
스미스, 데이비드David R. Smith 14, 247, 258~
 260, 262, 264, 265, 274
스미스, 로버트Robert Smith 56
스미스, 손Thorne Smith 201, 202, 316, 330
스콧, 조지 아돌푸스George Adolphus Schott
 167, 193~199
스톤, W. 로스 W. Ross Stone 219, 220
〈스트리트 오브 드림스〉(레인보우) 326
스티글러, 스티븐Stephen Stigler 325
스티글러의 명명 법칙 325
『슬랜』(밴보그트) 71, 317
슬레서, 헨리Henry Slesar 239, 267, 319
「시각에 관한 관찰」(영) 73
「시간 여행자」(웰스) 144
「심연의 얼굴」(메릿) 261, 315

ㅇ
아라고, 프랑수아François Arago 92, 97~99,
 102
아라고 반점 97, 98
아루니Aruni 154
아르곤 국립연구소 169
「아울크리크 다리에서 일어난 일」(비어스) 65
「아이시르의 망토」(캠벨) 269, 270, 316
아인슈타인, 알베르트 Albert Einstein
 브라운 운동에 대한 설명 167, 168, 170,
  184
 빛과 물질에 대하여 183~185, 285
 빛의 방출과 흡수 187
 역학의 법칙 11, 12
 일반 상대성 이론 254, 259, 282
 특수 상대성 이론 11, 184, 271
아폴로호 우주 비행사 13
알람, 모하마드-레자Mohammad-Reza Alam 290,
 292, 301
알루, 안드레아Andrea Alù 278, 279
알투그, 하티스Hatice Altug 285, 286

알파 입자 175~177
암바르추미안, 빅토르Viktor Ambartsumian 217
애덤스, 더글러스Douglas Adams 330
애덤스, 존 쿠치John Couch Adams 214, 215
애스턴 마틴 V12 '배니시' 25
『애틀랜틱 먼슬리』 32
『야성의 부름』(런던) 41
양자물리학 178, 184, 191, 193, 217, 283,
 330
『어메이징 스토리』(잡지) 203
『에든버러 리뷰 작성자들의 공격에 대한 대답』
 (영) 91
에든버러 왕립학회 124
에디슨, 토머스Thomas Edison 202, 206
『에든버러 리뷰』 90
에렌페스트, 타티야나Tatyana Ehrenfest 171
에렌페스트, 파울Paul Ehrenfest 170~174, 178,
 191, 193, 219
엑스선
 방사선 중독 202
 보이지 않음과 엑스선 138, 148
 섀도그램 209, 210, 213, 235
 스카치테이프와 엑스선 328
 엑스선의 발견 135, 201
 엑스선의 생성 136
 엑스선의 성질 136~138
 음극선과 엑스선 134, 135
 의학에의 응용 136, 205
엥게타, 네이더Nader Engheta 278, 279
역문제
 비연속성과 비유일성 215~221
 산란 문제 237
 역문제의 예 215, 216
 영상 획득 방법과 역문제 214
 원자의 구조 217
 이방성 물질과 역문제 282
역산란 문제 231, 235, 237, 279
〈연옥으로의 하강〉(커푸어) 44
「열의 분자 운동론에서 요구하는 정지된 액체에

부유하는 작은 입자의 운동에 관하여」(아인
　슈타인) 167
염화은과 색 62, 63
영, 토머스Thomas Young
　간섭 실험 87~89, 93
　간섭의 법칙 84
　광파 72
　뉴턴에 의문을 표함 83
　브로햄의 공격 90, 91
　빛과 소리 81~83
　색의 띠 85
　어린 시절과 초기 경력 72~74, 326, 327
　음파와 공명 78~80, 216
　이중 굴절(복굴절) 100
　자외선 88
　전기와 자기 109
　파동으로서의 빛 99, 106, 154, 158, 184,
　　264, 265
　편광과 영 100
　횡파 297
영국물리학회 광학 분과 227
영의 두 바늘구멍 실험 87, 88, 228, 327
영의 부인 99
영의 이중 슬릿 실험 87, 194, 327
「오를라」(모파상) 67, 68, 70, 263, 312
오브라이언, 피츠 제임스Fitz James O'Brien 31~
　45, 50, 51, 53, 147, 153, 158, 311
오일러, 레온하르트Leonhard Euler 81
오키알리니, 주세페Giuseppe Occhialini 200
와인스타인, 마빈Marvin Weinstein 199, 200
와일리, 필립Philip Wylie 151, 315
왕립의과대학 74
왕립천문학회 57
『왕립학회 철학회보』 75
왕립학회 회원 57, 73
왜곡된 공간 256
외르스테드, 한스 크리스티안Hans Christian
　Ørsted 109~111, 116, 118, 122, 126, 127
「요물」(비어스) 53, 66, 261, 312

우드, 로버트 윌리엄스Robert Williams Wood
　307~310
우드, 벤Ben Wood 295
우드, 프랭크Frank Wood 45
울만, 군터Gunther Uhlmann 282
울프, 에밀Emil Wolf
　가보르와의 우정 227~229
　결맞음 이론 229~232
　그버와 울프 232~235, 238
　보른의 저작권 문제에 대해 331
　비복사 방출원 232~235, 331
　역산란 문제 235~237
　음의 굴절에 대해 250
　제2차 세계대전 시기와 울프의 경력 226,
　　227
　진정한 보이지 않음에 관하여 264, 265,
　　283
　학생의 통찰 330
울프 방정식 229
워너, 더글러스Douglas H. Werner 292, 293
워넬, 리Leigh Whannell 152
워드, 앤드루Andrew Ward 254
「원더스미스」(오브라이언) 36
원소의 주기율표 158, 159, 168, 169
원자
　고대 그리스와 인도 153, 154
　배수 비례의 법칙 155, 156
　뷔리당의 당나귀와 비교 173
　비복사 운동 196~200
　원자의 구조 163~170, 187
　원자의 발견 158~163
　초기의 원자론 154~160
　'플럼-푸딩' 모형 164~166, 175, 177
　'전자'도 참조
웜홀 282~284, 295
웨일, 제임스James Whale 152
웰스, 허버트 조지Herbert George Wells 132, 138~
　152, 261, 263, 312
위장 20

유카와 히데키湯川秀樹 200
음극선 133~135, 138, 159, 168
「음의 굴절률로 완벽한 렌즈를 만들다」(펜드리)
　250
음의 굴절률을 가진 물질 247~251
음파 망토('음향 클로킹'도 참조) 296
「음향 및 전자기에서 역방출원 문제의 비유일
　성」(블라이스타인, 코언) 218
음향 클로킹 297
이방성 물질 104, 265, 274, 282
『이브닝 포스트』 32
「잃어버린 방」(오브라이언) 35

ㅈ
자기
　변위 전류 126, 127
　쇳가루 실험 120, 121, 125
　자기력과 역선 120~129
　전기와 자기 108, 116, 118, 127
　전선과 나침반 실험 111, 327
자기 공명 영상(MRI) 24, 213, 214, 217, 221,
　296
자기 망토 295, 296
자기 홀극 283, 284
「자기장과 복사의 장이 없는 불규칙한 전기적
　운동」(에렌페스트) 170
「자연 형이상학의 건축학」(외르스테드) 109
『자연철학 강의 과정』(영) 92, 109
『자연철학과 역학적 기예 강의 과정』(영) 87
『자연철학의 수학적 원리』(뉴턴) 45
장, 바일리Baile Zhang 275, 276
「전기 전도와 물질의 본질에 관한 추측」(패러데
　이) 156, 157
『전기와 자기에 관한 논고』(맥스웰) 129
「전기의 실험적 연구」(패러데이) 116
「전기의 흐름이 자침에 미치는 영향에 관한
　실험」(외르스테드) 111
전자
　석영 창을 투과함 174

전자 궤도 163, 164, 191
전자의 발견 135
전자의 복사 194
전자의 정상 상태 187, 190, 191
전자기와 전자기파
　맥스웰의 고전 전자기 이론 181, 193, 199
　변위 전류 126, 127
　비추는 파동 240, 241
　빛과 전자기파 295
　산란과 전자기파 223~225, 235
　엑스선과 전자기파 136, 138, 190, 208~
　　211
　전기와 자기 109
　전자기 유도 116, 117
　대칭 논증 173
　전자기파에 대한 러더퍼드의 생각 187
　전자기파의 이해 228
　전자기파의 존재 130
　진동하는 전하와 전자기 197
　통일 이론과 전자기 46, 127
「전자기장의 제어」(펜드리, 슈리그, 스미스) 13,
　14
정전기장 296
조머펠트, 아르놀트Arnold Sommerfeld 242,
　245
졸라, 에밀Émile Zola 70
중간자 200
중성자 198, 199
『지구를 뒤흔든 사람』(R. 우드, 트레인) 309
지진파 297~301
지진파 망토 298, 301
진스, 제임스James Jeans 166, 167, 170

ㅊ
채드윅, 제임스James Chadwick 198
챈C. T. Chan 284
초산란체 282

ㅋ

「카르코사의 주민」(비어스) 66

캠벨, 존John W. Campbell 269, 270, 316

커커, 밀턴Milton Kerker 223~226, 278

커푸어, 애니시Anish Kapoor 42, 44

컴퓨터 단층촬영 205, 209, 211~213, 217,
  221, 231, 235, 237

「컴퓨터 횡축 스캔」(하운스필드) 211

코맥, 앨런 매클라우드Allan MacLeod Cormack
  205~208, 213

코소르관 134

코언, 잭Jack Cohen 218, 219

쿠릴레프, 야로슬라프Yaroslav Kurylev 282

「크리스털 맨」(미첼) 131, 149, 312

ㅌ

「타원 곡선과 여러 초점을 가진 곡선의 설명에
  관하여」(맥스웰) 124

〈타이탄족의 멸망〉(영화) 27

『타임머신』(웰스) 144

「태양에서 보이지 않는 광선의 굴절에 관한 실
  험」(허셜) 60

테슬라, 니콜라Nikola Tesla 130

텔레이그지스턴스
  수술과 텔레이그지스턴스 24
  자동차와 비행기의 안전 24

『토퍼』(T. 스미스) 330

톰슨J. J. Thomson 133, 135, 159, 164~166,
  175~178, 186

통일장 이론 46

투명 망토
  광학 위장 시스템 22, 23
  파도와 투명 망토 290
  반망토 284
  빛의 속도 271
  수동적 광학 장치 24, 270, 285
  실제 제작 265
  응용 290~293

투명 망토 실현의 예측 15

투명 망토의 물리학 19

투명 망토의 불완전함 264, 265, 276

투명 망토의 시연 15

투명 망토의 실험적 설명 256, 274, 275,
  278, 279

투명 망토의 응용 333

투명 망토의 이론 13, 14

투명 망토의 한계 269~271

투명 카펫 272~276

「투명 망토」 19

「'투명 망토', 탱크가 소처럼 보이게 하다」 16

〈투명 인간〉(영화) 152, 306

『투명 인간』(웰스) 132, 146, 149, 151, 261,
  312

「투명 인간 살인 사건」(슬레서) 239, 267, 319

투명함
  뉴턴과 투명함 48, 49, 307
  반사 및 굴절과 투명함 39~41, 145, 147
  보이지 않음과 투명함 41, 307, 309
  빛과 투명함 270
  유리와 투명함 293
  자동차 창틀 24
  탈색과 투명함 149

트랜스패러스코프('컴퓨터 단층촬영', '자기 공명
  영상'도 참조) 203

트레인, 아서Arthur Train 309

ㅍ

파동
  광파 75, 81, 83, 85, 88, 93, 108, 229,
    235, 240, 282, 285, 293
  사인파 76
  음파와 공명 78, 79, 102
  파동의 예 75, 76
  파동의 정의 75
  '간섭의 법칙', '전자기와 전자기파'도 참조

파동 조준기 293

파동-입자 이중성 184, 190, 191, 329
파월, 세실Cecil Powell 199
파장보다 더 작은 크기의 구조물 244, 245
패러데이, 마이클Michael Faraday
　　마르세와 패러데이 112, 113, 115, 118, 119
　　역선과 패러데이 120
　　원자와 패러데이 156, 157
　　음극에서 양극으로 일어나는 충돌 132
　　자기력선의 발견 120, 125
　　전자기 유도의 발견 116~118, 127
　　패러데이의 교육과 초기 경력 112~115
　　패러데이의 수학 129
페랭, 장 바티스트Jean Baptiste Perrin 163, 164,
　　168, 177
페인트 연구소 226
펜드리, 존John Pendry
　　맥스웰 방정식과 펜드리 254
　　베살라고 평면 렌즈와 펜드리 249
　　변환광학과 펜드리 256
　　분할 링 공명기와 펜드리 245
　　실험적인 망토 261, 274
　　완벽하게 보이지 않음과 펜드리 264
　　음의 굴절률과 펜드리 259
　　정적인 자기장 295
　　탄소 기반 물질의 수수께끼 244
　　투명 카펫과 펜드리 273
　　투명 망토 설계 14
　　펜드리의 완벽한 렌즈 250, 251, 253
편광 100, 104, 118
포브스, 제임스James Forbes 124
포터, 해리Harry Potter 258
『포트나이틀리 리뷰』 143
『폴 몰 가제트』 144
푸아송, 시메옹 드니Siméon Denis Poisson 97
프라운호퍼, 요제프 폰Joseph von Fraunhofer
　　160~162, 166, 179
프랑스 과학아카데미 96, 97, 160
프랭클린, 벤저민Benjamin Franklin 109

프레넬, 오귀스탱 장Augustin-Jean Fresnel 96~
　　98, 100
프레넬 렌즈 98
〈프레데터〉(영화) 264
『프레스』(빈의 신문) 136
플라톤Platon 29, 31, 38
플랑크, 막스Max Planck 180~182, 184, 185
플랑크 상수 182
플뤼커, 율리우스Julius Plücker 133
『피부와 뼈』(T. 스미스) 201, 202, 316
『피지컬 리뷰 레터스』 260, 297
핑크 플로이드 46, 330

ㅎ
하바시, 타렉Tarek Habashy 237, 264, 265,
　　283
하운스필드, 고드프리Godfrey Hounsfield 208,
　　209, 211, 213, 231
『하퍼스 매거진』 36
허셜, 윌리엄William Herschel 54~61, 88, 326
허셜, 캐럴라인Caroline Herschel 56, 57
허스트, 윌리엄 랜돌프William Randolph Hearst
　　65
헉슬리, 토머스 헨리Thomas Henry Huxley 141
헌팅턴, 콜리스 포터Collis Potter Huntington 64,
　　65
헤르츠, 하인리히Heinrich Hertz 129, 130, 182,
　　183, 239, 242
헤이우드, 엘리자Eliza Haywood 31, 311
헨리W. E. Henley 143, 144
형광 135, 205, 316
호킹, 스티븐Stephen Hawking 329
홀로그래피 227, 228, 230
「홀로그램 데이터를 이용한 반투명 물체의 3차
　　원 구조 결정」(울프) 231
『화성학』(R. 스미스) 56
『화학 철학의 새로운 체계』(돌턴) 155
『화학에 관한 대화』(마르세) 112, 118

환영 광학 279

회절

   뉴턴 이론과 회절 72

   프랑스 과학아카데미 96, 97

   회절 격자 85

회절 단층촬영 231

훅, 로버트Robert Hooke 47, 48

흑체 복사 180

히토르프, 요한Johann Hittorf 133

기타

〈007 어나더 데이〉(영화) 25

CAT 스캔('컴퓨터 단층촬영'도 참조) 205, 214

EMI 208, 330

GEC-마르코니 244, 245

SF와 공포 소설

  그리스 신화 28

  망토의 근원적 문제 270

  물리학과 보이지 않음 63, 64

  보이지 않음의 문제 149

  보이지 않음의 연구 16, 41, 42, 185

  보이지 않음의 힘 31, 145~147, 261, 263

  사악한 힘과 SF 26, 66~68, 150, 151

  투명 페인트 267